21世纪应用型本科土木建筑系列实用规划教材

室内装饰工程预算

主　编　陈祖建
副主编　林金国　谢志忠

内容简介

本教材参考建筑装饰工程项目管理和工程造价管理以及建筑装饰预算的基本原理,并结合建设部《建设工程工程量清单计价规范》(GB 50500—2003)和现行国家及地方关于装饰工程的费用规定文件精神等内容编写完成。全书共分为 11 章,主要由三部分组成:第一部分主要介绍室内装饰工程项目管理和造价管理的内容;第二部分主要介绍室内装饰工程预算与定额的概念、预算费用组成、工程量计算原理、工程量清单计价、招投标的发展等内容;第三部分主要通过具体的案例进行分析并简单介绍利用计算机编制预算的内容。本书语言简洁、通俗易懂,突出实用性和可操作性。

本教材可作为大中专院校开设室内设计、艺术设计专业的专用教材,也可作为高职高专、成人职大及社会团体开办室内设计师培训班的培训教材。

图书在版编目(CIP)数据

室内装饰工程预算/陈祖建主编. —北京:北京大学出版社,2008.6
(21 世纪应用型本科土木建筑系列实用规划教材)
ISBN 978-7-301-13579-2

Ⅰ. 室… Ⅱ. 陈… Ⅲ. 室内装饰—建筑预算定额—高等学校—教材 Ⅳ. TU723.3

中国版本图书馆 CIP 数据核字(2008)第 045124 号

书　　　　名:	室内装饰工程预算
著作责任者:	陈祖建　主编
策 划 编 辑:	郭穗娟
责 任 编 辑:	翟　源
标 准 书 号:	ISBN 978-7-301-13579-2/TU・0049
出　版　者:	北京大学出版社
地　　　　址:	北京市海淀区成府路 205 号　100871
网　　　　址:	http://www.pup.cn　http://www.pup6.com
电　　　　话:	邮购部 010-62752015　发行部 010-62750672　编辑部 010-62750667
电 子 邮 箱:	pup_6@163.com
印　刷　者:	北京虎彩文化传播有限公司
发　行　者:	北京大学出版社
经　销　者:	新华书店
	787 毫米×1092 毫米　16 开本　19.75 印张　452 千字
	2008 年 6 月第 1 版　2021 年 11 月第 12 次印刷
定　　　　价:	48.00 元

未经许可,不得以任何方式复制或抄袭本书之部分或全部内容。

版权所有　侵权必究　　举报电话:010-62752024
　　　　　　　　　　　　电子邮箱:fd@pup.pku.edu.cn

21世纪应用型本科土木建筑系列实用规划教材
专家编审委员会

主　任　　彭少民

副主任　　(按拼音顺序排名)

　　　　　　陈伯望　　金康宁　　李　忱　　李　杰

　　　　　　罗迎社　　彭　刚　　许成祥　　杨　勤

　　　　　　俞　晓　　袁海庆　　周先雁　　张俊彦

委　员　　(按拼音顺序排名)

　　　　　　邓寿昌　　付晓灵　　何放龙　　何培玲

　　　　　　李晓目　　李学罡　　刘　杰　　刘建军

　　　　　　刘文生　　罗　章　　石建军　　许　明

　　　　　　严　兵　　张泽平　　张仲先

丛书总序

我国高等教育发展迅速，全日制高等学校每年招生人数至 2004 年已达到 420 万人，毛入学率 19%，步入国际公认的高等教育"大众化"阶段。面临这种大规模的扩招，教育事业的发展与改革坚持以人为本的两个主体：一是学生，一是教师。教学质量的提高是在这两个主体上的反映，教材则是两个主体的媒介，属于教学的载体。

教育部曾在第三次新建本科院校教学工作研讨会上指出："一些高校办学定位不明，盲目追求上层次、上规格，导致人才培养规格盲目拔高，培养模式趋同。高校学生中'升本热'、'考硕热'、'考博热'持续升温，应试学习倾向仍然比较普遍，导致各层次人才培养目标难于全面实现，大学生知识结构不够合理，动手能力弱，实际工作能力不强。"而作为知识传承载体的教材，在高等教育的发展过程中起着至关重要的作用，但目前教材建设却远远滞后于应用型人才培养的步伐，许多应用型本科院校一直沿用偏重于研究型的教材，缺乏针对性强的实用教材。

近年来，我国房地产行业已经成为国民经济的支柱行业之一，随着本世纪我国城市化的大趋势，土木建筑行业对实用型人才的需求还将持续增加。为了满足相关应用型本科院校培养应用型人才的教学需求，从 2004 年 10 月北京大学出版社第六事业部就开始策划本套丛书，并派出十多位编辑分赴全国近三十个省份调研了两百多所院校的课程改革与教材建设的情况。在此基础上，规划出了涵盖"大土建"六个专业——土木工程、工程管理、建筑学、城市规划、给排水、建筑环境与设备工程的基础课程及专业主干课程的系列教材。通过 2005 年 1 月份在湖南大学的组稿会和 2005 年 4 月份在三峡大学的审纲会，在来自全国各地几十所高校的知名专家、教授的共同努力下，不但成立了本丛书的编审委员会，还规划出了首批包括土木工程、工程管理及建筑环境与设备工程等专业方向的四十多个选题，再经过各位主编老师和参编老师的艰苦努力，并在北京大学出版社各级领导的关心和第六事业部的各位编辑辛勤劳动下，首批教材终于 2006 年春季学期前夕陆续出版发行了。

在首批教材的编写出版过程中，得到了越来越多的来自全国各地相关兄弟院校的领导和专家的大力支持。于是，在顺利运作第一批土建教材的鼓舞下，北京大学出版社联合全国七十多家开设有土木建筑相关专业的高校，于 2005 年 11 月 26 日在长沙中南林业科技大学召开了《21 世纪全国应用型本科土木建筑系列实用规划教材》（第二批）组稿会，规划了①建筑学专业；②城市规划专业；③建筑环境与设备工程专业；④给排水工程专业；⑤土木工程专业中的道路、桥梁、地下、岩土、矿山课群组近六十个选题。至此，北京大学出版社规划的"大土木建筑系列教材"已经涵盖了"大土建"的六个专业，是近年来全国高等教育出版界唯一一套完全覆盖"大土建"六个专业方向的系列教材，并将于 2007 年全部出版发行。

我国高等学校土木建筑专业的教育，在国家教育部和建设部的指导下，经土木建筑专业指导委员会六年来的研讨，已经形成了宽口径"大土建"的专业发展模式，明确了土木建筑专业教育的培养目标、培养方案和毕业生基本规格，从宽口径的视角，要求毕业生能从事土木工程的设计、施工与管理工作。业务范围涉及房屋建筑、隧道与地下建筑、公路与城市道路、铁道工程与桥梁、矿山建筑等，并且制定一整套课程教学大纲。本系列教材就是根据最新的培养方案和课程教学大纲，由一批长期在教学第一线从事教学并有过多年工程经验和丰富教学经验的教师担任主编，以定位"应用型人才培养"为目标而编撰，具有以下特点：

(1) 按照宽口径土木工程专业培养方案，注重提高学生综合素质和创新能力，注重加强学生专业基础知识和优化基本理论知识结构，不刻意追求理论研究型教材深度，内容取舍少而精，向培养土木工程师从事设计、施工与管理的应用方向拓展。

(2) 在理解土木工程相关学科的基础上，深入研究各课程之间的相互关系，各课程教材既要反映本学科发展水平，保证教材自身体系的完整性，又要尽量避免内容的重复。

(3) 培养学生，单靠专门的设计技巧训练和运用现成的方法，要取得专门实践的成功是不够的，因为这些方法随科学技术的发展经常改变。为了了解并和这些迅速发展的方法同步，教材的编撰侧重培养学生透析理解教材中的基本理论、基本特性和性能，又同时熟悉现行设计方法的理论依据和工程背景，以不变应万变，这是本系列教材力图涵盖的两个方面。

(4) 我国颁发的现行有关土木工程类的规范及规程，系 1999 年—2002 年完成的修订，内容有较大的取舍和更新，反映了我国土木工程设计与施工技术的发展。作为应用型教材，为培养学生毕业后获得注册执业资格，在内容上涉及不少相关规范条文和算例。但并不是规范条文的释义。

(5) 当代土木工程设计，越来越多地使用计算机程序或采用通用性的商业软件，有些结构特殊要求，则由工程师自行编写程序。本系列的相关工程结构课程的教材中，在阐述真实结构、简化计算模型、数学表达式之间的关系的基础上，给出了设计方法的详细步骤，这些步骤均可容易地转换成工程结构的流程图，有助于培养学生编写计算机程序。

(6) 按照科学发展观，从可持续发展的观念，根据课程特点，反映学科现代新理论、新技术、新材料、新工艺，以社会发展和科技进步的新近成果充实、更新教材内容，尽最大可能在教材中增加了这方面的信息量。同时考虑开发音像、电子、网络等多媒体教学形式，以提高教学效果和效率。

衷心感谢本套系列教材的各位编著者，没有他们在教学第一线的教改和工程第一线的辛勤实践，要出版如此规模的系列实用教材是不可能的。同时感谢北京大学出版社为我们广大编著者提供了广阔的平台，为我们进一步提高本专业领域的教学质量和教学水平提供了很好的条件。

我们真诚希望使用本系列教材的教师和学生，不吝指正，随时给我们提出宝贵的意见，以期进一步对本系列教材进行修订、完善。

本系列教材配套的 PPT 电子教案以及习题答案在出版社相关网站上提供下载。

《21 世纪应用型本科土木建筑系列实用规划教材》
专家编审委员会
2006 年 1 月

前　言

随着建筑装饰技术、材料的发展和国民生活水平的提高，人们对工作和居住环境的要求越来越高，建筑装饰装修行业焕发出越来越强的生命力，具有广阔的产业发展前景，已逐步发展成为国民经济的主要产业。产业急需大批优秀的室内设计人才、工程技术人才和工程项目管理人才。

建筑室内装饰装修产业的飞速发展，对建筑室内装饰装修行业及行业从业人员提出了新的要求：需要对多学科交叉的建筑装饰技术有更深刻的理解和认识；正确选用装饰材料；合理确定建筑装饰材料的施工方案与工艺；高水平的工程项目管理和预概算能力等。

本书参考建筑装饰工程项目管理和工程造价管理以及建筑装饰预概算的基本原理，并结合建设部《建设工程工程量清单计价规范》(GB 50500—2003)和现行国家及地方关于装饰工程的费用规定文件精神等内容编写完成。全书共分为 11 章，主要由三部分组成：第一部分主要介绍室内装饰工程项目管理和造价管理的内容；第二部分主要介绍室内装饰工程预算与定额的概念、预算费用组成、工程量计算原理、工程量清单计价、招投标的发展等内容；第三部分主要通过具体的案例进行分析并简单介绍利用计算机编制预算的内容。本书语言简洁、通俗易懂，突出实用性和可操作性。

本书主要由福建农林大学陈祖建编写并担任主编，林金国参与了第 1 章的编写，谢志忠参与了第 10 章第 1、2 节的编写。厦门国家造价工程师陈清郁给本书提供许多工程实践方面的宝贵信息资料，福建晨曦软件开发有限公司为本书提供了"清单计价 2005"软件的操作方法，在此一并表示感谢！

本书主要可作为大中专院校开设室内设计、艺术设计的专用教材使用，也可作为高职高专、成人职大及社会团体开办室内设计师培训班的培训教材使用，同时也可为室内装饰企业和设计公司的专业工程技术与管理人员参考。

本书较适宜的授课学时为 50 学时左右，第 1、2 章共 4 学时，第 3~6 章每章各 4 学时，第 7 章 8 学时，第 8 章 5 学时，第 9 章 3 学时，第 10 章 8 学时，第 11 章 6 学时。另外，建议增设课程设计 1 周。

室内装饰工程预算涉及面广、内容较为复杂而且计算量要求精细，加之作者水平有限，书中不足之处在所难免，敬请广大读者不吝指正。

编　者
2008 年 2 月

目 录

第 1 章 绪论 ... 1
1.1 室内装饰业概述 ... 1
1.1.1 室内装饰工程及作业流程 ... 1
1.1.2 室内装饰业 ... 3
1.1.3 建筑装饰等级与标准 ... 6
1.2 装饰工程计价及计价特点 ... 7
1.2.1 装饰装修工程计价的方式 ... 7
1.2.2 装饰装修工程计价的特点 ... 10
1.3 《室内装饰工程预算》篇章结构及学习方法 ... 10
1.3.1 《室内装饰工程预算》结构 ... 11
1.3.2 学习室内装饰工程预算的意义 ... 11
小结 ... 12
思考与练习 ... 13

第 2 章 室内装饰工程概述 ... 14
2.1 室内装饰工程发展概述 ... 14
2.1.1 室内装饰工程的含义和内容 ... 14
2.1.2 室内装饰工程的特点 ... 17
2.1.3 室内装饰工程的发展概况 ... 18
2.2 室内装饰工程项目的划分 ... 22
2.2.1 室内装饰工程项目的概念和特点 ... 23
2.2.2 室内装饰工程项目的组成 ... 24
小结 ... 26
思考与练习 ... 26

第 3 章 室内装饰工程项目管理 ... 27
3.1 概述 ... 27
3.1.1 室内装饰工程项目管理的概念、任务和特点 ... 27
3.1.2 室内装饰工程项目管理的内容 ... 28
3.2 室内装饰工程施工进度管理 ... 29
3.2.1 室内装饰工程施工进度管理的概念和内容 ... 30
3.2.2 室内装饰工程施工进度管理 ... 31
3.3 室内装饰工程施工技术管理 ... 39
3.3.1 技术管理概述 ... 39
3.3.2 技术管理内容 ... 40
3.3.3 室内装饰企业技术管理 ... 44
3.4 室内装饰工程质量管理 ... 46
3.4.1 室内装饰工程质量和质量管理的基本概念 ... 47
3.4.2 室内装饰工程全面质量管理 ... 52
3.5 室内装饰工程成本管理 ... 57
3.5.1 室内装饰工程成本管理概述 ... 58
3.5.2 室内装饰工程成本管理内容 ... 59
3.5.3 室内装饰工程成本降低措施 ... 64
小结 ... 66
思考与练习 ... 66

第 4 章 室内装饰工程造价管理 ... 67
4.1 室内装饰工程造价管理概述 ... 67
4.1.1 工程造价管理的基本概念和基本内容 ... 67
4.1.2 造价管理发展概况 ... 70
4.2 室内装饰工程造价管理内容 ... 78
4.2.1 室内装饰工程投资决策和设计阶段造价管理 ... 78
4.2.2 室内装饰工程招投标阶段造价管理 ... 82
4.2.3 室内装饰工程施工阶段造价管理 ... 86
4.2.4 室内装饰工程竣工阶段造价管理 ... 92
小结 ... 94
思考与练习 ... 95

第5章 室内装饰工程预算费用 96

5.1 室内装饰工程计价理论 96
5.1.1 室内装饰产品价格特点 96
5.1.2 室内装饰工程计价理论 97
5.2 室内装饰工程费用 98
5.2.1 室内装饰工程费用构成 98
5.2.2 室内装饰工程费用内容 98
5.3 室内装饰工程费用计算 108
5.3.1 工程费用计算方法及计算标准 108
5.3.2 费用调整 111
5.3.3 室内装饰工程造价计算程序 114
小结 115
思考与练习 116

第6章 室内装饰工程预算定额 117

6.1 室内装饰工程预算定额的概念 117
6.1.1 室内装饰工程定额的分类 117
6.1.2 室内装饰工程定额的作用 118
6.2 传统室内装饰工程预算定额 119
6.2.1 定额预算基价 119
6.2.2 装饰预算定额组成 123
6.2.3 定额换算 124
6.2.4 定额应用 130
6.3 室内装饰工程消耗量定额 133
6.3.1 装饰工程消耗量定额概述 133
6.3.2 装饰装修工程消耗量的确定 135
小结 137
思考与练习 137

第7章 室内装饰工程工程量计算 138

7.1 工程量概述 138
7.1.1 工程量概念 138
7.1.2 工程量计算的一般规则和注意事项 138
7.1.3 工程量计算的意义 139
7.2 建筑面积的计算 140
7.2.1 建筑面积计算的意义 140
7.2.2 计算建筑面积和不计算建筑面积的范围 140
7.3 楼地面工程 141
7.3.1 基本内容 141
7.3.2 计算规则 141
7.3.3 计算实例 144
7.4 墙柱面装饰工程 146
7.4.1 基本内容 146
7.4.2 计算规则 146
7.4.3 计算实例 148
7.5 顶棚装饰工程 149
7.5.1 基本内容 149
7.5.2 计算规则 150
7.5.3 计算实例 151
7.6 门窗和木结构装饰工程 152
7.6.1 基本内容 152
7.6.2 计算规则 153
7.6.3 计算实例 154
7.7 油漆、涂料、裱糊装饰工程 155
7.7.1 基本内容 155
7.7.2 计算规则 155
7.7.3 计算实例 158
7.8 室内装饰陈设工程 158
7.8.1 基本内容 158
7.8.2 计算规则 158
7.9 脚手架工程 159
7.9.1 基本内容 159
7.9.2 计算规则 159
7.9.3 计算实例 160
7.10 其他工程 160
7.10.1 基本内容 160
7.10.2 计算规则 161
小结 162
思考与练习 162

第8章 室内装饰工程设计概算及施工图预算 165

8.1 室内装饰工程预算的种类与编制方法 165
8.1.1 预算和预算种类 165
8.1.2 室内装饰工程预算及其作用 167

        8.1.3 室内装饰工程预算种类和
              预算编制方法 168
    8.2 室内装饰工程设计概算编制
        与审查 170
        8.2.1 设计概算编制 170
        8.2.2 室内装饰设计概算审查 177
    8.3 室内装饰工程施工图预算编制 178
        8.3.1 概述 179
        8.3.2 工料机的分析 182
        8.3.3 室内装饰工程预算审查 195
    小结 197
    思考与练习 197

第9章 室内装饰工程量清单及
        清单计价 200

    9.1 概述 200
        9.1.1 基本概念 200
        9.1.2 工程量清单计价的
              主要内容 201
        9.1.3 《计价规范》的特点 202
        9.1.4 室内装饰工程工程量
              清单计价的优点 203
        9.1.5 工程量清单计价的意义 204
    9.2 室内装饰工程量清单编制 206
        9.2.1 工程量清单内容 206
        9.2.2 室内装饰工程量清单
              编制原则和依据 209
        9.2.3 室内装饰工程量清单
              编制步骤和方法 210
        9.2.4 工程量清单格式 211
    9.3 室内装饰工程量清单计价的编制 214
        9.3.1 综合单价及其内涵 214
        9.3.2 综合单价和总价的编制
              原则与编制依据 214
        9.3.3 综合单价和总价的编制
              程序与方法 215
        9.3.4 工程量清单计价格式 217
    小结 222
    思考与练习 222

第10章 室内装饰工程招投标
         报价实例 223

    10.1 概述 223
        10.1.1 我国招标投标体制的发展 ... 223
        10.1.2 我国招投标的发展趋势 224
    10.2 室内装饰工程招投标基本概念 226
        10.2.1 室内装饰工程招标 226
        10.2.2 室内装饰工程投标 228
        10.2.3 室内装饰工程标底 230
        10.2.4 开标、评标和定标 234
    10.3 工程量清单计价与室内装饰
         工程招投标 236
        10.3.1 工程量清单招投标的
               基本方法 236
        10.3.2 工程量清单计价模式
               下的投标报价 237
        10.3.3 工程量清单招标的
               特点和优点 238
        10.3.4 室内装饰工程工程量
               清单计价招标的作用 240
    10.4 某经理办公室室内装饰工程
         招投标报价实例 241
        10.4.1 某经理办公室室内装饰
               工程清单招标实例 241
        10.4.2 某经理办公室室内装饰
               工程投标报价实例 253
        10.4.3 某经理室室内装饰施工图 ... 275
    小结 278
    思考与练习 278

第11章 室内装饰工程预算
         软件的应用 279

    11.1 概述 279
    11.2 造价软件在室内装饰工程
         预算中的应用 283
        11.2.1 新建预算文件 283
        11.2.2 单位工程与分项工程设置 ... 285
        11.2.3 项目输入 288

11.2.4 措施项目费和其他项目费....295
11.2.5 材料汇总和造价汇总............296
小结..299

思考与练习 299

参考文献..300

第 1 章 绪　　论

教学提示：建筑装饰是对建筑物、构造物的美化活动；装饰行业是指围绕装饰工程，从事设计、施工、管理、饰材制造、商业营销、中介服务等多种业务的综合性新型行业。本章主要介绍室内装饰工程行业现状、室内装饰工程计价方式和计价特点，以及室内装饰工程预算结构及其学习方法。

教学目标：了解装饰的概念及装饰行业现状，熟悉室内装饰工程计价方式和计价特点，掌握室内装饰工程学习方法。

1.1　室内装饰业概述

1.1.1　室内装饰工程及作业流程

1. 装饰与室内装饰工程

装饰就是利用能使物体美观的各种要素的方法及其过程。建筑装饰是对建筑物、构造物的美化，是指使用装饰材料对建筑物、构筑物的外表和内部进行美化修饰处理的工程建筑活动。装饰对建筑物和构筑物具有保护主体、改善功能、美化空间和渲染环境的作用，各类城市建筑只有在经过各种装饰艺术处理之后，才能获得美化城市、渲染生活环境、展现时代风貌、宣扬民族风格的效果。

室内装饰是建筑装饰的重要组成部分，它以美学原理为依据，以各种现代装饰材料为基础，通过运用正确的施工工艺技巧和精工细作来实现的室内环境艺术。具有良好艺术效果的室内装饰工程，不仅取决于好的设计方案，还取决于优良的施工质量。为满足艺术造型与装饰效果的要求，室内装饰工程还涉及其结构构造、环境渲染、材料选用、工艺美术、声像效果和施工工艺等诸多问题。因此，从事室内装饰设计的人员，视野必须开阔、经验丰富、美术功底好、设计能力强，才能设计出好的室内装饰作品；从事室内装饰工程施工的人员，必须深刻领会设计意图，仔细阅读施工图纸，精心制定施工方案，并认真付诸实施，确保工程质量，才能使室内装饰作品获得理想的装饰艺术效果。

装饰工程是指通过装饰设计、施工管理等一系列的建筑工程活动，对建筑工程项目的内部空间和外部环境进行美化艺术处理，从而获得理想的装饰艺术效果的工程全过程，即指建筑装饰项目从业务洽谈、方案设计到施工与管理直至交付业主使用等一系列的工作组合，包括对新建、扩建、改建的建筑室内外进行的装饰工程。

一项室内装饰工程的交付使用，既给人们创造了一个舒适实用的室内环境，又是一件融汇着美学的艺术作品。室内装饰的设计、施工与管理水平，不仅反映一个国家的经济发展水平，还反映这个国家的文化艺术和科学技术水平，同时还是民族风格、民族特色的集中体现。因此，建筑装饰工程设计与施工，既不是单纯的设计绘图，也不是简单的材料堆积，而是系统化的工程。

2. 室内装饰工程作业流程

室内装饰工程作业流程如图 1.1 所示，装饰工程流程包括以下主要工作内容。

图 1.1 室内装饰工程流程

(1) 业务洽谈。装饰企业承接每一项装饰工程业务，从与业主(甲方)接触洽谈开始，就必须将业主(甲方)的意见与要求记录下来，并注意相互沟通信息和意见。洽谈记录的内容包括工程性质(如商场、写字楼、歌舞厅、餐厅、住宅等)、工程地点(某市某区某街某号)、经营方式(如自营、出租、零售、批发等)，还包括业主有何爱好与要求、现场状况、方案设计完成的时间和下次约见的日期等。

(2) 资料收集与现场勘查。在建筑装饰方案设计之前，首先应做好有关设计资料的收集和装饰现场的调查勘查等准备工作，其中包括：业主(甲方)的经济实力、地位与背景，装饰工程所处的位置，交通是否方便，现有设施情况，以及向业主索取原建筑图纸资料和业主的投资意向等。

(3) 系统分析。系统分析又称为可行性分析，主要是对业主能否接受承接人的意见所作的具体分析，如按拟定的完工日期业主是否满意，交付使用日期定在什么时间才能达到业主的要求，装饰工程报价业主是否接受，以及根据设计要求如何选用施工队伍与人员等。

(4) 方案设计。装饰方案设计，主要由设计人员根据业主(甲方)的意见和要求确定，如该工程的建筑面积、艺术造型、使用功能、投资大小、档次高低、材料选用等都是装饰设计的主要依据。施工图纸一般包括绘制分层平面图、顶棚仰视图、立面图和彩色效果图等。

(5) 工程估价。装饰工程估价是指概算估价，即根据方案设计图估算工程大概所需的费用。装饰企业为了在投标报价中战胜对手，概算报价可以低一点，待中标后再进行调整。概算估价的计算方法是：根据工程的难易程度及所用材料的面积乘以单价，加上所需人工费和按规定应收取的各项费用之和；也可以根据工程所用材料和装饰档次，估算出每平方米的造价，再乘以建筑装饰面积。

(6) 业主反馈。在装饰方案设计与概算估价完成后,应及时交与业主审核,尽量向业主阐述自己的观点,并与业主交换意见。在听取业主意见与要求之后,对设计方案和概算估价做进一步的修改与完善,直到业主满意为止。

(7) 施工图设计。施工图纸是施工技术人员组织施工的主要依据,为了满足施工图设计的要求,设计人员绘制施工图纸时,要注意图纸中各种尺寸、标高、所用材料等必须标注清楚,要有节点和具体做法大样,使施工人员一目了然。

(8) 工程预算。装饰工程预算是具体计算装饰工程造价,确定所需人工、材料等消耗数量的经济技术文件。它是与业主签订工程合同、结算工程价款的重要依据,也是装饰企业组织工程收入、核算工程成本、确定经营盈利的主要依据。因此,要求计算工程量要精细,套用定额要正确,按规定计取费用,不要漏项、错算和重算,以免造成不必要的经济损失。关于装饰工程预算的项目划分、工程量计算规则、取费标准、内容组成、编制原则依据、方法与步骤等将在后面的章节中做详细介绍。

编制装饰工程预算,要实事求是地计算工程造价,既不可多算,也不可少算。过多增加预算费用会使中标率降低,漏项少算会造成中标后难以增加补偿的费用。因此在工程招投标时,招标文件中一般都有"以本标单为依据"的附加条款,不允许随意调整费用。

(9) 业主审核。装饰工程预算和施工进度计划交给业主后,业主应及时组织专业人员进行审核。如有不同意见或发现较大出入时,业主应就其明细项目情况给以说明,便于及时修改,以免日后造成工程纠纷。

(10) 签订合同。施工合同是业主和承包商双方针对某项装饰工程任务,经双方共同协商签订协议,共同遵守并具有法律效力的文本。合同内容主要包括合同依据、施工范围、施工期限、工程质量、取费标准、双方职责、奖惩规定及其他。

(11) 工程施工。工程施工是工程项目装饰艺术加工的具体实施,要求做好以下几项工作:按施工进度要求认真组织施工;加强工程质量管理、质量监督与质量控制,凡不符合质量标准要求的项目,必须返工重做,直到达到质量标准要求为止;加强现场施工管理,主要包括人事管理、财务管理、材料管理和机具管理等。

(12) 竣工验收及工程决算。装饰工程完工后,还需要做好以下工作:会同业主、质检部门检查工程质量及缺陷,并限期改正;清理现场,做到工完场清;试水试电;填写竣工报表;办理交工验收手续和计算工程成本及收益,并做好竣工决算等。

1.1.2 室内装饰业

1. 装饰行业特点

所谓装饰行业是指围绕装饰工程,从事设计、施工、管理、饰材制造、商业营销、中介服务等多种业务的综合性新型行业。

我国装饰行业,确切而言应称之为现代装饰行业。"现代"二字是为了区别于过去传统的装饰行业,略去"现代"两字,简称为装饰行业,隶属该行业的企业称为装饰企业。根据我国国民经济行业分类国家标准(GB/T 4754—1994),装修装饰业是建筑业的三个大类之一。

就专业特点而言，装饰行业具有以下主要特点。

(1) 装饰行业集文化、艺术、技术于一体，包括建筑工程六面体、空间和室内外环境的装饰艺术处理。

(2) 装饰行业为智力、技术、管理密集型行业，它采用高新技术，倡导资源节约、环境保护、优质优价，实现和提高其产值及利润。它以创造性的室内设计为前提，以选择性更强的饰材为基础，通过高水准、精致化的装饰施工，使装饰作品具有显著的文化、艺术、技术内涵，且具有优良的质量、完善的功能、新颖的造型和稳定的性能，以弘扬中华民族文化精神，提高装饰工程作品的原值利润。

(3) 逐步形成主导产业的特点装饰行业，从行业上隶属建筑业，从产业上划分属第二产业。该行业既能为社会创造财富，为国家提供积累，又能促进消费结构的调整，美化环境，提高人民生活。同时，能带动建材、轻工、纺织、冶金、旅游、房地产、金融、贸易等 50 多个行业的发展。

我国房地产业，特别是旅游业、娱乐业、商业、饮食业的兴起与发展，也是建筑装饰行业启动与形成的直接动力；而人民物质和精神生活品质的不断提升，则是该行业发展繁荣的根本源泉。

2. 室内装饰业现状

2006 年底，营业范围包括装饰、家居装饰等内容在工商登记注册的企业，全国共有 17.5 万家。对比 2005 年，企业数量略有减少，减少数量约 0.5 万家，减少幅度约在 5%左右。企业数量稳中有降，表明经过 20 多年的发展，行业市场已经趋向成熟，市场结构也日趋完整，市场竞争日益激烈，是行业发展过程中的正常现象。企业数量略有下降，主要原因是部分小企业退出市场，而新增企业的速度降低，2006 年全国新增装饰企业约为 500 家左右，远远低于 2000—2002 年每年 5 000～1 000 家的增长水平。2006 年，我国建筑装饰行业完成的工程量，在公共建筑装饰装修部分，基本由有资质的企业完成；住宅装饰装修部分，主要由无资质企业完成，无资质企业完成的工程量，约占整个住宅装饰装修工程量的 60%左右。我国建筑装饰企业的数量虽然有所下降，但每个企业年完成工程量却都有不同幅度的增长，其中行业内产值最高的企业，已经由 2005 年的 28 亿产值，增加到 2006 年的 50 亿产值，增长率超过 16.7%，而且产生了上市公司，不仅表明行业发展仍有较大的空间，也表明企业结构更趋于合理。

截止到 2006 年底，我国建筑装饰行业的从业者队伍约为 1 400 万人。其中，工程技术人员约为 80 万人，占全员的 5.7%；管理人员约为 200 万人，占全员的 14.3%；在施工一线的操作工人约 900 万人，占全员的 64.3%；另有约 200 万以上的人员从事材料流通、市场中介等活动。我国建筑装饰行业的从业者，主要来自于农村剩余劳动力。由于近几年建筑装饰行业市场规模的增幅比上个世纪末有明显的回落，从业者队伍的素质提高，组织管理的细化，使得 2006 年新增从业者的数量增幅有所回落。2006 年新增就业人数在 80 万人左右，其中工程技术人员约 5 万人；管理人员增加约 5 万人；一线操作人员增加约 70 万人。

2006年全国建筑装饰行业实现工程产值 11 500 亿元人民币，占全国国内生产总值的 6%。其中公共建筑装饰装修实现工程产值 4 500 亿元；住宅装饰装修实现工程产值 7 000 亿元，全行业实现增加值超过 3 500 亿元。从绝对量上分析，2006 年工程产值比 2005 年的 10 000 亿元增加了 1 500 亿元，其中公共建筑装饰装修比 2005 年的 4 100 亿元增加了 400 亿元；住宅装饰装修比 2005 年的 5 900 亿元增加了 1 100 亿元。

从发展速度上分析，公共建筑装饰装修增长 12%左右；住宅装饰装修增长 17%左右。从市场比重上分析，公共建筑占市场总量的 39.1%，住宅装饰装修占市场总量的 60.9%。在公共建筑装饰装修行业中，建筑幕墙工程约占 1 000 亿元左右，其他室外工程约 300 亿元，室外工程约 1 300 亿元，占整个建筑装饰行业产值的 11.3%，占公共建筑装饰装修的 28.9%；建筑装饰装修室内工程约占 3 200 亿元左右，占整个建筑装饰行业产值的 27.8%，占公共建筑装饰装修的 71.1%。在住宅装饰装修中，新建住宅装饰装修约占 5 400 亿元，占整个建筑装饰行业产值的 47%，占住宅装饰装修的 77.1%；旧住宅改造性装修约占 1 600 亿元，占整个建筑装饰行业产值的 13.9%，占住宅装饰装修的 22.9%。

受房地产开发平稳增长和国家基础建设投资力度不断加强的影响，2006 年建筑装饰行业的年增长速度达到 15%左右，高于国民经济增长速度近 5 个百分点。其中公共建筑装饰装修的增长速度，高于整个国民经济增长速度近 2 个百分点，住宅装饰装修高于整个国民经济增长近 7 个百分点，住宅装饰装修对建筑装饰行业整体发展及对整个国民经济的增长所做的贡献，高于公共建筑装饰装修。

3. 装饰行业管理

建设部(90)建设字第 610 号文规定，装饰设计是建筑工程设计的一个有机组成部分，是建筑、室内设计专业技术人员根据建筑物的功能及其环境的需要，为使建筑物室内、外空间达到一定的环境质量要求，运用建筑工程学、人体工程学、环境美学、材料学等知识而进行的一种综合性的设计活动。其内容主要包括建筑物室内空间布局、材料选择、色彩、家具、灯饰、陈设的设计或造型，以及与之相关的室外环境设计及工程概预算编制等。在建设部 1993 年制定的《民用建筑设计收费企业标准》中规定，装饰设计根据其复杂程度，共分三级收费，收费限额从 3.8%到 6.0%不等，允许在此限额上进行市场调节、上下浮动。

装饰施工企业资质分一、二、三级，一级资质由建设部审批，二、三级资质由各省、自治区、直辖市建筑施工主管部门审批，中央有关部委且在国家工商总局注册的二级资质由建设部审批。装饰设计单位资格分甲、乙、丙三级，甲级由建设部审批，乙、丙级由各省、自治区、直辖市建筑设计主管部门审批，凡持有综合建筑工程设计证书的单位，可承担相同级别的装饰设计任务，不需另外申请装饰设计资格。

装饰施工企业的营业范围包括各种建筑物和构筑物的外表及内部装饰、装修、装潢，房屋建筑室内上下水、采暖、通风、照明设置及管线安装。一级企业可承包各种装饰工程的设计和施工，二级企业可承包造价在 200 万元以下的装饰工程的设计与施工，三级企业可承包造价在 50 万元以下的装饰工程的施工。

1.1.3 建筑装饰等级与标准

1. 建筑等级

房屋建筑等级，通常按建筑物的使用性质和耐久性等划分为一级、二级、三级和四级，见表1-1。

表1-1 建筑等级

建筑等级	建筑物性质	耐久性
一级	有代表性、纪念性、历史性的建筑物，如国家大会堂，博物馆，纪念馆建筑	100年以上
二级	重要公共建筑物，如国宾馆，国际航空港，城市火车站，大型体育馆，大剧院，图书馆建筑	50年以上
三级	较重要的公共建筑和高级住宅，如外交公寓，高级住宅，高级商业服务建筑，医疗建筑，高等院校建筑	40～50年
四级	普通建筑物，如居住建筑，交通、文化建筑等	15～40年

2. 建筑装饰等级

一般来讲，建筑物的等级越高，装饰标准也越高。根据房屋的使用性质和耐久性要求确定的建筑等级，应作为确定建筑装饰标准的参考依据，因此建筑装饰等级的划分是按照建筑等级并结合我国国情，根据不同类型的建筑物来确定的，见表1-2。

表1-2 建筑装饰等级

建筑装饰等级	建筑物类型
一级	大型博览建筑，大型剧院，纪念性建筑，大型邮电、交通建筑，大型贸易建筑，大型体育馆，高级宾馆，高级住宅
二级	广播通信建筑，医疗建筑，商业建筑，普通博览建筑，邮电、交通、体育建筑，旅馆建筑，高教建筑，科研建筑
三级	居住建筑，生活服务性建筑，普通行政办公楼，中、小学建筑

3. 建筑装饰标准

根据不同的建筑装饰等级，建筑物的各部位所使用的材料和做法，按照不同类型的建筑来区分装饰标准。

建筑装饰等级为一级的建筑物，其门厅、走道、楼梯以及房间的内、外装饰标准，见表1-3。

建筑装饰等级为二级的建筑物，其门厅、走道、楼梯以及房间的内、外装饰标准，见表1-4。

建筑装饰等级为三级的建筑物，内墙面用混合砂浆、纸筋灰浆、内墙涂料，局部油漆墙裙；外墙面局部贴面砖，大部分用水刷石、干粘石、外墙涂料。楼地面局部为水磨石，大部分为水泥砂浆地面。除幼儿园、文体用房外，一般不用木地板、花岗石板、铝合金门窗，不贴墙纸等。

表 1-3　一级建筑的内外装饰标准

装饰部位	内装饰及材料	外装饰及材料
墙面	大理石,各种面砖,塑料墙纸(布),织物墙面,木墙裙,喷涂高级涂料	天然石材(花岗岩),饰面砖,装饰混凝土,高级涂料,玻璃幕墙
楼地面	彩色水磨石,大理石,木地板,塑料地板,地毯	
天棚	铝合金装饰板,塑料装饰板,装饰吸音板,塑料墙纸(布),玻璃顶棚,喷涂高级涂料	外廊、雨篷底部参照天棚内装饰
门窗	铝合金门窗,一级木材门窗,高级五金配件,窗帘盒,窗台板,喷涂高级油漆	各种铝合金门窗,钢窗,遮阳板,卷帘门窗,电子感应门
设施	各种花饰,灯具,空调,自动扶梯,高档卫生洁具	

表 1-4　二级建筑的内外装饰标准

装饰部位		内装饰及材料	外装饰及材料
墙面		装饰抹灰,内墙涂料	各种面砖,外墙涂料,局部石材
楼地面		水磨石,大理石,地毯,各种塑料地板	
天棚		胶合板,钙塑板,吸音板,各种涂料	外廊、雨篷底部参照天棚内装饰
门窗		窗帘盒	
卫生间	墙面	水泥砂浆,瓷砖内墙裙	普通钢、木门窗,主入口铝合金门
	地面	水磨石,马赛克	
	天棚	混合砂浆,纸筋灰浆,涂料	
	门窗	普通钢木门窗	

1.2　装饰工程计价及计价特点

装饰装修工程是建筑工程的重要组成部分,它是在建筑主体结构工程完成之后,为保护建筑物主体结构、完善建筑物的使用功能和美化建筑物,采用装饰装修材料或饰物,对建筑物的内外表面及空间进行的各种处理过程,以满足人们对建筑产品的物质和精神需求。从建筑学上讲,装饰是一种建筑艺术,是一种艺术创作活动,是建筑物的三大基本要素之一,装饰装修工程的内容是广泛的、多方面的。

装饰装修工程造价具有单件性计价、多次性计价、按工程构成组合计价等特点,了解这些特点有利于认识和掌握工程造价计价的原理和方法。工程造价的计价随着建设市场的发展而变化,并逐渐趋于完善。

1.2.1　装饰装修工程计价的方式

工程计价的两种主要方式是定额计价和工程量清单计价。近几年来,我国建设市场快速发展,并且逐步与国际接轨,工程造价计价更趋合理,工程造价的确定正从"定额计价"

向"工程量清单计价"过渡。在我国，这两种计价方式还将在一定时期内同时存在，下面对这两种计价方式做一些初步的介绍。

1. 定额计价

定额计价是指在工程造价的确定中，根据现行的计算规则计算工程量，然后依据现行的综合概(预)算定额和取费定额等进行定额子目套算和费用计取，最后确定工程造价。

定额计价可以分为以下几种。

(1) 概(预)算价。

(2) 投标价、标底价及合同价。

(3) 工程结算价。

(4) 竣工决算价。

从广义上讲，传统的预算包括了预算价、投标价、标底价和其他的预算基础价。目前，国内的很多地区仍采用传统的预算模式。

2. 工程量清单计价

工程量清单计价是一种国际上通行的建设工程造价计价方法，是指在建设工程招投标中，首先由招标人按照国家统一的工程量计算规则提供工程数量，再由投标人依据工程量清单自主报价，经评审后低价中标的工程造价计价方式。工程量清单计价主要有以下特点。

(1) 计价规范起主导作用。工程量清单计价由国家颁发的《建设工程工程量清单计价规范》(以下简称《计价规范》)来规范计价方法，它属于规范内容，具有权威性和强制性。

(2) 规则统一，价格放开。规则统一是指工程量清单实行统一编码、统一项目名称、统一计量单位和统一工程量计算规则等；价格放开是指确定工程量清单计价的综合单价由承包商自主确定。

(3) 以综合单价确定分部分项工程费。综合单价不仅包括人工费、材料费和机械使用费，还包括管理费和利润，它是计算分部分项工程费用的重要依据。

(4) 计价方法与国际通行做法接轨。工程量清单计价采用综合单价，其特点与 FIDIC 合同条件所要求的单价合同的情况相符合，能较好地与国际通行的计价方法接轨。

(5) 工程量统一，消耗量可变。在工程量清单计价中，招标单位提供的工程量是统一的，但各投标报价的消耗量可由各自企业定额消耗量水平的情况确定，是可以变化的。

3. 传统定额计价与工程量清单计价的比较

定额计价是我们使用了几十年的一种计价模式，并作为法定性的依据强制执行，不论是工程招标编制标底还是投标报价均以此为唯一的依据，承发包双方共用一本定额和费用标准确定标底价和投标报价，一旦定额价与市场价脱节就会影响计价的准确性。定额计价是建立在以政府定价为主导的计划经济管理基础上的价格管理模式，它所体现的是政府对工程价格的直接管理和调控。随着市场经济的发展，"控制量、指导价、竞争费"，"量价分离"和"以市场竞争形成价格"等多种改革方案被提出。但由于没有对定额管理方式及计价模式进行根本的改变，以至于未能真正体现量价分离和市场竞争形成价格。"推行工程量清单报价"的改革方案也逐渐提出，但实际上由于目前还未形成成熟的市场环境，一步实现完全开放的市场还有困难，有时明显的是以量补价、量价扭曲，所以仍然是以定额计价的形式出现，摆脱不了定额计价模式，不能真正体现企业根据市场行情和自身条件自主报价。

工程量清单计价属于全面成本管理的范畴，其思路是"统一计算规则、有效控制计量、彻底放开价格、正确引导企业自主报价、市场有序竞争形成价格"。它跳出传统的定额计价模式，建立一种全新的计价模式，依靠市场和企业的实力通过竞争形成价格，使业主通过企业报价直观地了解项目造价。

工程量清单计价与定额计价相比较不仅在表现形式、计价方法上发生了变化，而且从定额管理方式和计价模式上也发生了变化。首先，从思想观念上对定额管理工作有了新的认识和定位。多年来我们力图通过对定额的强制贯彻执行来达到对工程造价的合理确定和有效控制，这种做法在计划经济时期和市场经济初期，的确是有效的管理手段，但随着经济体制改革的深入和市场机制的不断完善，这种以政府行政行为作为对工程造价的刚性管理手段所暴露出的弊端越来越突出。要寻求一种有效的管理办法和管理手段，从定额管理转变到为建设领域各方面提供计价依据指导和服务。其次，工程量清单计价实现了定额管理方面的转变。工作量清单计价模式采用的是综合单价形式，并由企业自行编制。

由于工程量清单计价提供的是计价规则、计价办法以及定额消耗量，摆脱了定额标准价格的概念，真正实现了量价分离、企业自主报价、市场有序竞争形式的价格。工程量清单计价按相同的工程量和统一的计量规则，由企业根据自身情况报出综合单价，价格高低完全由企业自己确定，充分体现了企业的实力，同时也真正体现出"公开、公平、公正"的原则。

采用行业统一定额计价，投标企业没有定价的发言权，只能被动接受。而工程量清单投标报价，可以充分发挥企业的能动性，企业利用自身的特点，使企业在投标中处于优势位置。

同时工程量清单计价体现了企业技术管理水平等综合实力，也促进企业在施工中加强管理、鼓励创新、从技术中要效率、从管理中要利润，在激烈的市场竞争中不断发展和壮大。企业的经营管理水平高，可以降低管理费；自有的机械设备齐全，可减少报价中的机械租赁费用；对未来要素价格发展趋势预测准确，可以减少承包风险，增强竞争力。其结果是促进优质企业做大做强，使无资金、无技术、无管理的小企业、包工头退出市场，实现了优胜劣汰，从而形成管理规范、竞争有序的建设市场秩序。

传统定额计价与工程量清单计价的不同点具体表现如下。

(1) 计算内容不同。在定额计价方式下，招投标人要各自计算工程量，而在工程量清单计价方式下，工程量一般由招标人提供，原则上投标人无需再计算工程量。

(2) 计算依据不同。定额计价必须依据国家规定的预算定额、费用定额甚至工、料、机单价来计算工程造价。工程量清单计价没有统一的要求，投标人可自行确定采用何种定额，以及采用何种工、料、机单价来计算投标报价。

(3) 费用项目划分不同。定额计价将工程造价划分为直接工程费、间接费、利润和税金四部分费用。工程量清单计价将工程造价划分为分部分项工程费、措施项目费、其他项目费、规费和税金五个部分。两种计价方式的费用项目和含义是各不相同的。

(4) 分部分项工程项目所包含的内容和计算规则不同。定额计价的分部分项工程一般按施工工序进行设置，包含的工程内容较单一，并据此规定了相应的工程量计算规则；工程量清单计价的分部、分项工程划分，是以一个"综合实体"来考虑的，一般包括定额计价法中的多个分项工程的内容，并据此规定了相应的工程量计算规则。因此，两者的工程内容和工程量计算规则有明显的区别。

1.2.2 装饰装修工程计价的特点

工程计价通常具有以下特点。

1) 单件性计价

每项建设工程都必须单独计算造价，而不能像一般工业产品那样按品种、规格和质量等成批定价。主要原因有以下几点。

(1) 每项工程一般情况下都有专门的用途，这使其结构、造型和装饰等往往各不相同，从而带来造价上的差异。

(2) 即便是用途相同的工程，其技术水平、建筑标准等的不同也会使造价不同。

(3) 工程建设地点的不同所带来的水文地质条件、气候和资源条件等差异使各工程的造价也不尽相同。

2) 多次性计价

建设工程生产周期长，并且是分段进行的，因此需要在相应阶段分别计价，以适应各建设阶段的控制与管理。多次性计价实际上是一个逐步深化、逐步细化和逐步接近实际造价的过程，通常情况下，应逐步计算下列造价。

(1) 可行性研究阶段的投资估算造价。
(2) 初步设计阶段的概算造价。
(3) 技术设计阶段的修正概算造价。
(4) 施工图设计阶段的预算造价。
(5) 招投标阶段的合同价。
(6) 合同实施阶段的结算价。
(7) 竣工阶段的决算造价。

3) 按工程构成组合计价

计算工程造价，包括装饰装修工程预算造价，要想直接计算出整个项目的总造价是很难的，除非使用估算指标进行粗算。因此，通常在计算工程造价时将整个建设项目分解为若干个基本构成部分，如通过计算各个基本构成部分的人工费、材料费和机械费等各种费用，再将它们汇总相加得到整个工程的造价；或者把装饰工程划分成分部分项工程清单、措施项目清单和其他项目清单计价的方法来计算整个工程造价。

1.3 《室内装饰工程预算》篇章结构及学习方法

装饰工程预算是室内装饰工程的重要文件，是装饰企业进行成本核算的依据，是设计企业进行估算的重要依据，也是室内设计人员、室内装修技术人员、管理人员所必须掌握的一个技术性和技巧性的课程。因此,认真学习室内装饰工程,对于提高相关人员的设计水平和室内装饰工程的管理水平等都具有重要的意义。

1.3.1 《室内装饰工程预算》结构

《室内装饰工程预算》主要包括三个部分的内容:第一部分介绍了室内装饰工程项目管理和造价管理的内容;第二部分介绍了室内装饰工程预算与定额的概念、预算费用组成、工程量计算原理、工程量清单计价、招投标等内容;第三部分主要是通过具体的案例进行分析,并简单介绍利用计算机编制预算的内容。本书叙述简洁、通俗易懂,突出实用性和可操作性。具体结构如图1.2所示。

图1.2 《室内装饰工程预算》篇章结构图

1.3.2 学习室内装饰工程预算的意义

1. 室内装饰工程预算内容概述

室内装饰是近年来新兴的一门学科,具有多学科、内容交叉等特点,它将技术和艺术、科学与文化融为一体,室内装饰工程预算应运而生,可以说它采纳了建筑装饰工程预算的法则和法规,但又具有相对的独立性。装饰工程预算理论充分体现了装饰工程技术的总体法律和法规准则,又体现了独立的经济法则运动规律。它反映了建设时期的生产力水平并随着生产技术的发展和经营管理的改革,其定额和预算的内容要作相应的调整。

室内装饰预算包括设计预算、施工图预算和施工预算等,是装饰设计文件的重要组成部分,是根据室内装饰工程不同设计阶段设计图样的具体内容和国家有关规定的定额、指标和各项取费标准,在装饰工程建设施工开始之前预先计算其工程建设费用的经济性文件。

由此确定的每一个建设项目、单项工程或单位工程的建设费用，实质上就是相应工程的计划价格，是企业进行经济核算、成本控制、技术经济分析施工管理、制订计划以及竣工结算的重要依据，也是设计管理的重要内容和环节。

2. 室内装饰工程预算课程的地位和作用

室内装饰工程预算是室内设计组成的一部分，是装饰工程的一个重要内容，也是每一个室内设计人员、工程管理人员都必须掌握的专业内容。它是在室内装修工程和装饰材料的基础上，进一步学习室内装饰工程设计概算、施工图预算、施工预算及成本控制、费用管理、定额编制、工程结算等理论，为科学管理装饰工程、最大限度地提高企业经济效益打好基础。因此，它是装饰行业不可或缺的一门学科，必须认真、努力地学好这门课程，并把它应用到工程实践中去。

3. 室内装饰工程预算课程的学习方法和要求

(1) 熟悉室内装饰工程项目管理与造价管理。
(2) 熟悉定额的制定原则、组成内容、编制方法。
(3) 掌握预算的各个环节，并能独立地编制预算。
(4) 熟悉装饰工程工程量清单计价方法和原则。
(5) 应具备相关学科的知识，如设计制图、室内设计、装饰工程与材料等。
(6) 适时了解装饰材料市场行情、政府的法令法规等。
(7) 了解装饰工程预算编制方法。
(8) 掌握计算机编制预算。

小　　结

装饰就是利用能使物体美观的各种要素的方法及其过程。建筑装饰是对建筑物、构筑物的美化，是指使用装饰材料对建筑物、构筑物的外表和内部进行美化修饰处理的工程建筑活动。装饰对建筑物和构筑物具有保护主体、改善功能、美化空间和渲染环境的作用，各类城市建筑只有在经过各种装饰艺术处理之后，才能获得美化城市、渲染生活环境、展现时代风貌、宣扬民族风格的效果。

室内装饰是建筑装饰的重要组成部分，它以美学原理为依据，以各种现代装饰材料为基础，根据建筑及其装饰的等级并通过运用正确的施工工艺技巧和精工细作来实现的室内环境艺术。

室内装饰工程计价根据专业特点和发展的不同阶段而采用不同的计价方法，通常采用定额计价和工程量清单计价的方法；计价特点存在单件性、多阶段和综合计价等特点；根据工程造价计价特点提出学习《室内装饰工程预算》的方法。

思考与练习

1. 室内装饰工程作业流程包括哪些内容？
2. 建筑和建筑装饰等级有哪些？一级和二级建筑装饰的标准有哪些？
3. 装饰行业的现状如何？
4. 简述工程计价的特点。
5. 什么是定额计价？定额计价有几种方式？
6. 什么是工程量清单计价？简述定额计价与工程量清单计价的不同点。

第2章　室内装饰工程概述

教学提示：经过了近30年的发展，室内装饰工程在我国已有广阔的市场，理论和实践自成体系，并在广度上、深度上继续发展，建筑装饰工程的基本原理很难适合室内装饰行业的需求。本章主要介绍室内装饰工程特点、室内装饰工程发展的概况和室内装饰工程项目的划分。

教学目标：了解室内装饰工程特点，熟悉室内装饰工程发展的概况并掌握室内装饰工程项目划分。

2.1　室内装饰工程发展概述

随着社会的进步和时代的发展，室内装饰工程已从传统的土建装饰工程中分离出来，逐渐发展成为一个相对独立的行业，并且形成了系统的理论和实践体系；同时，在广度上、深度上继续发展。在室内装饰预结算及其审查过程中，人们逐渐认识到充分了解室内装饰工程的特点和内容以及室内装饰工程项目的划分正确与否直接关系到室内装饰工程造价。因此，本章主要介绍室内装饰工程的特点、室内装饰工程发展的概况和室内装饰工程项目的划分。

2.1.1　室内装饰工程的含义和内容

1. 室内装饰工程的含义

在建筑学中，建筑装饰和建筑装修是两个不同的概念。建筑装饰是指为了满足视觉要求对建筑工程进行的艺术加工，如在建筑物的内外加设的绘画、雕塑等。建筑装修是指为了满足建筑物使用功能的要求，在主体结构工程以外进行的装潢和修饰，如门窗、栏杆、楼梯、隔断装潢，墙柱、梁、顶棚、地面等表面的修饰。

在实际操作中，人们习惯把建筑装饰和建筑装修两者统称为装饰工程，其中在建筑设计中随土建工程一起施工的一般装修，称为"粗装修"；而有专业的装饰设计以及建筑建成后的专业装饰以及给排水、电器照明、采暖通风、空调等部件的装饰，称为"精装饰"。随着科学技术的进步和专业分工的发展，近年来精装饰逐渐从建筑装修中分离，在建筑业中逐步形成一个新的专业，即建筑装饰工程专业。

室内装饰工程从属于建筑装饰工程。它是指采用适当的材料和正确的结构，以科学的技术工艺方法，对建筑内部固定表面的装饰和对可移动设备的布置和装饰，从而塑造一个既符合生产和生活物质功能要求的美观实用、具有整体效果，又符合人们生理、心理要求的室内环境。

室内装饰工程改善了室内环境的物质条件，创造符合人们精神需求的室内环境气氛，增强人们生活的舒适感。

2. 室内装饰工程的内容

室内装饰工程的内容包括装饰结构与饰面，即室内顶、地、墙面的造型与饰面，以及室内陈设品或设备的美化配置、灯光配置、家具配置，从而形成室内装饰的整体效果。有些室内装饰工程还包括水电安装、空调安装及某些结构改动。根据室内使用性质的不同，可划分两种主要范围：住宅室内、公共室内。住宅室内的对象是私人居住空间；公共室内指除了住宅室内以外的所有建筑的内部空间，如公共建筑、工商建筑、旅游和娱乐性建筑等。按国家标准《建筑装饰装修工程质量验收规范》(GB 50210—2001)的规定，建筑装饰工程包括的主要内容有抹灰工程、门窗工程、吊顶工程、幕墙工程等 10 项。但按照建筑室内装饰行业的习惯，室内装饰工程一般包括下列主要内容。

1) 楼地面饰面工程

楼地面饰面主要包括：地砖、石材、塑料地板、水磨石地面、木地板、地毯饰面以及特殊构造地面等。

2) 墙、柱面饰面工程

墙、柱面饰面主要包括：天然石材饰面、人造石材饰面、金属板墙柱面、玻璃饰面、玻璃幕墙、复合涂层墙柱面、裱贴壁纸墙柱面、木饰面墙柱面、装饰布饰面墙柱面及特殊性能的墙柱面等。

3) 吊顶工程

按骨架和面层的不同分类。骨架包括：轻钢龙骨、木龙骨、铝合金龙骨、复合材料龙骨；面层包括：石膏板、木胶合板、矿棉板、吸音板、花纹装饰板、铝合金板条、塑料扣板等。

4) 门窗工程

门按材料不同可分为木门、钢木门、塑钢门、铝合金门、不锈钢门、装饰铝板门、彩板组合门、防火门、防火卷帘门等；按制作形式不同可分为推拉门、平开门、转门、自入门、弹簧门等。窗按材料不同可分为木窗、铝合金窗、钢窗(实腹、空腹)、塑钢窗、彩板窗；按开关方式可分为平开窗、推拉窗、固定窗、上下翻窗等；按窗玻璃形式不同可分为净片玻璃窗、毛玻璃窗、花纹玻璃窗、有色玻璃窗，以及单层、双层、钢化、防火、热反射、激光中空玻璃窗等。

5) 装饰屋面工程

装饰屋面主要包括：锥体采光顶棚，圆拱采光顶棚，彩色玻璃钢屋面，彩色镁质轻质板屋面，中空玻璃、夹丝玻璃、夹胶玻璃、钢化玻璃顶棚，有机玻璃屋面及镀锌铁皮屋面等。

6) 楼梯及楼梯扶手工程

按栏板材料不同分为：玻璃栏板、有机玻璃栏板、镶贴面板栏板、方钢立柱、铸铁花饰立柱、不锈钢管立柱等。按扶手材料不同分为：不锈钢扶手、铝合金扶手、木扶手、黄铜扶手、塑钢扶手、柚木扶手等。

7) 细部装饰工程

细部装饰工程包括的内容多而繁杂，这里仅列举其中的一部分，如不锈钢花饰、铜花饰、木收口条、吊顶木封边条、铝合金洞口、木洞口、卫生间镶镜、不锈钢浴巾杆、毛巾杆、卫生间洗手盆、花岗岩台座、嵌墙壁柜、柚木窗台板、花岗岩窗台板、铝合金窗台板，塑料踢脚板、柚木踢脚板、地砖踢脚板、水泥砂浆表面涂漆踢脚板等。

8) 各种配件工程

主要包括：窗帘盒、窗帘轨、窗帘、暖气罩、挂镜线、门窗套、门牌、招牌、烟感探测器、消防喷淋头、音响广播器材、舞厅灯光器材等。

9) 灯光工程

主要包括：普通照明灯具，如日光灯、筒灯等；装饰灯具，如吊灯、花纹吊灯、吸顶灯、壁灯、台灯、落地灯、床头灯以及各种指示灯，如出口灯、安全灯等。

10) 家具工程

家具的种类多种多样，一般可分为固定式家具和移动式家具两大类。主要品种有柜、橱、台、床、桌、椅、凳、茶几、沙发等。

11) 外装饰工程

外装饰工程包括玻璃幕墙和复合铝板外墙面。周围环境工程有时也列入装饰工程范围内。

12) 室内装饰陈设工程

室内装饰陈设工程包括：室内壁画、挂画、装饰画，室内雕塑，小型室内景观等。

3. 室内装饰工程施工种类

根据室内装饰工程施工性质、施工特点等不同，室内装饰工程工种可以划分为以下几个类型。

1) 木结构施工

装饰工程中木质顶棚(也称天花)、木隔墙、木墙裙、木质造形面、木质门窗、木地板、木家具的制作。

2) 泥水施工

装饰工程中地面、水池、踏步、砖墙、抹面等混凝土或砖结构的制作。

3) 钢结构施工

装饰工程中扶手、拉杆、钢架、门窗栏栅、轻钢龙骨顶棚及隔墙的安装制作。

4) 电器施工

室内照明与设备的配线、设管、开关插座、电表、配电箱、用电器的安装调试。

5) 卫生设备施工

抽水马桶、洗脸盆、小便斗、浴盆、浴室配件、上下水管、水龙头的铺设安装。

6) 铝合金施工

铝合金门窗、隔墙、饰面、橱柜、展示架台的制作安装。

7) 石材饰面施工

墙壁面、地面、造型面、柜台面、花坛面等位置的大理石、花岗岩、人造石材的铺设。

8) 油漆饰面施工

墙面、顶棚、家具、木地板及金属件的油漆操作。

9) 板材饰面施工

用各种装饰面板如塑料贴面板、塑料装饰板、装饰石膏板、钙塑板等对顶棚、墙面、墙裙、造型面、隔屏面等表面的饰面操作。

10) 壁纸、壁布施工

将各种壁纸、壁布裱贴在顶棚和墙面的操作。

11) 涂料饰面施工

将各种涂料、涂敷于顶棚、墙面、造型面的操作。

12) 陶瓷类饰面施工

将各种瓷片、瓷砖镶贴在地面、墙面、造型面的操作。

13) 合成皮革饰面施工

将各种合成皮革钉敷在墙裙、家具、柜台侧的操作。

14) 玻璃面施工

将各种玻璃与镜面,安装于门窗、隔屏、橱窗、墙面、顶棚的操作。

15) 塑料类施工

塑料地板、塑料门窗、护墙板、活动隔屏的安装操作。

16) 地毯施工

将各种地毯、墙毡铺敷于地面、墙面的操作。

17) 灯具安装施工

顶棚灯具、壁面灯具、桌灯、立灯、投射灯、地板灯、床灯的安装操作。

18) 窗帘施工

普通窗帘、防火窗帘、贵族帘、垂直帘、百叶帘、隔断帘的安装操作。

19) 灯箱招牌施工

门面招牌、室内招牌、广告灯箱的操作安装操作。

20) 空调施工

空调机配管配线、主机、辅机、风帘机、支架的安装操作。

21) 美化配置施工

浮雕、壁画、壁挂、装饰器皿的设置、地盆栽、吊式盆栽、在架盆栽的植栽。

22) 拆除及清洁施工

打墙、挖土、回填、清运、拆除的操作,以及完工验收前地面、门窗等部位的清洁工作。

2.1.2 室内装饰工程的特点

1. 室内装饰工程涉及面广

当前的室内装饰工程不仅在设计上和施工上包含了许多传统建筑工程项目,一些与传统建筑工程无关的项目,如家具类、装潢类及弱电安装类等也常常出现在装饰工程设计图中,成为发包项目的有机组成部分。因此,当前的室内装饰工程比其他单位工程涉及面广得多。

2. 室内装饰工程的依附性

室内装饰工程是在建筑建成后对室内进行的装修、装饰,因此室内装饰工程必须依附于建筑母体,即已完工的建筑结构主体(土建工程),设计施工前需要对照建筑施工图、结构施工图、竣工图对结构主体进行检测和清理修整,这往往要增加资金投入。

3. 室内装饰工程在装饰饰面处理上技术性和艺术性的统一

室内装饰工程在饰面的处理上表现出较强的技术性和艺术性。在视觉功能和美学功能上，装饰表面要求美观舒适；在结构和表面处理工艺上，装饰表面需要较高的工艺技术。

4. 室内装饰工程的时代性

随着社会的发展和科技的进步，装饰新材料不断涌现并广泛使用，新施工工艺和新技术不断更新发展。室内装饰工程随着时代的发展而发展，随着科技的进步而进步。

5. 设计的标准化程度低

由于室内装饰工程设计、施工门槛较低，很多从业人员没有经过正规的专业训练，因此造成设计的标准化程度低，许多分部分项产品的批量常常较小，琐碎而杂乱。

6. 投资比例差距较大

由于业主的需求不同、装修的档次不同，室内装饰工程造价相差比较大。装修档次高的室内装饰工程其造价往往超过土建工程，甚至成倍增加。

7. 施工工期短，使用小型设备，难以流水作业

室内装饰工程的施工合同工期一般较短，如家装室内装饰工程多数专业施工在两个月内完成，较大型的装饰工程也一般在6至12个月完成；工作面一般较狭窄，很少使用或完全不用大、中型施工机具，手工操作仍然是主要的施工方法；材料和半成品的水平、垂直运输基本上靠人力，一些较重构件的就位也依靠人工，难以组织流水作业。

8. 施工工序多、工艺复杂，要求专业配合

由于室内装饰施工工序多、工艺复杂，在一项虽小却独立的装饰工程中，各工种及工序间都存在相互依存、相互制约的关系，如一间卧室的装修需要泥工、木工、油漆工、水电工等不同工种的共同协作才能完成，缺一不可；工种之间同时也是相互制约的，施工不可能随心所欲，各行其是，如天棚开灯孔、预留孔洞尺寸，都要按照不同工种的要求进行。因此，室内装饰施工各工种及工序间要求紧密配合，专业施工。

室内装饰工程特点增加了装饰工程施工管理及造价管理的难度，相关人员必须重视和解决造价管理课题。为此，既要强调相关的政策、法规、法令，分析和澄清一些问题，也要结合工程实践提出更为有效的造价编制方法，以实现室内装饰工程造价的合理确定和有效调控。

2.1.3 室内装饰工程的发展概况

1. 室内装饰设计上的发展趋势

1) 人们(包括业主、设计者和装饰工程经营者)对建筑装饰的主体认识更趋"理性化"

室内装饰业发展有近30年的时间，人们的装饰理念和装饰消费更趋成熟，能够以平衡的心态把满足室内的物质使用功能和精神审美功能的要求作为现代室内设计的首要任务来对待。对功能在现代建筑装饰中的重要意义，具有较深层次的理解和认识，此外，还包括对现代装饰所蕴含的科技含量的理性认识。例如对所装饰工程的结构、构造体系，对室内声、光、热等物理环境，风、水、电等设施要求的考虑与配置，甚至对具有信息传递、监控保安、自动控制等现代智能型设施与布局、施工工艺、材质选用等系列与现代装饰相关的技术设施要求，现代装饰并不是"装饰+设计"，而是装饰与技术设施的充分协调与沟通融合。

2) "以人为本，亦情亦理"的理念深入人心

把装饰设计的出发点和归宿与合理安排人们的生活、生产活动的目的紧密地结合起来。现代装饰设计是为了提高人们在室内居住、工作、娱乐、休闲等生活的质量，有利于人们的身心健康，不能片面强调视觉美感要求的美观问题，应该把它们统一起来。所谓的"亦情亦理"是指新世纪的建筑装饰将非常重视人们的"情理要求"，既要从生理角度、使用角度考虑无障碍设计，考虑人口老龄化带来的室内设计与装饰有关的一系列问题，又要从环境心理学、行为学的角度考虑人们的心理、情感及人和人之间的交流等许多与心理情感有关的室内环境氛围、风格定位等空间感受问题。

3) 室内装饰设计在具有时代精神和重视科技的同时，将更重视文化内涵

高科技(High-tech)的发展需要有高情感(High-tach)和文化内涵来平衡，根据室内装饰的类型、功能性质和所处环境，在装饰的立意或者具体装饰手法中汲取本民族、本地的文化，或借鉴外来的文化，使室内装饰具有更为深层次的内涵。需指出的是文化内涵并不仅局限于造型风格形式上的借鉴，例如我国传统哲学观中的"天人合一"、"人景对话"等理念，也是现代装饰设计立意时可汲取的重要内容。

4) 重视考虑有利于生态环境的平衡和可持续发展的观点

室内装饰设计更将重视有利于生态环境的平衡和可持续发展的要求，倡导人工环境与自然环境的融合，充分利用天然采光和室外通风，例如上海市浦东新区国际机场的建设中，应邀前来的国际知名建筑师们，都提出在重视现代高科技设施的同时，从可持续发展、节能、防止污染以及有利于人们的健康出发，也应充分重视对"适用技术"(中间科技)的开发利用，其中既包括对自然采光与通风的利用，也倡导尽量利用无污染、可再生或可循环利用的材料，即所谓"绿色建材"、"绿色照明与空调"及"绿色设计"等。

2. 室内装饰施工技术发展趋势

在设计、施工、建材和科研等各部门的共同努力下，经过近30年装饰业的发展，室内装饰工程施工技术取得了很大的进展，归纳如下。

1) 室内装饰中体现结构的高技术

室内装饰结构外露作为装饰已屡见不鲜，因其质量好、成本低、工期可缩短而被采用，主要的结构设计如下。

(1) 球节点钢网架、钢架外露，必须对安装前后的除锈刷防锈漆精心施工，再按装饰要求施涂面漆。

(2) 清水混凝土墙、柱、天棚，不需抹灰层或可直接施涂涂料，关键是模板设计和施工要确保牢固平整，消除模板之间接缝，不漏浆、不变形，拆模不损坏混凝土。提高浇筑质量消除蜂窝麻面，有的墙面还在模板内加造型内衬垫层形成带图案线条。

(3) 清水砖墙，现在餐厅、吧间、客厅的内墙部分也用清水砖墙作装饰，体现回归自然的情趣。在砌筑质量材质要求上很精致。

2) 装饰防火技术

室内装饰材料大多是易燃品,为达到建筑消防要求,采用以下两种设计。

(1) 采用经当地消防主管部门认可的防火涂料、防火剂对装饰部位进行涂刷 2 度,装饰夹板涂在背面,支撑木挡和衬板需满涂。防火门外表面涂刷时,用刷笔涂刷并且理直刷笔刷纹,可增加防火门表面美观;对织物系列(窗帘床罩等)经防火剂浸泡凉干即可使用。

(2) 采用防火装饰材料,目前市场上有不少人造装饰板材,具有防火性能,其加工操作性能类同木板,可与木夹板拼花嵌铜条,已广泛用于内门、护壁和家具等高级装饰。轻钢龙骨块材天棚有纸面石膏板、纤维水泥加压板、埃特板和金属穿孔板等,防火性能好,装饰效果亦佳。目前已兴起厨房设计施工专业公司,所采用的都是高级人造防火板和铝合金,美观整洁,深受住户青睐。

3) 装饰节能环保技术

室内装饰工程中,节能环保的要求日益增强,室内装饰施工中对节能环保的技术主要体现在以下几方面。

(1) 门窗是工程的重要组成部分,从钢材到铝合金材料,再发展到塑钢门窗,塑钢门窗的保温隔声性能好,使用寿命长,其色彩和窗扇分隔线条丰富了室内外墙面造型。

(2) 木夹板、穿孔板和织物软包装以及立体造型等装饰能调节室内混声,使人们能在正常舒适的音响环境中生活、工作、娱乐,有利于人体健康。

(3) 光污染已引起社会的极大关注,室内木装饰和涂料大多采用亚光,它不刺眼,使人感到协调柔和舒适。室外反射玻璃幕墙的大量应用已遭非议而逐渐被塑铝、亚光不锈钢、天然石材幕墙取代。

4) "干作业"替代"湿作业"的施工工艺日趋明显

为了提高装饰施工的质量,加快施工速度,减轻劳动强度,"半干作业"和"干作业"施工工艺正在发展推广,较为突出的是石材干挂施工工艺。它的原理是在墙面结构上固定金属结构承重架,再将石材排列固定在承重架上,形成石材装饰幕墙。目前施工方法有很多种,具体是:按承重架用料构造不同划分,有型钢或铝合金两种,后者质量好但造价高;按石板固定方法划分,有插销式和锚栓后切式,从受力状况看,后切式更合理安全;按石板拼缝的处理划分,有不离缝和离缝两种,不离缝是指石板之间为干挂自然细缝,离缝是指石材间留有一定的缝隙,或在缝隙间用不锈钢或钛金等其他材料拼饰。

5) 室内装饰"工厂化"得到推广

木装饰施工采用工厂化预制成品,再在工程施工现场拼装方面有较大的发展。即木装饰件在工厂预制并油漆完,在市场上销售,如成品木地板、复合地板、踢脚板、护壁板、天棚和花饰线脚等,在室内装饰施工现场只需做好木基层,然后将预制件拼装成活。拼装时必须注意拼缝的处理,并做好成品保护工作。这种做法大大缩短工期。金属装饰也是现代化装饰的一个门类,适合工厂化制作且安装速度快,具有富丽的装饰效果,但应注意金属表面的处理质量。主要采用铜质、不锈钢和铸铁,前两者用于高档木装饰嵌线花饰、扶手栏杆、铸铁主要用于室内外栏板和围墙。

6) 新工艺新材料发展迅速

随着科技的发展,室内装饰新材料、新工艺也不断涌现。

(1) 竹胶地板是新兴起的室内地板,具有光洁度好,耐磨坚硬变形小、略有弹性脚感好、色彩自然等优点,可与木地板媲美,在住宅、办公室、健身房和音乐舞厅使用。

(2) 薄木片材贴面装饰板，薄木片材按原材料和加工工艺的不同分为天然和人造两类，天然薄木片材是以各种天然优质材种为原料，经旋切或刨切加工成的卷状薄片木材，它呈现出各种珍贵木材纹理花饰，木纹清晰，色泽逼真，粘贴在普通木材或人造基材表面上，取得自然、高雅、豪华的装饰效果。人造薄木是采用毛白杨、山杨等速生软阔叶材种，经旋切成片，整理染色胶合成胚料，然后再刨切成薄片，它比天然薄片更具有丰富色彩和新颖的纹理花饰。如软木薄片贴于护壁上有特殊的美感，还有利于音响环境。科技木材是以普通木材(速生材)为原料，利用仿生学原理，通过对普通木材、速生材进行各种改性物化处理生产的一种性能更加优越的全木质的新型装饰材料。科技木可仿真天然珍贵树种的纹理，并保留了木材隔热、绝缘、调湿、调温的自然属性，在现代室内装饰中具有较大的市场潜力。

(3) 人造石饰面板，根据制造时所用的胶结材料不同分为：有机人造石饰面板、无机人造石饰面板和复合人造石饰面板三种。其中以有机人造石饰面板应用较多，它是以不饱和聚酯为胶结料，以大理石、白云石粉为填充料，配以适量硅砂陶瓷玻璃粉等细集料，加入各种颜料以及成型助剂制作而成，强度较高、表面光滑、耐化学侵蚀，但容易翘曲变形。经过多年研制改进和引进国外先进技术，产品质量提高、品种多样，现已进入高级装饰的应用。

7) 艺术漆涂饰工艺

艺术漆，作为一种新型室内装饰材料，是一种超豪华、高档次的装饰材料。大到宾馆、写字楼，小到千家万户多方位多层次都能适用的环保艺术涂料。艺术漆是由有丰富施工经验的专业人员，以特殊的乳胶漆、砂浆、腻子、油漆等材料，通过专业的施工工具，按照不同工艺，施工后在附着物上体现客户指定的图案、花纹等，其以丰富多彩的表现形式来表达诉求、体现理念、彰显个性，达到具有艺术内涵装饰的效果。艺术漆包括幻影艺术漆、马来漆和厚浆型漆等。幻影艺术漆是通过一种专用漆刷和特殊工艺，能在墙面制造各种纹理效果的特种水性涂料，其纹理自然，风格各异，色彩多变，装饰性高，而且操作简单，涂刷面大，附加值高；壁纸漆或壁纸涂料，是一种全新概念充满艺术性的艺术漆，填补了墙面涂料、墙面漆和乳胶漆单色无图的缺陷，绿色环保，拥有比墙纸更优良的品质性能，通过专用模具，配以特殊原料，以多样的施工方法，轻松地在单调的墙面上创造出丰富的图案；马来漆，传统的马来漆按刀法不同，可分为冰菱、水波纹、碎刀纹、大刀防石纹等不同效果，风格讲究朦胧自然；金银箔，室内装饰施工箔类系列，以黄金、白银、铜、铝为主要原料，经化涤、锤打、切箔等十多道工序生产而成的优良箔，借用专配辅料和专业工具。纯金属箔类装饰材料以其稀有与神秘以及无可替代的光泽效果成为豪华装修、尊贵生活必不可少的点缀。

3. 室内装饰工程管理的进展

室内装饰工程项目管理从属于工程项目管理，管理的对象是室内装饰工程项目。室内装饰工程项目管理是指在室内装饰工程项目活动中运用专门的知识、技能、工具和方法，使项目能够实现或超过项目发起人的需要和期望，即从设计、组织工程施工，至竣工交付使用期间，用系统工程的理论、观点、方法，进行有效的规划、决策、组织、协调、控制等系统性的科学管理活动，从而按照室内装饰工程项目的质量、工期、造价圆满地实现目标。这个定义强调使用专门的知识和技能，还强调项目管理中参与人的重要性。项目经理不仅仅要努力实现项目的范围、时间、成功和质量等目标，还必须协调整个项目过程，满足项目参与者及其他利益相关者的需要和期望。进入20世纪70年代，各类项目日益复杂，建设规模日趋庞大，项目外部环境变化频繁，项目管理的应用也从传统的军事、航天逐渐扩展到建筑、石化、电力、水利等各个行业，项目管理成为政府和大企业日常管理的重要工具。同时，随着信息技术的飞速发展，现代项目管理的知识体系逐渐成形。

1965年第一个专业性国际项目管理组织(IPMA，International Project Management Association)在瑞士洛桑成立。1969年，美国成立项目管理学会(PMI，Project Management Institute)。1976年，PMI在蒙特利尔会议开始制定项目管理的标准，形成项目管理职业雏形。1984年美国项目管理协会推出项目管理知识体系(PMBOK，Project Management Body Of Knowledge)和基于PMBOK的项目管理专业证书(PMP，Project Management Professional)两项创新。项目管理因此作为一门学科和专业化管理职业在全球得到迅速的推广和普及。

我国室内装饰工程管理虽经过近30年的发展，但项目管理与发达国家存在明显差距。目前，我国勘察设计、施工、监理等建设企业工程项目管理与国外发达国家相比，多数勘察设计、施工、监理企业没有建立与工程总承包和项目管理相对应的组织机构和项目管理体系，除极少数设计单位改造为国际型工程公司外，多数开展工程总承包业务的设计单位没有设立项目控制部、采购部、施工管理部、试运行部等组织机构，在服务功能、组织体系、技术管理体系、人才结构等方面不能满足工程总承包的要求；多数设计、施工、监理没有建立系统的项目管理工作手册和工作程序，项目管理方法和手段较落后，缺乏先进的工程项目计算机管理系统，设计体制、程序、方法等也与国际通行模式不接轨；科技创新机制不健全，不注重技术开发与科研成果的应用；企业高素质人才严重不足，专业技术带头人、项目负责人以及有技术、懂法律、会经营、通外语的复合型人才缺乏。

随着我国经济的持续、快速发展，室内装饰业发展迅速，2005年的装饰行业产值28亿元，2006年的产值达50亿，增长率超过16.7%。我国建筑装饰行业的从业者截止到2006年底，队伍约为1400万人，其中，工程技术人员约为80万人，占全员的5.7%；管理人员约为200万人，占全员的14.3%；在施工一线的操作工人约900万人，占全员的64.3%；另有约200万以上的人员从事材料流通、市场中介等活动。

自从我国加入WTO后，建设部与国家相关部门已颁布了建设工程项目管理方面的实施规则，如国家主管部门于2003年统一制定了《建设工程工程量清单计价规范》，作为强制性标准，在全国统一实施，并在全国范围内推行建造师制度，使室内装饰工程管理进一步科学化、规范化和法制化，也指导我国室内装饰工程项目管理工作的开展，提高项目管理水平，与国际惯例接轨。

2.2 室内装饰工程项目的划分

建设项目是投资行为与建设行为相结合的投资项目，投资是项目建设的起点和保证，没有投资就没有建设；反之，没有建设行为，投资的目的就不可能实现。建设的过程就是投资项目的实现过程，是把投入的货币转换成资产的过程。

建设项目是投资项目中最重要的一类。一个建设项目就是一个固定资产投资项目，固定资产投资项目又包括基本建设项目(新建、扩建)和技术改造项目(以改进技术增加产品品种、提高产品质量、治理"三废"、节约资源为主要目的的项目)。前者属于固定资产外延、扩大再生产的范畴，后者属于固定资产内涵、扩大再生产的范畴，但也有设备更新的简单再生产及包括部分扩大再生产的成分。

总之，建设项目是指需要投入一定的资本、实物资产，有预期的经济社会目标，在一定的约束条件下，经过研究决策和实施(设计与施工)等一系列程序，形成固定资产的一次性事业。从管理的角度讲，一个建设项目应是在一个总体设计及总体规划范围内，由若干个互相有内在联系的单项工程组成的，建设中实行统一核算、统一管理的建设工程。

2.2.1 室内装饰工程项目的概念和特点

1. 项目的概念

项目是在一定的约束条件下，具有特定目标的、一次性的任务。

项目各种各样，不同的项目有不同的内容，长江三峡水利枢纽工程、京九铁路、导弹卫星制造发射等是大项目；对某酒店的二次室内装修、某办公楼的改扩建或某套房的改造工程等属于小项目。所有这些经济或社会活动都包含着策划、评估、计划、实施、控制、协调、结束等基本内容，都可以称之为项目。

2. 项目的特性

1) 一次性

这是项目与其他重复性劳动的最大区别，项目总是具有其独特性。研制一项产品，建造一栋楼房，甚至写一篇论文，都不会有完全相同的重复，即使类似的项目也会因地点、时间和外部环境不同而有差别。

一次性属性是项目的最重要的属性，其他属性都由此衍生而来。

2) 有一定的约束条件

项目一般必须有限定的资源消耗、限定的时间、空间要求和相应的规定标准。例如，生日聚会就要限定具体的时间、地点，费用也要有一定的限额；又如，一项室内装饰工程，要有在特定的室内空间、某个时间段、额定的资金、达到约定的室内装饰的目的等约束条件。

3) 具有确定的目标

作为一个项目，必须有确定的目标，包含成果性的目标及其他需要满足条件的目标。如建造一栋住宅，其目标就是在规定的时间里，用一定的资金，建造成质量上合乎标准、造型上合理美观、功能上满足使用要求的民用建筑物。

综上所述，项目可以定义为：在一定的约束条件下，具有特定目标的、一次性的任务。项目是一个外延很广泛的概念，在企事业、机关、社会团体以至生活的方方面面都有项目和项目管理问题。可以说，室内装饰施工项目就是项目一般原理在室内装饰工程上的具体运用。

4) 项目的生命周期和阶段性

项目的生命周期是指项目从开始到实现目标的全部时间。项目是一次性的渐进过程，从项目的开始到结束可分成若干阶段，这些阶段构成了项目的整个生命周期。

不同的项目因目标不一、约束条件不同而划分为不同的阶段。如建设项目可以分为：发起和可行性研究阶段、规划和设计阶段、制造与施工阶段、移交与投产阶段；工业品开发项目可以分为：需求调研阶段、开发方案可行性论证阶段、设计与样品试制阶段、小批量试产阶段、批量生产阶段。

每一个项目阶段都以它的某种可交付成果的完成为标志，如建设项目的设计阶段要交付设计方案、初步设计和施工设计；工业品开发项目的样品试制阶段要交付合乎设计的样品等。通常前一阶段的交付成果经批准后，才可以开始下一阶段的工作，一方面是为了保证前一阶段成果符合阶段性目标，避免返工；另一方面是为了保证不同阶段，不致因人员流动和外部条件变化而衔接不上。

大多数项目的生命周期都可以归纳为启动、规划、实施、结尾几个阶段，其资源投入模式大致相同，即开始投入较低，逐步增高，当接近结束时迅速降低，如图2.1所示。

图2.1　典型的项目生命周期资源投入模式

2.2.2　室内装饰工程项目的组成

一个室内装饰工程建设项目一般可由单项工程、单位工程、分部工程和分项工程组成，如图2.2所示。

1. 建设项目

建设项目是指在一个场地上或几个场地上，按照一个总体设计进行施工的各个工程项目的总体。建设项目可由一个工程项目或几个工程项目所构成。建设项目在经济上实行独立核算，在行政上具有独立的组织形式。在我国，建设项目的实施单位一般称为建设单位，实行项目法人责任制，如新建一个工厂、矿山、学校、农场，新建一个独立的水利工程或一条铁路等，由项目法人单位实行统一管理。

2. 单项工程

单项工程是建设项目的组成部分，也称为工程项目，指具有独立的设计文件，竣工后可以发挥生产能力或效益的工程。一个建设项目，可能是由一个单项工程所组成，也可能由若干个单项工程所组成。例如，工业建设项目中，各个独立的生产车间、实验大楼等；民用建设项目中，学校的教学楼、实验室、图书馆、宿舍楼等，这些都可以称为一个单项工程，其内容包括建筑工程、设备安装工程以及设备、工具、仪器等的购置。

图 2.2 工程项目构成

3. 单位工程

单位工程是单项工程的组成部分。凡是具有单独设计,可以独立施工,但完工后不能独立发挥生产能力或效益的工程,称为一个单位工程。一个单项工程一般都由若干个单位工程所组成,如一个车间,一般由土建工程、装饰工程、工业管道工程、设备安装工程、电气照明工程和给排水工程等单位工程组成。

4. 分部工程

组成单位工程的若干个分部称为分部工程。例如:一 房屋的土建单位工程,按其结构或构造部位,可以划分为基础、主体、屋面,装饰等分部工程;按其工种工程可以划分为土石方工程、砌筑工程、钢筋混凝土工程、防水工程、装饰工程等;按其质量检验评定要求可以划分为地基与基础工程、主体工程、地面与楼面工程、门窗工程、装饰工程、屋面工程等。对于建筑装饰工程,其分部工程可以划分为墙面工程、柱面工程、楼地面工程、吊顶工程、铝合金工程、玻璃工程等。

5. 分项工程(又称施工过程)

分项工程是分部工程的组成部分,它是将分部工程进一步细分为若干部分,即组成分部工程的若干个施工过程。装饰工程一般按照选用的施工方法、材料、结构构件和配件等的不同来划分,如轻钢龙骨吊顶、墙纸裱糊、地面镶贴花岗石板等。

分项工程是建筑安装工程的基本构成因素,它是为便于计算和确定单位工程造价而设想出来的一种产品。在施工管理中,编制预算、计划用料分析、编制施工作业计划、统计工程量完成情况、成本核算等方面都是不可缺少的。应当注意,分项工程与工程量清单中的分项是不同的,不可混淆。

一个建设项目是由一个或几个工程项目所组成，一个单项工程是由几个单位工程组成，一个单位工程又可划分为若干个分部、分项工程，而工程预算的编制工作就是从分项工程开始。建设项目的这种划分，既有利于编制概预算文件，也有利于项目的组织管理。

由此可知，为了有利于国家对基本建设项目计划价格的统一管理，便于编制建设预算文件和计划文件等，我国将工程建设项目进行科学的分析与分解，在实际的建设中，室内装饰工程可以是独立的单项工程、单位工程，也可能是单位工程中的分部或分项工程。

小　　结

> 室内装饰工程从属于建筑装饰工程。以采用适当的材料和正确的结构，以科学的技术工艺方法，对建筑内部固定表面的装饰和可移动设备的布置和装饰。进而塑造一个既符合生产和生活物质功能要求的美观实用、具有整体效果，又符合人们生理、心理要求的室内环境。
>
> 室内装饰工程内容主要是装饰结构与饰面，包括室内顶、地、墙面的造型与饰面；以及美化配置、灯光配置、家具配置，并由此产生了室内装饰的整体效果。有些工程还包括水电安装、空调安装及某些结构改动。根据室内装饰工程施工性质、施工特点等的不同，可把室内装饰工程工种划分为木结构施工、泥水施工、钢结构施工、电气施工和油漆施工等22种工艺。
>
> 根据室内装饰工程的特点可以把装饰工程划分为分部工程、分部分项和施工过程等内容。

思考与练习

1. 什么是室内装饰工程？室内装饰工程的内容有哪些？
2. 室内装饰工程的特点有哪些？
3. 室内装饰工程的发展过程是什么？
4. 什么是工程项目？室内装饰工程项目是怎么划分的？举例说明。
5. 区分单位工程和单项工程，分部工程、分部分项工程和装饰工程施工过程。

第3章 室内装饰工程项目管理

教学提示：室内装饰工程施工组织与管理是室内装饰企业管理层与作业层相分离的一种管理制度，室内装饰施工项目是装饰企业对外的窗口，是装饰企业管理的基础；室内装饰施工企业管理是装饰施工项目管理的环境和条件。本章主要介绍室内装饰工程施工进度管理、室内装饰工程施工技术管理、室内装饰工程施工质量管理、室内装饰工程施工成本管理等内容。

教学目标：了解室内装饰工程施工与组织内容，熟悉室内装饰工程技术管理和掌握室内装饰工程施工进度管理、质量管理、成本管理。

3.1 概 述

3.1.1 室内装饰工程项目管理的概念、任务和特点

1. 装饰工程项目管理的概念

室内装饰工程项目管理属于工程项目管理，是指在项目的生命周期内，即从设计、组织工程施工，至竣工交付使用期间，用系统工程的理论、观点、方法，进行有效的规划、决策、组织、协调、控制等系统性的科学管理活动，从而按照装饰工程项目的质量、工期、造价圆满地实现目标。

2. 装饰工程项目管理的任务

根据项目招标要求，编制标书，中标后通过谈判，签订工程承包合同、预算书及主材认价等，并从人力、物力、空间三要素着手组织劳动力，抓好材料供应，加强专业协调，从时间上和空间上进行科学、合理的部署。时间上要求速度快、工期短；质量上要求精度高、效果好；经济上要求消耗少、成本低、利润高。

3. 装饰工程项目管理的特点

装饰工程项目是指在一定的约束条件下(主要是限定资源、限定时间)，具有特定目标的一次性任务。与其他项目管理不同，其特点主要体现在以下几方面。

1) 装饰工程管理单件性的一次性

工程项目的单件性特征，决定了工程项目管理的一次性特点，如建设一项工程，开发一项产品，它不同于其他工业产品的批量性，也不同于其他生产过程的重复性。工程项目的永久性特征，更加突出了工程项目建设的一次性管理的重要性，一旦在工程项目管理过程中出现失误，将很难纠正，也会受到严重损失。

由于工程项目具有单件性和永久性特征，所以工程项目管理的一次性成功是关键，这就使项目经理的选择、项目组成人员的配备和项目机构的设置，成为工程项目管理的首要问题。

2) 室内装饰工程全过程管理的综合性

工程项目的单件性和过程的一次性，决定了工程项目的生命周期，即工程项目的时间限制。对工程项目的整个生命周期，又可划分为若干个阶段，每一阶段都有一定的时间要求和特定的目标要求，它是下一阶段能否顺利进行的前提，也是整个生命周期的敏感环节，对整个生命周期有决定性的影响。

工程项目的生命周期是一个有机的发展过程，它的各个阶段，既有一定的界限，又具有连续性，这就决定了工程项目管理必须是项目生命周期全过程的管理。如可行性研究、招投标、勘察、设计、施工等各个阶段的全过程管理，而每个阶段又都包括对成本、进度和质量的管理，因此，工程项目管理是全过程的综合性管理。

3) 室内装饰工程项目控制性管理的强约束性

对工程项目的时间要求和特定目标要求，决定了工程项目具有目标管理的约束特点。工程项目管理具有明确的管理目标，即工程进度快、成本低和质量好；同时，也具有严格的限定条件，即限定的资源消耗、限定的时间要求和限定的质量标准，其约束条件的约束强度远高于其他的管理。可见，工程项目管理是强约束的控制性管理。

工程项目管理的约束条件，既是工程项目管理的必要条件，又是不可逾越的限制条件。工程项目管理的重要特点，就是工程项目的管理者，如何在一定的时间内，既善于去应用这些条件，又不能超越这些条件，以高效、低耗、优质地完成既定的任务，达到预期的目标。因此，工程项目管理是强约束的限定性管理。

由于工程项目管理具有强约束和限定性特征，因此，工程项目管理的有效性控制是工程项目管理的又一个关键。而工程项目管理的有效性控制，是建立在工程项目管理的计划最优化的基础上，这就使项目管理的计划最优化和实施控制，成为工程项目管理的核心问题。

室内装饰工程项目管理与施工管理和企业管理不同，不能把它们混为一谈。室内装饰工程项目管理的对象是具体的装饰工程项目，施工管理的对象虽然也是具体的工程项目，也具有一次性的特点，但管理的范围仅限于工程的施工阶段，而不是装饰工程的全过程。装饰工程项目管理与企业管理的区别在于后者的管理对象是整个企业，管理范围涉及企业生产经营活动的各个方面，一个工程项目仅是其中的一个组成部分，而且，企业管理是与企业本身共存亡的，它没有装饰工程项目管理所具有的一次性特点，装饰工程项目管理的重要特点在于工程项目管理者必须在一定的时间内，应用装饰项目的约束条件，而又要在不超越这些条件的前提下，完成既定任务，达到预期的目标。否则时间不再来，条件不再有，项目管理即告失败。其次，它具有一次性管理的特点。如装修一个星级酒店，它不同于其他工业产品的批量性，不同于其他生产过程的重复性等。所以在装饰工程项目管理的过程中，一旦出现差错，就难以纠正。

3.1.2　室内装饰工程项目管理的内容

根据管理的工作范围来分，室内装饰工程项目管理可分为建设全过程管理和阶段性管理两种类型。主要包括设计管理和施工管理两个部分；根据管理技术门类来划分，室内装饰工程项目管理可分为室内装饰工程施工进度管理、室内装饰工程技术管理、室内装饰工程质量管理、室内装饰工程成本管理和室内装饰工程施工安全管理。

1. 室内设计管理

设计管理就是对设计活动进行计划、组织、指挥、协调和控制等一系列设计管理活动的总称。在室内装饰工程项目中，特别是在国内装饰工程行业中，设计任务常常由装饰工程施工单位来担任。室内装饰工程设计管理的主要内容如下。

(1) 明确业主对设计内容的要求和配合施工进度出图的时间要求，确定设计费用，签订设计合同。

(2) 组成设计团队，与专业工程师签订专业设计分包合同。

(3) 制定设计进度计划，并监督检查其实施情况，按时提供图样。

(4) 编制工程设计概、预算，或编制标底控制造价。

2. 装饰工程施工管理

装饰工程项目管理是指以装饰工程项目为对象的系统管理方法，通过专业性的项目管理团队，对装饰工程项目进行高效率的计划、组织、指导和控制，以实现装饰项目全过程的动态管理和项目目标的综合协调与优化。主要包含以下内容。

1) 确定施工方案并做好施工准备

(1) 施工方案的技术经济比较，选定最佳可行性方案。

(2) 选择适用的装修施工机具。

(3) 设计装饰工程施工平面布置图。

(4) 确定各工种工人、机具和材料的需要量。

2) 编制施工进度计划

(1) 编制施工进度计划网络图。

(2) 建立检查进度计划的报表制度和计算机数据处理程序。

(3) 施工图样供应情况的监督检查。

(4) 物资供应情况的监督检查。

(5) 劳动力调配的监督检查。

(6) 工程质量管理。

3) 合同与造价管理

(1) 编制投标报价方案。

(2) 与业主、分包商及设备、材料供应厂商签订合同。

(3) 检查合同执行情况，处理索赔事项。

(4) 工程中间验收及竣工验收，结算工程款。

(5) 控制工程成本。

(6) 月度结算和竣工决算及损益计算。

3.2 室内装饰工程施工进度管理

室内装饰工程项目能否在预定的时间内交付使用，直接关系到投资效益的发挥，也关系到施工企业的经济效益。实践证明，如果工程进度管理失控，必然造成人力、物力和财力的严重浪费，甚至可能影响工程质量、工程投资和施工安全。所以，对工程进度进行有效的管理与控制,使工程项目顺利达到预定的工期目标,是业主、监理工程师和承包商在进行工程项目管理中的中心任务,是工程项目在实施过程中的一项必不可少的重要环节。

3.2.1 室内装饰工程施工进度管理的概念和内容

1. 室内装饰工程施工进度管理的概念

室内装饰工程的进度管理,也叫做施工进度控制,是指施工单位在施工过程中对室内装饰装修工程项目的进度管理,即在限定的工期内,编制出最佳的施工进度计划及进度控制措施。在执行该计划的施工过程中经常检查实际施工进度,收集、统计、整理施工现场的进度信息,并不断用实际进度与计划进度相比较,确定两者是否相符。若出现偏差,便及时分析产生偏差的原因和对后续工作的影响程度,采取必要的补救措施或调整修改进度计划及相关计划,并再次付诸实施。如此不断的循环,直至最终实现项目预计目标。

2. 室内装饰工程施工进度管理主要内容

室内装饰工程施工进度管理内容主要包括以下几个方面。

1) 施工前进度管理

(1) 确定进度控制的工作内容和特点,控制方法和具体措施,进度目标实现的风险分析,以及还有哪些尚待解决的问题。

(2) 编制施工组织总进度计划,对工程准备工作及各项任务做出时间上的安排。

(3) 编制工程进度计划,重点考虑以下内容。

① 所动用的人力和施工设备是否能满足完成计划工程量的需要。

② 基本工作程序是否合理、实用。

③ 施工设备是否配套,规模和技术状态是否良好。

④ 如何规划运输通道。

⑤ 工人的工作能力如何。

⑥ 工作空间分析。

⑦ 预留足够的清理现场时间,材料、劳动力的供应计划是否符合进度计划的要求。

⑧ 分包工程计划。

⑨ 临时工程计划。

⑩ 竣工、验收计划。

⑪ 可能影响进度的施工环境和技术问题。

(4) 编制年度、季度、月度工程计划。

2) 施工过程中进度管理

(1) 定期收集数据,预测施工进度的发展趋势,实行进度控制。进度控制的周期应根据计划的内容和管理目的来确定。

(2) 随时掌握各施工过程持续时间的变化情况以及设计变更等引起的施工内容的增减,施工内部条件与外部条件的变化等,及时分析研究,采取相应的措施。

(3) 及时做好各项施工准备,加强作业管理和调度。在各施工过程开始之前,应对施工技术物资供应,施工环境等做好充分的准备,不断提高劳动生产率,减轻劳动强度,提高施工质量,节省费用,做好各项作业的技术培训与指导工作。

3) 施工后进度控制

施工后进度控制是指完成工程后的进度控制工作，包括组织工程验收，处理工程索赔，工程进度资料整理、归类、编目和建档等。

3.2.2 室内装饰工程施工进度管理

1. 室内装饰工程施工程序

1) 室内装饰工程概况及施工特点

(1) 室内装饰工程概况。单位室内装饰工程施工组织设计中的工程概况，是对拟装饰工程的装饰特点、地点特征和施工条件所做的一个简明扼要、突出重点的文字介绍。

工程装饰概况，主要说明准备装饰工程的建设单位、工程名称、地点、性质、用途、工程投资额、设计单位、施工单位、监理单位、装饰设计图样情况以及施工期限等；建筑物地点特征，应介绍准备装饰工程所在的位置、地形、地势、环境、气温、冬雨期施工时间、主导风向、风力大小等，如果本工程项目是整个建筑物的一部分，则应说明准备装饰工程所在的具体层、段；装饰施工现场及周围环境条件，装饰材料、成品、半成品、运输车辆、劳动力、技术装备和企业管理水平，以及施工供电、供水、临时设施等情况。

(2) 室内装饰工程设计和施工特点。针对工程的装饰特点，结合施工现场的具体条件，找出关键性的问题加以简要说明，并对新材料、新技术、新工艺和施工重点、难点进行分析研究。

工程装饰设计特点，主要说明准备装饰工程的建筑装饰面积、单位装饰工程的范围、装饰标准，主要部位所用的装饰材料、装饰设计的风格，与装饰设计配套的水、电、暖、风等项目的设计情况；工程装饰施工特点，主要说明准备装饰工程施工的重点和难点，在施工中应着重注意和解决的问题，以便使施工重点突出，确保装饰工程施工能顺利进行。

2) 室内装饰工程的施工对象

根据工程建设的性质不同，室内装饰工程的施工对象可以分为新建工程的建筑装饰施工和旧建筑物改造装饰施工两种。

(1) 新建工程的室内装饰施工。新建工程的建筑装饰施工有两种施工方式。

① 建筑主体结构完成之后进行的装饰施工，它可以避免装饰施工与结构施工之间的相互交叉和干扰。建筑主体结构施工中的垂直运输设备、脚手架等设施，临时供电、供水、供暖管道可以被装饰施工利用，有利于保证装饰工程质量，但装饰施工交付使用的时间会被延长。

② 建筑主体结构施工阶段就插入装饰施工，这种施工方式多出现在高层建筑中，一般建筑装饰施工与结构施工应相差三个楼层以上。建筑装饰施工可以自第二层开始，自下向上进行或自上向下逐层进行。这种施工安排通常与结构施工立体交叉、平行流水，可以加快施工进度。但是，这种施工安排易造成二者相互干扰，施工管理难度较高，而且必须采取可靠的安全措施及防污染措施才能进行装饰施工，并且水、电、暖、卫的干管安装也必须与结构施工紧密配合。

(2) 旧建筑物改造室内装饰施工。旧建筑物改造室内装饰施工，一般有以下三种情况。

① 不改动原有建筑的结构，只改变原来的建筑装饰，但原有的水、电、暖、卫设备管线等都可能发生变动。

② 为了满足建筑新的使用功能和装饰功能的要求，不仅要改变原有的建筑外貌，而且还要对原有建筑结构进行局部改动。

③ 完全改变原有建筑的功能用途，如办公楼或宿舍楼改为饭店、酒店、娱乐中心、商店等。

3) 室内装饰工程施工程序

(1) 确定施工程序。施工程序是指单位装饰工程中各分部工程或施工阶段的先后次序及其相互制约关系。不同施工阶段的不同工作内容，按其固有的、不可违背的先后次序向前开展，其间有着不可分割的联系，既不能相互代替，也不能随意跨越与颠倒。

建筑装饰工程的施工程序，一般有先室外后室内、先室内后室外或室内外同时进行三种情况。施工时应根据装饰工期、劳动力配备、气候条件、脚手架类型等因素综合考虑。

室内装饰施工的工序较多，一般先施工墙面及顶面，后施工地面、踢脚。室内外的墙面抹灰应在管线预埋后进行；吊顶工程应在设备安装完成后进行，客房、卫生间装饰应在施工完防水层、便器及浴盆后进行。首层地面一般放在最后施工。

(2) 确定施工流向。施工流向是指单位装饰工程在平面或空间上施工的开始部位及流动方向。室内装饰工程的施工流向必须按各工种之间的先后顺序组织平行流水，颠倒或跨越工序就会影响工程质量和施工进度，甚至造成返工、污染、窝工而延误工期。确定施工流向主要考虑以下几个方面的内容。

① 建设单位要求。

② 装饰工程特点。

③ 施工阶段特点。

④ 施工工艺过程。

室内装饰工程施工工艺的一般规律是先预埋、后封闭、接着调试、再装饰。

预埋阶段：先通风、后水暖管道、再电气线路。

封闭阶段：先墙面、后顶面、再地面。

调试阶段：先电气、后水暖、再空调。

装饰阶段：先油漆、后裱糊、再面板。

(3) 室内装饰工程流水方案。根据建筑装饰工程的施工程序和流水方案，对于外墙装饰可以采用自上而下的流向；对于内墙装饰，则可以用自上而下、自下而上及自中而下再自上而中三种流向。

① 自上而下的施工流向通常是指主体结构封顶，屋面防水层完成后，装饰由顶层开始逐层向下进行。一般有水平向下和垂直向下两种形式，如图 3.1 所示。这种流向的优点是主体结构完成后，有一定的沉降时间，沉降变化趋向稳定，这样可以保证室内装饰质量；屋面防水层做好后，可防止因雨水渗漏而影响装饰效果，同时，各工序之间交叉少，便于组织施工，从上而下清理垃圾也方便。

② 自下而上的施工流水方案指当主体结构施工到一定楼层后，装饰工程从最下一层开始，逐层向上的施工流向，一般与主体结构平行搭接施工，同样也有水平向上和垂直向上两种形式，如图 3.2 所示。为了防止雨水或施工用水从上层楼缝内渗漏而影响装饰质量，应先灌好上层楼板板缝混凝土及面层的抹灰，再进行本层墙面、顶棚、地面的施工。这种流向的优点是工期短，特别是高层与超高层建筑工程更为明显。其缺点是工序交叉多，需要采取可靠的安全措施和成品保护措施。

③ 自中而下再自上而中的施工流水方案,如图 3.3 所示,综合了上述两种流向的优缺点,适用于新建的高层建筑装饰工程施工。室外装饰工程一般采用自上而下的施工流向,但对湿作业石材外饰面施工以及干挂石材外饰面施工,均采取自下而上的施工流水方案。

(a) 水平向下

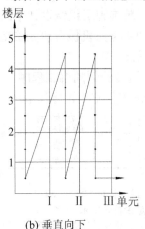
(b) 垂直向下

图 3.1 自上而下的流水顺序

(a) 水平向上

(b) 垂直向上

图 3.2 自下而上的流水顺序

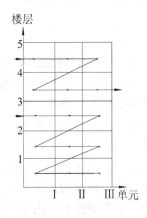

图 3.3 自中而下再自上而中的流水顺序

2. 室内装饰工程施工计划的编制

单位装饰工程施工进度计划是施工组织设计的重要组成部分,是控制各分部分项工程施工进度的主要依据,也是编制月、季施工计划及各项资源需用量计划的依据。安排室内装饰工程中各分部分项工程的施工进度,保证工程在规定工期内完成符合质量要求的装饰任务;确定室内装饰工程中各分部分项工程的施工顺序、持续时间,明确它们之间的相互衔接与合作配合关系;具体指导现场的施工安排,而且确定所需要的劳动力、装饰材料、机械设备等资源数量,可用横道图或网络图来表示,以达到用最少的人力、材料、资金的消耗取得最大的经济效益。

1) 施工进度计划的编制依据

单位室内装饰工程施工进度计划的编制依据,主要包括以下几个方面。

(1) 经过审核的室内装饰工程施工图样、标准图集及其他技术资料。

(2) 施工组织总设计中对本单位室内装饰工程的有关要求、施工总进度计划、工程开工和竣工时间要求。

(3) 相应装饰施工组织设计中的施工方案与施工方法以及预算文件。

(4) 劳动定额、机械台班定额等有关施工定额，劳动力、材料、成品、半成品、机械设备的供应条件等。

2) 施工进度计划的编制程序

单位装饰工程施工进度计划的编制程序，如图3.4所示。

图3.4 施工进度计划编制程序

3) 施工进度计划的编制步骤

(1) 确定工程项目。编制装饰工程施工进度计划时，首先应根据施工图样和施工顺序将准备装饰的工程各个施工过程列出，并结合施工条件、施工方法和劳动组织等因素，加以调整后，列入装饰施工进度计划表中，最后确定工程项目，并编制工程项目一览表，见表3-1。

装饰施工过程划分的粗细程度，主要取决于装饰工程量的大小、复杂程度。一般情况下，在编制控制性施工进度计划时，可以划分得粗一些，分得太细，不宜掌握；分得太粗，则不利于总工序的交叉搭配。在编制实施性进度计划时，则应划分得细一些，特别是其中的主导施工过程和主要分部工程，应当尽量详细具体，做到不漏项，以便掌握进度，具体指导施工。对于工期长、工程量大的工程，视具体情况而定，在总的施工组织下，可分为一、二期工程或者宾馆客房、厅堂部分等进行编制。

(2) 计算装饰工程的工程量。工程量是编制工程施工进度计划的基础数据，应根据施工图样、有关计算规则及相应的施工方法进行计算。在编制施工进度计划时已有概算

表3-1 工程项目的划分

序号	工程项目	工程量
1	铝合金门安装	16.85m²
2	铝合金窗安装	35.2m²
3	墙面钉木龙骨及胶合板	180.35m²
4	墙面贴华丽板	180.35m²
5	柱贴镜面	46.80m²
6	贴瓷砖墙画	8.00m²
7	铜丝网暖气罩	6.00m²
8	踢脚线贴大理石	6.00m²
9	轻钢龙骨石膏板吊顶	150.89m²
10	天棚贴对花壁纸	150.89m²
11	安灯具	60套
12	地面贴大理石	145.80m²

文件,当它采用的定额和项目的划分与施工进度计划一致时,可直接利用概算文件中的工程量,而不必再重复计算。详见第 7 章的室内装饰工程工程量计算。

(3) 劳动量和机械台班数量的确定。根据各分部分项工程的工程量、施工方法和消耗量定额标准,并结合施工企业的实际情况,计算各分部分项所需的劳动量和机械台班数量。一般可按下式计算,即

$$P_i = Q_i / S_i = Q_i \times H_i \tag{3-1}$$

式中:P_i —— 第 i 分部分项工程所需要的劳动量或机械台班数量;
$\quad\quad Q_i$ —— 第 i 分部分项工程的工程量;
$\quad\quad S_i$ —— 第 i 分部分项工程采用的人工产量定额或机械台班产量定额;
$\quad\quad H_i$ —— 第 i 分部分项工程采用的时间定额。

室内装饰工程可套用地区建筑装饰工程消耗量定额。此外,企业也应该积累不同装饰工程的工时消耗资料,编制工时消耗定额,作为编制计划的依据。

(4) 计算各分部分项工程施工天数。

各分部(分项)工程施工持续时间计算公式如下,即

$$t_i = P_i / R_i \times N_i \tag{3-2}$$

式中:t_i —— 完成第 i 分部分项工程的施工天数;
$\quad\quad P_i$ —— 第 i 分部分项工程所需的劳动量或机械台班数量;
$\quad\quad R_i$ —— 每班在第 i 分部分项工程中的劳动人数或机械台班数量;
$\quad\quad N_i$ —— 第 i 分部分项工程中每天工作班数。

也可以根据总工期的要求和实际施工经验,首先拟定工作项目的施工天数。

(5) 施工进度计划的安排、调整和优化。

编制室内装饰工程施工进度计划时,应首先确定主导分部分项工程的施工进度,使主导分部分项工程能尽可能地连续施工,其余施工过程应予以配合,具体方法如下。

① 确定主要分部工程并组织流水施工。

② 按照工艺的合理性,使施工过程期间尽量穿插、搭接,按流水施工要求或配合关系搭接起来,组成单位工程进度计划的初始方案。

③ 检查和调整施工进度计划的初始方案,绘制正式进度计划。检查和调整的目的在于使初始方案满足规定的目标,确定理想的施工进度计划。其内容如下。

(a) 检查各装饰施工过程的施工时间和施工顺序安排是否合理。

(b) 安排的工期是否满足合同工期。

(c) 在施工顺序安排合理的情况下,劳动力、材料、机械是否满足需要,是否有不均衡现象。

经过检查,对不符合要求的部分应进行调整和优化,达到要求后,编制正式的装饰施工进度表。

3. 影响室内装饰工程进度管理的因素

1) 设计的影响

若设计单位没有按时交图,就会导致拖延工期;若图样的设计质量不好(如装修设计破坏了建筑结构,设计不符合消防规定,各专业设计尺寸矛盾等),修改和变更图样也会影响施工进度计划,致使工程中途停止或重新返工。

2) 物资供应的影响

施工中所需的装饰材料订货是否及时；种类、质量是否合乎设计要求；施工所需机具是否配备充足、质量如何，是否有专人保养维修，这些因素都会对施工进度产生影响。

3) 资金因素的影响

在装饰施工的过程中，由于筹措资金遇到困难，资金不到位等会造成停工或影响施工工人的积极性进而影响工程施工进度。

4) 技术的影响

若施工人员未能正确领会设计意图或施工人员本身技术水平不高，也会影响施工进度和质量，因此施工人员的技术水平和素质高低是一个关键的因素。

5) 施工组织的影响

如果施工单位组织或者管理不当，劳动力和施工机械的调配不当，不适应施工现场的变化，均可能影响装饰施工进度。

6) 施工结构的影响

装饰工程的装饰结构的复杂性造成施工难度增加，从而影响装饰施工进度。

7) 施工环境的影响

若施工现场出现停水停电、运输困难，或垃圾难以外运，都会影响施工进度。

8) 施工配合的影响

在施工过程中，如果出现工序衔接不紧、交叉施工衔接不利、装修成品交叉破坏而返工等情况，必然会影响施工进度。

9) 施工管理的影响

若施工单位计划管理差、劳动纪律松懈、施工工序颠倒，都将影响进度计划的实现。

10) 自然因素的影响

若施工过程中出现不利的自然条件、自然灾害等，都将影响进度计划的实现。

4. 室内装饰工程进度控制

1) 室内装饰工程施工进度控制的原理

室内装饰工程施工进度控制原理有动态控制、系统控制、信息反馈控制、弹性控制、循环控制和网络计划技术控制等基本原理。

(1) 动态控制原理。施工项目进度控制是一个不断进行的动态控制过程。它是从装饰工程项目施工开始，实际进度就出现了运动的轨迹，也就是规划进行执行的动态。当实际进度按照规划进度进行时，两者相吻合；当实际进度与规划进度不一致时，两者便产生超前或落后的偏差。分析偏差的原因，采取相应的措施，调整原来的规划，使两者在新的起点上重合，继续进行施工活动，并且尽量发挥组织管理的作用，使实际工作按规划进行。但是在新的干扰因素作用下，又会产生新的偏差，然后再分析、再调整。所以施工进度控制就是一种动态控制的过程。

(2) 系统控制原理。室内装饰项目施工进度控制本身是一个系统工程，它主要包括装饰工程项目施工进度规划系统和装饰工程项目施工进度实施系统两部分内容。项目部必须按照系统控制的原理，来强化室内装饰进度控制的整个过程。

① 施工进度规划系统。为做好施工进度控制工作，必须根据装饰工程项目施工进度控制的目标要求，制定出装饰项目施工进度规划系统，它包括建设项目、单项工程、单位工程、分部(项)工程施工进度规划和月(旬)施工作业规划等内容，这些项目进度规划由粗到细，并形成一个系统。在执行工程项目施工进度规划时，应以局部规划保证整体规划，最终达到施工进度控制的目标。

② 施工进度实施系统。为保证项目按进度顺利实施，不仅设计单位和承建单位必须按规划要求进行工作，而且设计、承建和物资供应单位也必须密切协作和配合，从而形成严密的项目施工进度实施系统，建立起包括统计方法、图表方法和岗位承包方法在内的项目施工进度实施体系，保证其在实施组织和实施方法上的协调性。

(3) 信息反馈控制原理。信息反馈控制是施工进度控制的依据，施工的实际进度通过信息反馈给有关人员；在分工的职责范围内，经过其加工，再将信息逐级向上反馈，直到主控中心，主控中心整理统计各方面的信息，经比较分析做出决策，调整进度规划，使其符合预定总工期目标。如果不利用信息反馈控制原理，则无法进行规划控制。实际上施工项目进度控制的过程也就是信息反馈的过程。

(4) 弹性原理。施工项目进度规划工期长、影响进度的因素多，其中有的已被人们掌握，可以根据统计经验估计出出现的可能性以及影响的程度，并在确定进度目标时，进行实现目标的风险分析。在规划编制者具备了这些知识和实践经验之后，编制施工项目进度规划时就会留有余地，使施工进度规划具有弹性。在进行施工进度控制时，便可以利用这些弹性，缩短有关工作的时间，或者改变它们之间的搭接关系，使之前拖延的工期，通过缩短剩余规划工期的方法，仍然达到预期的控制目标。这就是施工项目进度控制中对弹性原理的应用。

(5) 循环控制原理。工程项目进度规划控制的全过程是规划、实施、检查、比较分析、确定调整措施、再规划的一个循环过程。从编制项目施工进度规划开始，经过实施过程中的跟踪检查，根据有关实际进度的信息，比较和分析实际进度与施工规划进度之间的偏差，找出产生原因和解决办法，确定调整措施，再修改原进度规划，形成一个循环系统。

(6) 网络计划技术原理。在施工项目进度的控制中利用网络计划技术原理编制进度规划，根据收集的实际进度信息，比较和分析进度规划，利用网络计划的工期优化、工期与成本优化、资源优化的理论调整进度规划。网络计划技术原理是施工项目进度控制的完整的计划管理和分析计算理论基础。

2) 室内装饰工程项目进度控制方法

(1) 项目进度控制的流程如图 3.5 所示。

(2) 项目进度控制的方法。室内装饰工程项目进度的控制方法主要是规划、控制和协调。规划是指确定装饰施工项目总进度控制和分进度控制目标，并编制其进度计划；控制就是在施工项目实施的全过程中，跟踪检查实际进度，并与计划进行比较，发现偏差就及时采取措施，进行调整和纠正；协调就是协调与施工有关的各单位、部门和施工队之间的关系。

图 3.5 室内装饰工程项目进度控制流程图

在上述的这些方法之中,规划即工程项目进度计划的编制是最根本的工作,是控制和协调的基础,有必要进行进一步的详细介绍。装饰装修工程的项目进度计划,从内容上来讲可以分为总进度计划、施工进度计划、作业进度计划三类。工程总进度计划项目,内容包括工程项目从开始一直到竣工为止的各个主要环节,供总监理工程师作为控制、协调总进度以及其他监理工作之用,一般多用直线在时间坐标上用横道图(图 3.6)来表示,显示项目设计、施工、安装、竣工、验收等各个阶段的日历进度;工程项目施工进度,内容包括指导施工的各项具体工作,控制进度的主要依据,施工阶段各个环节(工序)的总体安排,必须报监理工程师审批,该计划以各种定额为准,根据每道工序所耗用的工时以及计划投入的人力、工作班数、物资、设备供应情况,求出各分部分项的施工周期及单位工程的施工周期,然后按施工顺序及有关要求用横道图或者网络图来进行控制;作业进度计划是工程项目总进度计划的具体化,指导基层施工队伍的施工,可用横道图或网络图(图 3.7)对一个分部或分项工程作为控制对象进行控制。

工艺过程	工作天数	工 作 进 度																
		1	2	3	4	5	6	7	8	9	10	11	12	13	14	15	16	17
A	5																	
B	6.5																	
C	5.5																	
D	7																	
E	6.5																	
F	3																	
G	4																	
…																		

注:图中细实线为计划时间,粗实线为实际发生时间。

图 3.6 装饰工程施工横道图

图 3.7 某宾馆门厅装饰工程施工网络图

3.3 室内装饰工程施工技术管理

技术管理是室内装饰企业管理的重要组成部分，内容涉及装饰施工企业生产经营活动的各个方面。技术管理工作所强调的是对技术工作的管理，即如何运用管理的职能去促进技术的发展。施工企业的技术管理，是指对施工企业中各项技术活动过程和技术工作的各种要素进行科学管理，各项技术活动归根结底要落实到各项工程以及工程的各施工环节，确保施工作业的顺利进行，使室内装饰工程达到工期短、质量好、成本低的标准，适应人们日益增长的物质文化生活的需要，营造良好的建筑室内环境。

事实证明，现代企业本身综合实力的增长，不只是依靠财力和物力，更多的是依靠智慧与技术。因此，技术管理在建筑装饰企业经营管理中，具有非常重要的地位。

3.3.1 技术管理概述

1. 技术管理的定义

室内装饰施工企业的生产活动是在一定的技术要求、技术标准和技术方法的组织和控制下进行的。室内装饰施工企业的技术管理是指室内装饰企业在生产经营活动中，对各项技术活动过程和技术工作的各技术要素进行科学管理的总称。技术活动过程是指技术学习、技术运用、技术改造、技术开发、技术评价和科学研究的过程，主要包括图样会审、编制施工组织设计、技术交底工作、技术检验等施工技术准备工作，质量技术检查、技术核定、技术措施、技术处理、技术标准和规程的实施等施工过程中的技术工作，还有科学研究、技术革新、技术培训、新技术试验等技术开发工作。技术要素是指技术工作赖以进行的技术人才、技术装备、技术情报、技术文件、技术资料、技术文档、技术标准规程和技术责任制等。

室内装饰企业技术管理工作随着市场经济的发展而发展，不断地改进完善管理方式和内容是技术管理的长久任务。通过技术管理使科技人员、技术人员和员工的意识和价值观以及思想方法和工作方法得到升华，使企业取得技术进步和发展，是技术管理的目的。技术管理的工作目标制定和实施，要求不断创新和发展，为企业管理规范化、技术标准化、生产工厂化和经营规模化创造条件，实现建筑装饰企业的品牌战略目标。

2. 技术管理的任务和要求

1) 技术管理的任务

技术管理的基本任务是：正确贯彻执行国家的技术政策和上级有关技术工作的指示与决定，科学地组织各项技术工作，建立良好的技术秩序，充分发挥技术人员和技术装备的作用，改进原有技术，采用先进技术，提高施工速度，保证工程质量，降低工程成本，推动企业的技术进步，提高经济效益。

2) 技术管理的要求

技术管理必须按科学技术规律办事，要遵循以下三个原则。

(1) 贯彻国家技术政策的原则。国家的技术政策是根据国民经济和生产发展的要求和水平提出来的，如现行施工与验收规范或规程，是带有强制性、根本性和方向性的决定，在技术管理中必须正确地贯彻执行。

(2) 按照科学规律办事原则。技术管理工作一定要实事求是，采取科学的工作态度和工作方法，按科学规律组织和进行技术管理工作。对于新技术的开发和研究，应积极支持。但是，新技术的推广使用，应经试验和技术鉴定，在取得可靠数据并确实证明是技术可行、经济合理后，方可逐步推广使用。

(3) 讲求工程经济效益原则。在技术管理中，应对每一种新的技术成果认真做好技术经济分析，考虑各种技术经济指标和生产技术条件，以及今后的发展等因素，全面评价它的经济效益。

3.3.2 技术管理内容

建筑室内装饰企业技术管理的内容，包括技术资料管理和工程现场技术管理两大部分。

1. 室内装饰工程技术资料管理

1) 室内装饰技术资料管理内容

现代建筑室内装饰施工与建筑施工密不可分，在管理上，有许多相似之处，在技术资料管理方面同样可以借鉴建筑技术管理方法，室内装饰技术资料包括以下内容。

(1) 装饰工程施工组织方案与技术交底资料。

(2) 装饰材料及产品设备检验资料。

(3) 装饰工程施工试验报告。

(4) 装饰工程施工记录。

(5) 预检记录。

(6) 隐蔽工程检查记录。

(7) 设备基础及改变结构记录。

(8) 水暖及卫生设备安装记录。

(9) 电气设备及灯饰安装记录。

(10) 消防设备安装记录。

(11) 空调设备安装记录。
(12) 广播音响安装记录。
(13) 其他专业设备安装记录。
(14) 装饰工程质量检验评定资料。
(15) 装饰工程竣工验收资料和检验签证记录。
(16) 装饰工程设计变更、洽商记录、绘制竣工图。
(17) 装饰工程质量监督签证记录。
(18) 发生质量事故处理情况记录。

2) 对各项技术资料的具体要求

(1) 施工组织方案应在组织施工前编制。工程量大、工期长的工程应根据设计图的具体情况在总的施工组织方案前提下，可分为第一期工程、第二期工程，技术复杂的工程由公司技术科负责编制，一般工程可由工程项目工程师负责编制。编制好的施工组织方案，应经过生产、劳保、质量、设计、劳动、人事等部门讨论，经公司总工程师批准方能生效。

在技术交底方面，对主要项目必须要有书面交底，其内容应结合本工程的实际，提出保证和达到设计要求、工艺标准等的措施，在执行前，交接双方签字。

(2) 材料及产品设备检验是保证工程质量的重要条件，必须严格按国家规范和验收标准进行验收。材料部门必须供应符合质量要求的材料和产品，并提供出厂合格证或试验单。不合格材料及产品设备不得使用到工程上，并要写明处理意见。

(3) 装饰材料检查试验项目比较复杂，一般均有出厂检验证及出厂日期，但是有些产品尽管工厂有出厂证明，也不一定能保证质量，所以还是应该现场检验。

(4) 施工试验报告。

(5) 防水试水记录，有甲方验收签证。

(6) 施工记录要记载质量事故及处理意见，冬季施工测温记录以及其他有关记录。

(7) 质量事故处理要记录事故调查过程，原因分析及处理结果，记录要真实，并要有项目负责人及甲方签证。

(8) 预检记录要重点检查原结构情况，并作好详细记录。

(9) 隐检记录。隐检是指为其他工序施工所隐蔽的工程项目，在隐蔽前必须进行隐蔽检查，并及时办理手续，不得后补。检查意见要写得具体明确，如需复查，应填写复查日期及复验人姓名，写明结论意见。

(10) 水暖、空调安装记录。

(11) 电气安装记录。

3) 装饰设计变更及洽商记录

(1) 设计变更和洽商记录是设计施工图样的补充和修改，内容要求明确具体，应及时办理，不得任意涂改和后补，必要时要有附图。如图样修改过多，应另行出图。

(2) 洽商记录按签证日期的先后顺序编号，应认真、齐全。

(3) 设计变更洽商记录应由设计单位、施工单位和建设单位三方代表签证；有关经济洽商记录可由施工单位和建设单位两方代表签证。

(4) 建设单位若委托施工单位办理签证，需有书面委托手续，洽商记录可由设计单位、施工单位两方签证。

(5) 洽商原件应存档,如相同工程合用一个洽商原件时,可用复印件存档,但三方要重新办理签证手续,并注明原件存放处。

(6) 总包与分包的有关设计变更洽商记录统一由总包办理洽商手续,并分发到有关单位。

4) 装饰工程质量检验评定、竣工验收

(1) 将装饰工程质量检验评定作为一个独立的工程项目来考核,分为几个分部工程,分部工程完成后应及时填写分部工程质量评定表,并由单位工程负责人签字。

(2) 分项工程质量评定完毕后应汇总,编写出统计资料及评定结论。

(3) 单位工程评定和竣工验收应将表的内容填写齐全,由施工单位主要负责人审核并鉴证后,加盖单位印章,送质量监督部门进行核验,合格后签发验收单。

5) 装饰工程竣工图

(1) 室内装饰工程竣工后应及时进行竣工图的整理。

(2) 竣工图一般可在原图上加文字说明,标注有关洽商记录及编号,并将该洽商记录的复印件附在上面。有特殊要求的,可重新绘制装饰工程竣工图。

6) 回访记录

室内装饰工程完工后,在保修期内要有维护、保修回访记录,以保证用户满意,提高企业的信誉。质量监督部门也应进行回访,征求用户意见,以便改进工作。

7) 装饰工程质量监督记录

这是指建设单位委托质量监督站(代表政府)进行的监督。如果建设单位不委托,则无需此项记录。

(1) 工程质量委托书是建设单位将质量监督任务委托给质量监督部门(政府)的一种手续。委托书内容包括监督形式、方法和监督项目以及建设单位应提供的技术文件,经双方签认加盖单位印章即可生效,具有法律性,由建设单位归入技术资料档案。

(2) 监督工作开始前,要明确监督员根据设计意图和设计说明以及建设单位要求、工程特点制定出工程质量的监督计划,交建设单位、设计单位和施工单位,也就是明确地告诉哪些部位是质量监督的重点,这些部位必须经过监督部门检查后方能进行下道工序的施工。经四方同意后履行签认手续,共同遵守。

(3) 监督计划经监督实现后,由监督部门签证,竣工后由施工单位归入技术资料档案。

(4) 监督每个工程的全过程所发生的质量问题及处理情况并做记录,进行整理后由监督部门交建设单位归入技术资料档案。

(5) 每项工程竣工后,监督部门组织检验,签发核验五联单,由施工单位、建设单位归档。

(6) 每项工程竣工后,监督部门整理全套监督技术资料,手续要齐全,存入档案保存备查。

2. 室内装饰施工现场技术管理

室内装饰施工涉及的装饰材料品种繁杂,规格多样,施工工艺与处理方法各不相同。因此,其施工现场的技术管理有自身的特殊性,一名合格的工程技术人员既要懂得施工技术,也要熟悉各种装饰材料及性能,还要具备美学知识,才能更好地理解设计意图,取得满意的施工效果。室内装饰工程现场技术管理主要包括以下几个方面。

1) 参与合同的起草以熟悉合同条款

在施工过程中，经常会遇见业主提出变更或现场与图样不相符的情况，这时施工就需要作出相应的调整。这个调整既涉及图样，也必须在合同中有所体现，因为会导致工期与费用的变化。所以，整个施工过程都不能偏离施工合同，技术人员必须熟悉合同内容。

2) 参与设计交底和图样会审以熟悉施工图样

装饰设计需要通过工程技术人员组织工人施工来实现，技术人员是把设计变为现实的桥梁，这就要求技术人员十分熟悉施工图样。只有熟悉了设计图样，掌握了设计的意图和风格，才能编制出切实可行的施工组织设计，才能有效地组织工程的实施。

3) 做好技术交底工作

在各分部分项工程开工前应向施工班组和工人进行技术和安全交底工作，其目的是使操作人员明确各分部分项工程的设计意图和施工技术及安全要求，以保证工程严格按照设计图样、施工组织设计、安全操作规程和施工验收规范等要求进行施工，从而避免盲目作业。

4) 加强隐蔽工程的验收工作管理

当上道工序会被下道工序或者下层的结构会被上层结构遮盖时，必须在做好自检的基础上，向监理工程师提出隐蔽工程验收要求，经其验收合格后方可进行下道工序，如防水层、防火涂料的涂刷和龙骨结构层等。这项工作必须严格执行。

5) 及时向监理或业主申报技术洽商和经济洽商

在施工过程中，经常会遇见业主口头提出设计更改或实际情况无法满足设计要求的现象，这时施工单位应及时写出技术洽商并请监理和业主确认，以便安排施工。如果涉及原报价书未包含的费用，还应提出经济洽商以增加此项费用。

6) 负责编制主要材料的计划单并及时做好材料的报验工作

对于主要材料，应随着施工进度安排提前编制计划，特别是异型材料更需要提前放样并交办材料部门抓紧订购，有些材料还需技术人员前往沟通确认，避免因材料出错或到货不及时影响施工进度。所有进场主材都应有合格证和相应的原检测报告，并按规定向监理工程师报验，待批准后方可投入施工。

7) 施工过程中工程质量的检查

由于室内装饰工程涉及范围广、类别杂、部位多、层次多，做法多样，而且对整个建筑工程能否评优起着关键作用，因而其质量要求很高。这就要求在施工中必须严把质量关，建立起专人自检、班组互检，下道工序检查上道工序，质检员复检，验收合格后进入下道工序的检验模式，做到及时发现问题，及时制定措施解决问题。

8) 技术资料的收集与整理

技术资料是对工作可追溯性的保证，一旦出现问题，可根据资料进行追查分析，找出原因，明确责任方或责任人，使问题能够彻底解决，同时它也是工程决算的实际依据，是项目经营中不可缺少的环节。因此需配备专人负责，做好技术管理措施资料和质量保证资料。

9) 绘制竣工图

装饰工程的图样通常只注重表面的设计，而对内部构造做法表达得不够全面和详细，因此在实际施工中一般都根据常规做法和经验进行施工，另外在施工中还经常会有设计变更，这些情况在工程竣工后，都应全面真实地反映在竣工图样上(特别是隐蔽工程)，以利于今后备查和便于维修，同时也是工程决算必不可少的重要依据。

10) 参与竣工决算的编制

一项装饰工程完工后，竣工决算的编制工作变得非常重要，关系到工程的最终造价和项目的赢利水平。而现场技术人员熟悉施工情况，了解整个施工过程，他们必须和预算人员一起协作完成此项工作，只有这样才能更加全面翔实地编制竣工决算，避免漏项。

3.3.3 室内装饰企业技术管理

室内装饰企业的技术管理有其特殊性，即需要同时担负起施工与设计两方面的技术管理责任。此外，相对土建工程而言，装饰工程项目的施工周期更短，所以，施工组织设计的科学性、合理性和可操作性显得尤为重要。因此，技术管理的控制点和有效性是衡量企业技术发展和技术进步的重要标准，是企业可持续发展的技术保障。

1. 建立技术储备档案

对搜集到的有关资料，先按化工、建材、纺织、五金等大类分别存档，接着在大类中进行细分，如化工中的防火、防水、防腐材料，木材、钢材、块材等的粘合剂，各种内外墙的涂饰材料，各种木材、钢材的涂饰材料等分门别类地造册存档，便于日后检索和查找。同时要保持对档案的补充、修订，使之完善。

2. 推广与应用新技术及其成果

率先开发应用网络管理系统和 CAD 辅助设计，进一步加强网络化管理的深度，提高微型计算机的自动化水平，而推进行业进步要从推广与应用新技术、新工艺、新材料入手，对已掌握的安全、环保、高效、节能等方面的产品和技术，要优先利用；在前期谈判时就向业主介绍和推荐，设计时积极采用，从而形成企业优势。在这里还应看到，推广与应用新技术、新工艺、新材料一定要具有前瞻性；在某一时段或特定的经济环境中，这种推广与应用可能有阻力或不被业主认可，但这只是暂时现象，纵观时代的进步，优胜劣汰是发展的必然趋势。在这方面谁走在前面，谁将会有更多的机会和能力赢得市场。

3. 推广技术的更新改造

现代装饰技术与传统装饰技术是不可同日而语的，不同的材料、工艺、设备，必然导致技术的变革和更新改造。纳米技术的出现会对涂料工业注入新的活力，出现划时代的新型涂料产品，与之相关的施工工艺和技术也会出现变化。微型计算机内存配置的提高，新的管理和设计软件的开发应用，无疑会使管理与设计上一个新台阶，会使工作效率得到更大的提高，加工设备的更新改造，数控设备的应用，使半成品和加工件的质量和材料利用率得到提高。装饰技术的更新与改造的周期会越来越短，发展的速度会越来越快。

4. 培训相关人员应用新技术、新工艺、新材料的能力

随着新技术、新工艺、新材料的出现，将装饰施工过程中经过试验或比较得出有关数据和操作经验编制成作业指导书，把使用的工具、施工工艺、技术要点、检验与验收标准列入其中，下发给相关的部门和操作人员，使管理、操作和检验人员熟悉自己的工作要点。

在实际操作中，由工程技术员进行指导，以点带面地逐步展开，这种做法已被实践证明是快捷而又行之有效的。因此，人才专业结构的合理组合已成为企业人才发展规划的侧重点。就装饰企业而言，设计与施工是两个重要的一线部门，对专业技术人员的要求相对较高，专业设置既全面又要有所侧重。人才的综合素质越高，企业的发展潜力和市场竞争力就会越大。人才发展规划要根据企业规模、实力和发展规划而制定，不能急功近利。因此，在企业发展的大目标下，要有计划、有侧重地逐步招聘、培养和合理使用人才，在不断调整、平衡、优化的过程中，使企业的人才资源配置合理，加快企业的发展步伐。

5. 参加或主持企业重大技术会议并解决技术疑难问题

及时解决建筑装饰工程和设计中发生的技术疑难问题，是技术管理工作中的重中之重，无论是设计还是施工，这类问题不解决，将直接影响工程质量而造成无谓的浪费或经济损失。针对不同的问题召开专题会议，制定相对应的施工方案与技术要点，在实施过程中严格控制和检查，使问题相继得到解决。对已经出现的质量问题，经过分析找出原因，然后进行小范围试验，问题解决后，写成作业指导书进行推广。技术疑难问题会随着新技术、新工艺、新材料的不断采用而出现，要及时发现、及时解决。自己解决不了可以采用派出去、请进来的办法，咨询、请教相关专家，积累解决问题的经验和能力。

6. 参与合同评审并对合同中涉及的技术能力把关

在合同评审中经常会遇到专业或技术要求较高的单位工程，对其技术可行性评审论证后，确定自己的技术能力范围；对一些专业的单项工程或作业进行分承包，进而保证工程整体的施工质量和要求，其中包括一些新技术、新工艺、新材料的应用。

7. 主持重要的设计评审并最终审批图样

图样是室内装饰工程非常重要的技术文件，在工程施工前需要进行评审。重要工程的设计评审包括以下几个方面。

(1) 图样设计是否满足了建设方的各方面要求，是否符合国家规范。
(2) 图样设计是否科学合理又有先进性，总体风格及效果。
(3) 图样设计的规范性，完整性和保证程度。
(4) 图样设计材料的购置能力，施工的可行性。
(5) 能够满足以上要求，由企业技术负责人审批。

8. 对设计的质量进行抽查与评定并审批设计更改

定期与不定期进行图样设计抽查，对已竣工的图样设计分为优、良、合格、差四级评定，促进设计质量的提高，并将量化的统计结果发放至每一个设计人。审批由于业主、现场或设计需要所做的设计变更，汇总不同的变更原因，找出设计失误，这也是提高设计质量的又一手段。

9. 审批施工组织设计和工程技术交底

良好的施工组织设计和工程技术交底，是有效控制施工质量、进度、成本的先决条件，因此对其科学合理和严密可行的要求很高，不同的环境、条件、技术含量和工期要求，以及不同的地区、季节等因素，都是施工组织设计和工程技术交底的依据。稍有疏漏将会出现失误,从而影响施工作业的顺利实施,因此规范施工组织设计和技术交底已成为企业招投标与施工准备的重要运作环节。

10. 施工过程中技术资料和工程质量的检查

施工过程中技术资料是否齐备,工程质量是否达到合同规定的标准,是衡量企业和项目经理管理水平高下的关键,是质检部门评定质量的依据。因此,对于施工中技术资料和工程质量的检查十分必要,施工组织设计实施的效果怎样,技术措施是否可行,分项工程的质量如何;质量评定记录,质量保证资料等是否齐备,通过经常性的检查而得到监督和修订,从而保证施工顺利展开,质量得到保证。各人自检、班组互检,下道工序检查上道工序,验收合格后进入下道工序的检验模式与班组长、质检员、项目经理和公司质安部质检工程师的检验模式相结合,做到及时发现问题,及时制定措施解决问题;公司质安部进行全过程跟踪,直到不合格得到纠正。通过有效的检查和奖罚,使操作人员真正懂得了"不是干了活就有工资,而是干好了才有工资,干坏了不但挣不到钱还要赔偿物料损失",使管理人员懂得不但工程要按期交付,质量要好,技术资料还要完备,否则也要受到处罚;这种机制从另一方面扭转了传统的意识和价值观,使检查达到了目的。

11. 审查交付工程的竣工资料

审查交付工程的竣工资料是对工程可追溯性的保证,一旦出现问题,可根据资料进行追查分析,找出原因,明确责任方或责任人,使问题能够彻底解决。另一方面也是工程决算的依据,是建筑装饰工程不可缺少的环节。

12. 审查竣工图

竣工图审查包括以下几方面的内容。

(1) 技术管理措施资料审查,包括施工组织设计、洽商记录,设计变更通知,施工日志,分项、单位工程质量评定记录、检查记录,隐蔽工程验收记录,工程验收记录,消防验收记录等。

(2) 质量保证资料审查,包括各种产品的合格证或试验,检测报告等,审查中发现的问题要及时纠正,将完备的工程竣工资料存档保管。

(3) 组织编写及审批企业的有关技术标准。

(4) 界定有关的国家、省、市颁布的标准、规范、定额的使用,作为外部受控文件,编制企业标准、规范(各工序、工艺、材料的作业指导书),编制企业的标准图集。

3.4 室内装饰工程质量管理

室内装饰工程质量管理是项目管理的重要内容。室内装饰工程作为建设工程产品的工程项目,是契约型商品,所投资和耗费的人工、材料、能源都相当大,室内装饰工程质量的优劣,不但关系到建筑室内空间的适用性,而且还关系到人们生命财产的安全和社会安定。

室内装饰工程质量管理是一次性的动态管理和全面管理。一次性是指这次任务完成后不会有完全相同的任务和最终成果,即每个装饰工程合同所要完成的工作内容和最终成果是彼此不相同的;所谓动态管理过程,指的是施工项目质量管理的对象、内容和重点都随工程进展而变化,如装饰工程施工阶段管理的内容就不同,内墙饰面和外墙饰面的质量控制的对象、内容和重点都不同;所谓的全过程管理,是指施工企业从工程设计、工程准备工作、工程开始施工到工程竣工验收交付使用的全过程中,为保证和提高工程质量所进行的各项组织管理工作。其目的在于以最低的工程成本和最快的施工速度,生产出用户满意的建筑室内装饰产品。对室内施工项目经理或者项目建造师来说,必须把质量管理放在头等重要的位置。

3.4.1 室内装饰工程质量和质量管理的基本概念

1. 室内装饰工程质量

室内装饰工程质量的概念有广义和狭义之分。广义的室内装饰工程质量是指室内装饰工程项目的质量,它包括工程实体质量和工作质量两部分,其中工程实体质量包括分项工程质量、分部工程质量和单位工程质量,工作质量包括社会工作质量和生产过程质量两个方面。

狭义的室内装饰工程质量是指室内装饰工程产品质量,即工程实体质量或工程质量,是指反映实体满足明确和隐含需要能力的特性的总和。其中"实体"可以是产品或服务,也可以是活动或过程,组织体系和人,或是以上各项的任意组合;"明确需要"是指在标准、规范、图样、技术要求和其他文件中已经作出的明确规定的需要;"隐含需要"是指那些被人们公认的、不言而喻的、不必再进行明确的需要,如住宅应满足人们的最起码的居住功能,即属于"隐含需要";"特性"是指实体特有的性质,它反映了实体满足需要的能力。

1) 室内装饰工程质量特性

室内装饰工程质量特性可归纳为性能性、可靠性、安全性、经济性和时效性五个方面。

(1) 性能性:指产品或工程满足使用要求所具备的各种功能,具体表现为力学性能、结构性能、使用性能和外观性能。

① 力学性能:如强度、刚度、硬度、弹性、冲击韧性和防渗、抗冻、耐磨、耐热、耐酸、耐碱、耐腐蚀、防火、抗风化等性能。

② 结构性能:如结构的稳定性和牢固性、柱网布局合理性、结构的安全性、工艺设备便于拆装、维修、保养等。

③ 使用性能:如平面布置合理、居住舒适、使用方便、操作灵活等。

④ 外观性能:如建筑装饰造型新颖、美观大方、表面平整垂直、色泽鲜艳、装饰效果好等。

(2) 可靠性:工程的可靠性是指工程在规定的时间内和规定的使用条件下,完成规定功能能力的大小和程度。对于建筑装饰企业承建的工程,不仅要求在竣工验收时要达到规定的标准,而且在一定的时间内要保持应有的使用功能。

(3) 安全性:工程的安全性是指工程在使用过程中的安全程度。任何建筑装饰工程都要考虑是否会造成使用或操作人员伤害,是否会产生公害、污染环境。如装饰工程中所用的装饰材料,对人的身体健康有无危害;各类建筑物在规范规定的荷载下,是否满足强度、刚度和稳定性的要求。

(4) 经济性：工程的经济性是指工程寿命周期费用(包括建设成本和使用成本)的大小。建筑装饰工程的经济性要求：一是工程造价要低，二是维修费用要少。

(5) 时效性：室内装饰工程时效指在规定的使用条件下，能正常发挥其规定功能的总工作时间，也就是工程的设计或服役年限使用寿命期内质量要稳定。

以上工程质量的特性，有的可以通过仪器设备测定直接量化评定，如某种材料的力学性能，但多数很难进行量化评定，只能进行定性分析，即需要通过某些检测手段，确定必要的技术参数来间接反映其质量特性。把反映工程质量特性的技术参数明确规定下来，通过有关部门形成技术文件，作为工程质量施工和验收的规范，这就是通常所说的质量标准。符合质量标准的就是合格品，反之就是不合格品。

工程质量是具有相对性的，也就是质量标准并不是一成不变的。随着科学技术的发展和进步，生产条件和环境的改善，生产和生活水平的提高，质量标准也将会不断修改和提高。另外，工程的质量等级不同，用户的需求层次不同，对工程质量的要求也不同。施工单位的施工质量，既要满足施工验收规范和质量评定标准的要求，又要满足建设单位、设计单位提出的合理要求。

2) 室内装饰工程实体质量

室内装饰工程实体质量是指工程适合一定的用途，具备满足使用要求的质量特征和使用性。在施工过程中表现为工序质量，即室内装饰施工人员在某一工作面上，借助于某些工具或施工机械，对一个或若干个劳动对象所完成的一切活动的综合。工序质量包括这些施工活动条件的质量和活动质量的效果，并由参与建设各方完成的工作质量和工序质量所决定。构成施工过程的基本单位是工序，虽然工程实体的复杂程度不同，生产过程也各不一样，但完成任何一个工程产品都有一个共同特点，即都必须通过一道一道工序加工出来，而每道工序的质量好坏，最终都直接或间接地影响工程实体(产品)的质量，所以工序质量是形成工程实体质量最基本的环节。

3) 室内装饰工程工作质量

室内装饰工程工作质量是指参与室内装饰工程项目建设的各方，为了保证工程产品质量所做的组织管理工作和各项工作的水平及完善程度，建筑装饰企业的经营管理工作、技术工作、组织工作和后勤工作等达到和提高工程质量的保证程度。室内装饰工程的质量是规划、勘测、设计、施工等各项工作的综合反映，而不是单纯靠质量检验检查出来的。要保证室内装饰工程的质量，就要求参与室内装饰工程的各方有关人员，对影响室内装饰工程质量的所有因素进行控制，通过提高工作质量来保证和提高工程质量。工作质量可以概括为生产过程质量和社会工作质量两个方面。生产过程质量主要指思想政治工作质量、管理工作质量、技术工作质量、后勤工作质量等，最终还要反映在工序质量上，而工序质量受到人、设备、工艺、材料和环境五个因素的影响。社会工作质量主要是指社会调查、质量回访、市场预测、维修服务等方面的工作质量。

工作质量和工程质量是两个不同的概念，两者有区别又有紧密的联系。工程质量的保证和基础就是工作质量，而工程质量又是企业各方面工作质量的综合反映。工作质量不像工程质量那样直观、明显、具体，但它体现在整个施工企业的一切生产技术和经营活动中，并且通过工作效率、工作成果、工程质量和经济效益表现出来。所以，要保证和提高工程质量，不能孤立地、单纯地抓工程质量，而必须从提高工作质量入手，把工作质量作为质量管理的主要内容和工作重点。在实际工程施工中，人们往往只重视工程质量，看不到在工程质量背后掩盖了大量的工作质量问题。仔细分析出现的各种工程质量事故，都不难得出是由于多方面工作质量欠佳而造成的后果。所以，要保证和提高工程质量，必须保证工作质量的提高。

2. 室内装饰工程质量影响因素

影响室内装饰工程质量的主要因素是人、环境、机具、材料和方法，这五个因素之间是互相联系、互相制约的，是不可分割的有机整体。室内装饰工程质量管理的关键是处理好这五个因素，将"事后把关"转到"事前预防"，将施工中容易出现事故的各种因素控制起来，把管理工作放到生产的过程中去，具体说，就是控制好施工过程中影响质量的五大因素。

1) 人的因素

就室内装饰工程整体来说，人的因素指企业各部门、各成员都关心工程质量管理，即通常所讲的"全员管理"和"全企业管理"。在室内装饰工程中，各分项工程主要是手工操作，操作人员的技能、体力、情绪等在生产过程中的变化直接影响到工程质量，在施工中容易造成操作误差的主要原因是质量意识差，操作时粗心大意，操作技能低，技术不熟练，质量与分配处理不当，操作者的积极性受损等。要强调"预防为主"，首先应强调人的主观能动性，应采取以下措施加以控制。

(1) 树立"质量第一"的思想：要树立以优质求信誉、以优质求效益的指导思想，强化"质量第一，用户至上，下道工序是用户"的质量思想教育，提高广大职工保证工程质量的自觉性和责任感，当数量、进度、效益与质量发生矛盾时，必须坚持把质量放在首位。

(2) 工程质量与施工者利益挂钩：在推行承包经营责任制中，要把工程质量列为重要的考核指标，将质量好坏与施工者的工资、奖金挂钩，定期检查，严格考核，奖惩分明，对为提高工程质量作出重大贡献的人员，要敢于重奖；对忽视质量，弄虚作假，违章操作，或者造成重大质量事故的，要严肃处理，绝不姑息。这样，充分体现奖勤罚懒，奖优罚劣，多劳多得，少劳少得，促使所有施工人员关心质量、重视质量，使装饰工程质量管理有强大的经济动力和群众基础。

(3) 组织技术培训，提高职工的技术素质：组织操作技术练兵，培养操作技能，既掌握传统工艺，又掌握新材料、新技术和新工艺，关键岗位、重要工序的技术力量要注意保持相对稳定。只有组织施工人员技术培训，提高其技术素质，才能把施工质量的提高建立在坚实的技术基础之上。

(4) 建立严格的检查制度：建立操作者自检、施工班组互检和上下道工序交接检的检查制度，即"三检制"。所谓自检，即操作者自我把关，保证操作质量符合质量标准；所谓互检，可由班组长组织在同工种的各班组之间进行，通过互检肯定成绩，找出差距，交流经验，共同提高；所谓交接检，即一般工长或施工队长为了保证上道工序质量，在进行上、下道工序交接时的检查制度，是促进上道工序自我严格把关的重要手段。认真执行"三检制"是工程质量管理工作的重要环节，通过这样层层严格把关，促进自我改进和自我提高的能力，从而保证工程质量。

2) 装饰材料的因素

装饰材料是装饰工程的物质基础,正确地选择、合理地使用材料是保证工程质量的重要条件之一。控制材料质量的措施有以下几点。

(1) 必须按设计要求选用材料。因为装饰工程材料的品种多,颜色、花纹、图案又很繁杂,为了达到理想的装饰效果,所用材料必须符合设计要求。

(2) 所用材料的质量必须符合现行有关材料标准的规定。供应部门要提供符合要求的材料,包括成品和半成品,严防"以次充好,以假代真"的现象,确保材料符合工程的实际需要,避免由于材料质量低劣而给工程质量造成严重损失。

(3) 对进场材料加强验收。材料进场后应加强验收,验规格、验品种、验质量、验数量,在验收中发现数量短缺、损坏、质量不符合要求等情况,要立即查明原因,分清责任,及时处理;在使用过程中对材料质量发生怀疑时,应抽样检验,合格后方可使用。

(4) 作好材料管理工作。材料进场后,要作好材料的管理,按施工总平面布置图和施工顺序就近合理堆放,减少倒垛和二次搬运;并应加强限额管理和发放,避免和减少材料损失,如装饰工程所用的砂浆、灰膏、玻璃、油漆、涂料等,应集中加工和配制,装饰材料和饰件以及有饰面的构件,在运输、保管和施工过程中,必须采取措施,防止损坏和变质。

3) 机具设备的因素

"工欲善其事,必先利其器",自古以来,在建筑营造业方面,工匠对所用工具就十分讲究。如今装饰工程施工正向工业化、装配化发展,机具设备已经成为生产符合要求的工程质量的重要条件之一。

对于机具设备因素的控制,应按照工艺的需要,合理地选用先进机具;为了保证生产顺利进行,使用之前必须检查;在使用过程中,要加强维修保养,并定期检修;使用后,精心保管,建立健全管理制度,避免损坏,减少损失。

4) 施工环境的因素

工作的环境,如施工的温度、湿度、风雨天气、环境污染及工序衔接等对装饰工程质量影响很大,要从以下几方面加以控制。

(1) 施工温度与湿度的控制:温度的控制,如刷浆、饰面和花饰工程以及高级抹灰、混色油漆工程不应低于5℃;中级和普通的抹灰、混色油漆工程,以及玻璃工程应在0℃以上;裱糊工程不应低于15℃;用胶粘剂粘贴的罩面板工程,不应低于10℃。湿度的控制,环境湿度对质量影响显著,如在砖墙面上抹灰,必须把墙面浇水润湿;水泥砂浆抹灰层,必须在湿润的条件下养护;油漆工程基层必须干燥,若是潮湿将会产生脱层。

(2) 天气和环境清洁的控制:如油漆工程操作的地点要清理干净,环境清洁,并通风良好;雨雾天气不宜做罩面漆;室外使用涂料不得在雨天施工;六级大风不得进行干粘石的施工。

(3) 工序衔接、安排合理为施工创造良好环境,有利于工程质量;如装饰工程应在基体或基层的质量检验合格后,方可施工;室外装饰一般应自上而下进行;高层建筑采取措施后,亦可分段进行,室内装饰工程应待屋面防水工程完工后,并在不致被后继工程所损坏和玷污的条件下进行。室内罩面板和花饰等工程,应待易产生较大湿度的地(楼)面的垫层完工后再施工。室内抹灰如果在屋面防水完工前施工,必须采取防护措施。

5) 施工方法的因素

装饰工程的各分项工程所用机具、材料工作环境及施工部位不同，必须采用相应的正确操作方法，才能达到分项工程本身的使用功能、保护作用和装饰效果，采用错误的操作方法是难以达到质量标准的。将人、机具、材料和环境等各种因素，通过科学合理的施工方法使之有机地整合，预防可能出现的质量缺陷，从而保证工程质量。随着新材料、新技术不断涌现，各种新型粘结材料、膨胀螺栓和射钉枪等广泛使用，操作方法也有了很大改进。

3. 室内装饰工程质量管理

1) 室内装饰工程质量管理的概念

质量管理是指确定质量方针、目标和职责，并在质量体系中通过诸如质量策划、质量控制、质量保证和质量改进使其实施的全部管理职能的所有活动。

质量管理是组织全部管理职能的组成部分，其职能是质量方针、质量目标和质量职责的制定与实施。质量管理是有计划、有系统的活动，为实现质量管理需要建立质量体系，而质量体系又要通过质量策划、质量控制、质量保证和质量改进活动发挥其职能，可以说这四项活动是质量管理工作的四大支柱。

质量管理的目标是装饰施工总目标的重要内容，质量管理目标和责任应按级分解落实，各级管理者对目标的实现负有责任。虽然质量管理是各级管理者的职责，但必须由最高管理者领导，质量管理需要全员参与并承担相应的义务和责任。

2) 室内装饰工程质量管理的重要性

"百年大计、质量第一"，质量管理工作已经越来越为人们所重视，高质量的产品和服务是市场竞争的有效手段，是争取用户、占领市场和发展企业的根本保证。国内的室内装饰行业发展历史不长，在室内装饰工程质量管理方面，我国的工程质量管理水平与国际先进水平相比仍有很大差距。

随着全球经济一体化进程的加快，特别是加入世贸组织后，给我国室内装饰业带来空前的发展机遇。近几年，我国大多数施工企业通过 ISO 9000 体系认证，标志着对工程质量管理的认识和实施提高到了一个更高的层次。因此，从发展战略的高度来认识工程质量，工程质量已关系到国家的命运、民族的未来，工程质量管理的水平已关系到企业的命运、行业的兴衰。

工程项目投资比较大，各种资源(材料、能源、人工等)消耗多，工程项目的重要性与其在生产、生活中发挥的巨大作用是相辅相成的。工程项目的一次性特点决定了工程项目只能成功不能失败，工程质量达不到要求，不但关系到工程的适用性，而且还关系到人们生命财产的安全和社会安定。所以，在室内装饰工程的施工过程中，加强质量管理，确保人们生命财产安全是装饰施工项目的头等大事。

室内装饰工程质量的优劣，直接影响国家经济建设的速度。装饰工程施工质量差本身就是最大的浪费，低劣质量的工程一方面需要大幅度增加维修的费用，另一方面还将给用户增加使用过程中的维修、改造费用，有时还会带来工程的停工、效率降低等间接损失。因此，质量问题对我国经济建设的速度也有直接影响。

3.4.2 室内装饰工程全面质量管理

室内装饰工程全面质量管理是指室内装饰施工企业为了保证和提高室内环境质量，运用一整套的质量管理体系、手段和方法，所进行的全面的、系统的装饰工程管理活动。它是一种科学的现代质量管理方法。

1. 室内装饰工程全面质量管理的基本观点

全面质量管理继承了质量检验和统计质量控制的理论和方法，并在深度和广度上继续发展，归纳起来，它具有以下基本观点。

1) 质量第一的观点

"百年大计、质量第一"是室内装饰工程推行全面质量管理的思想基础。室内装饰工程质量的好坏，不仅关系到国民经济的发展及人民生命财产的安全，而且直接关系到施工企业的信誉、经济效益及生存和发展。因此，施工企业树立"质量第一"的观点，这是工程全面质量的核心。

2) 用户至上的观点

"用户至上"是室内装饰工程推行全面质量管理的精髓。国内外多数企业把用户摆在重要的位置上，把企业同用户的关系，比作鱼和水、作物和土壤。坚持用户至上的观点，并将其贯彻到装饰工程施工的全过程中，会促进装饰企业的蓬勃发展，背离了这个观点，企业就会失去存在的必要。

现代企业质量管理中"用户"的概念是广义的，包括两层含义：一是直接或间接使用室内装饰工程的单位或个人；二是装饰施工企业内部，在施工过程中上一道工序应对下一道工序负责，下一道工序则为上一道工序的用户。

3) 预防为主的观点

室内装饰工程质量是设计、制造出来的，而不是检验出来的。检验只能发现工程质量是否符合质量标准，但不能保证工程质量。在室内装饰工程施工的过程中，每个工序、每个分部分项工程的质量，都会随时受到许多因素的影响，只要有一个因素发生变化，质量就会产生波动，不同程度地出现质量问题。全面质量管理强调将事后检验把关变成工序控制，从管质量结果变为管质量因素，防检结合，防患于未然，也就是在施工的全过程中，将影响质量的因素控制起来，发现质量波动就分析原因、制定对策，这就是"预防为主"的观点。

4) 全面管理的观点

所谓全面管理，就是突出一个"全"字，即实行全员的、全企业的和全过程的管理。全员的管理，就是施工企业的全体人员，包括各级领导、管理人员、技术人员、政工人员、生产工人、后勤人员等都要参加到工程质量管理中来，人人关心工程质量，把提高工程质量和本职工作结合起来，使工程质量管理有扎实的群众基础。全企业的管理，就是强调质量管理工作不只是质量管理部门的事情，施工企业的各个部门都要参加质量管理，都要履行自己的职能。全过程的管理，就是把工程质量管理贯穿于工程的规划、设计、施工、使用的全过程；尤其在施工过程中，要贯穿于每个单位工程、分部工程、分项工程、各施工工序。

5) 数据说话的观点

数据是实行科学管理的依据，没有数据或数据不准确，质量就无从谈起。室内装饰工程全面质量管理强调"一切用数据说话"，它以数理统计的方法为基本手段，而数据是应用数理统计方法的基础，这是区别于传统管理方法的重要一点。依靠实际的数据资料，运用数理统计的方法做出正确的判断，采取有力措施，进行室内装饰工程质量管理。

6) 不断提高的观点

重视实践，坚持按照计划、实施、检查、处理的循环过程办事，经过一个循环后，对事物内在的客观规律就会有进一步的认识，从而制定出新的质量管理计划与措施，使质量管理工作及工程质量不断提高。

2. 室内装饰工程全面质量管理内容

1) 室内装饰工程全面质量管理方法

室内装饰工程全面质量管理方法是应用了循环工作法(或简称 PDCA 法)。这种方法是由美国质量管理专家戴明博士于 20 世纪 60 年代提出的，直至今日仍然适用于室内装饰工程的质量管理中。PDCA 循环工作法是把质量管理活动归纳为四个阶段，即计划阶段(Plan)、实施阶段(Do)、检查阶段(Check)和处理阶段(Action)，包含八个步骤的内容。

(1) 计划阶段(Plan)。在计划阶段中，首先要确定质量管理的方针和目标，并提出实现这一目标的具体措施和行动计划。在计划阶段主要包括四个具体的步骤。

① 分析工程质量的现状，找出存在的质量问题，以便进行针对性的调查研究。

② 分析影响工程质量的各种因素，找出在质量管理中的薄弱环节。

③ 在分析影响工程质量因素的基础上，找出其中主要的影响因素，作为质量管理。

④ 针对管理的重点，制定改进质量的措施，提出行动计划并预计达到的效果。

在计划阶段需要反复考虑的几个问题是：①必要性(Why)：为什么要有计划？②目的(What)：计划要达到什么目的？③地点(Where)：计划要落实到哪个部门？④期限(When)：计划要什么时候完成？⑤承担者(Who)：计划具体由谁来执行？⑥方法(Way)：计划采用什么样的方法来完成？

(2) 实施阶段(Do)。在实施阶段中，要按照既定的措施下达任务，并按措施去执行。这是 PDCA 循环工作法的第五个步骤。

(3) 检查阶段(Check)。检查阶段的工作，是对措施执行的情况进行及时的检查，通过检查与原计划进行比较，找出成功的经验和失败的教训。这是 PDCA 循环工作法的第六个步骤。

(4) 处理阶段(Action)。处理阶段的工作就是把检查之后的各种问题加以认真处理，主要分为两个步骤。

① 对于正确的要总结经验，巩固措施，制定标准，形成制度，遵照实行。

② 对于尚未解决的问题，转入下一个循环，再进行研究措施，制订计划，予以解决。

PDCA 循环就像一个不断转动的车轮，重复不停地循环；管理工作做得越扎实，循环越有效，如图 3.8(a)所示；PDCA 循环的组成是大环套小环，大小环均不停地转动，但又环环相扣，如图 3.8(b)所示；PDCA 循环每转动一次，质量就有所提高，而不是在原来水平上的转动，每个循环所遗留的问题，再转入下一个循环继续解决，这样循环以后，工程质量就提高了一步，如图 3.8(c)所示。

2) 室内装饰工程全面质量管理内容

室内装饰工程全面质量管理，即贯穿全面质量管理的基本理念，运用装饰工程全面管理的基本方法在室内装饰施工的全过程进行循环管理，使室内装饰工程质量一步一步往前走。PDCA 循环应用在室内装饰工程质量管理上，可把整个公司看成一个大的 PDCA 循环，企业各部门又有自己的(如施工队)小 PDCA 循环，依次有更小的 PDCA 循环(如班、组、工序等)，小环嵌套在大环内循环转动，因而形象地表示了它们之间的内部关系，如图 3.9 所示。

(a) PDCA循环工作示意图　　(b) 大环套小环示意图　　(c) 阶梯上升示意图

图 3.8　PDCA 循环图

图 3.9　室内装饰工程 PDCA 循环应用图

(1) 施工准备阶段的质量管理。

① 熟悉和严格审查施工图样。为了避免设计图样的差错给工程质量带来的影响，必须对图样进行认真的审查。通过严格审查，及早发现图样上的错误，采取相应的措施加以纠正，以免在施工中造成损失。

② 编制好施工组织设计。在编制施工组织设计之前，要认真分析本企业在施工过程中存在的主要问题和薄弱环节，分析工程的特点、难点和重点，有针对性地提出保证质量的具体措施，编制出切实可行的施工组织设计，以便指导施工活动。

③ 做好技术交底工作。在下达施工任务时，必须向执行者进行全面的质量交底，使执行人员了解任务的质量特性、质量重点，做到心中有数，避免盲目行动。

④ 严格材料、构配件和其他半成品的检验工作。从原材料、构配件和半成品的进场开始,就严格把好质量关,为工程保证质量提供良好的物质基础。

⑤ 施工机械设备的检查维修工作。施工前要做好施工机械设备的检查维修工作,使机械设备经常保持良好的技术状态,不至于因为机械设备运转不正常,而影响工程质量。

(2) 施工过程的质量管理。

室内装饰施工过程是室内装饰产品质量的形成过程,是控制室内装饰产品质量的重要阶段。在这个阶段的质量管理,主要有以下几项。

① 加强施工工艺管理。严格按照设计图样、施工组织设计、施工验收规范、施工操作规程进行施工,坚持质量标准,保证各分部分项工程的施工质量,从而确保整体工程质量。

② 加强施工质量的检查和验收。坚持质量检查和验收制度,按照质量标准和验收规范,对已完工的分部分项工程特别是隐蔽工程,及时进行检查和验收。不合格的工程一律不验收。该返工的工程必须进行返工,不留隐患。通过检查验收,促使操作人员重视质量问题,严把质量关。质量检查一般可采取自检、班组互检和专业检查相配合的方法。检查验收的项目主要包括保证项目、基本项目和允许偏差项目三部分;验收的质量等级标准分合格和优良两种。室内装饰工程质量检查可以用质量评定表的形式进行,表 3-2 为室内装饰裱糊工程质量检验标准和方法,表 3-3 为室内装饰壁纸裱糊分项工程质量评定表。

③ 通过质量分析,找出产生工程质量缺陷的原因,确定质量管理点,有效地控制室内装饰工程质量。质量分析可以采用因果分析图的方法进行,如图 3.10 所示。

表 3-2 裱糊工程质量检验标准和方法

保证项目	质量要求				检验方法
	墙布、壁纸须粘结牢固,无空鼓、翘边,皱折等缺陷				观察或用手轻触检查
基本项目	项次	项 目	等级	质 量 要 求	
	1	裱糊表面	合 格	色泽一致,无斑污	观察检查
			优 良	色泽一致,无斑污,无胶痕	
	2	各幅拼接	合 格	横平竖直,图案端正,拼缝处图案、花纹基本吻合,阳角处无接缝	
			优 良	横平竖直,图案端正,拼缝处图案、花纹吻合,距墙 1.5m 处正视不显拼缝,阴角处搭接顺光,阳角处无接缝	
	3	裱糊与挂镜线、踢脚线交接	合 格	交接紧密,无漏贴,不糊盖需拆卸的活动件	
			优 良	交接紧密,无缝隙,无漏贴和补贴,不糊盖需拆卸的活动件	

表3-3 裱糊壁纸分项工程质量检验评定表

工程名称： 单位：

		项　目								质量情况	
保证项目	1	材料的品种、颜色符合设计要求，质量须符合有关标准规定								符合要求	
	2									粘结牢固无缺陷	

		项　目			质　量　情　况						等级
			1	2	3	4	5	6	7	8	
基本项目	1	表　面	√	◎	◎	◎	√				合格
	2	排　接	◎	√	◎	◎	◎				合格
	3	与挂镜线，踢脚线，贴脸等交接处	◎	◎	◎	◎	√				合格

检查结果	保证项目	查2项，材料符合要求，粘结牢固		
	基本项目	查3项，其中优良项，优良率(%)		
评定等级	工程负责人： 合格　工长： 班组长：	核定意见	合格 专职质检员：	

注：优良√；合格◎；不合格×。

图3.10　因果分析图

质量管理点应建立在装饰工程质量特征不稳定，容易出现问题的工序或者复杂部位，工艺需控制的工序以及工作班组操作的薄弱环节上。一般通过建立工程质量管理卡，即为了检查装饰工程质量而建立的管理卡片。表3-4为室内装饰裱糊工程的质量管理卡。

表 3-4 裱糊工程管理卡

管理点	管理内容，质量标准	技术实施对策			检查次数					责任者
		测定方法	测定时间	对策	1	2	3	4	5	
粘结	粘结牢固，无空鼓、皱折、翘边现象	观察	完活后及时检查	认真清理基层；胶料稀度适宜，涂刷均匀，及时用干净湿毛巾压实、擦净						操作者 工长
拼接	图案端正，拼缝处图案花纹吻合，1.5m正视不显拼缝，阴角顺光搭接，阳角处无接缝	观察	边贴边检查	认真选料，预先试拼接缝，图案位置实地放线						操作者 工长
裱糊表面	色泽一致，无斑污，斜视无胶痕	观察	边贴边检查	认真选料，试拼、用干净湿毛巾将胶料擦净						操作者
细部处理	与凸出墙面物交接处紧密无缝隙，不糊盖需拆卸的活动件	观察	完活后及时检查	准确下料，需拆卸件尽可能先裱糊后安装						操作者

④ 掌握工程质量的动态。通过质量统计分析，从中找出影响质量的主要原因，总结室内装饰工程质量的变化规律。统计分析是全面质量管理的重要方法，是掌握质量动态的重要手段，针对质量波动的规律，采取相应的对策，防止质量事故的发生。

(3) 使用过程的质量管理。

室内装饰产品的使用过程，是室内装饰产品质量经受考验的阶段。室内装饰企业必须保证用户在规定的使用期限内，正常地使用室内装饰产品。这个阶段主要包括两项质量管理工作。

① 及时回访。室内装饰工程交付使用后，企业要组织有关人员对用户进行调查回访，认真听取用户对施工质量的意见，收集有关质量方面的资料，并对用户反馈的信息进行分析，从中发现施工质量问题，了解用户的要求，采取措施加以解决并为以后工程施工积累经验。

② 进行保修。对于因施工原因造成的质量问题，室内装饰企业应负责无偿装修，取得用户的信任。对于因设计原因或用户使用不当造成的质量问题，应当协助用户进行处理，提供必要的技术服务，保证用户的正常使用。

3.5 室内装饰工程成本管理

室内装饰企业的基本活动，就是根据业主的设计要求装修装饰室内空间环境。室内装饰工程施工的过程，同时也是各种资源消耗的过程。在施工项目的施工中，既要消耗物化劳动，也要消耗活劳动。在社会主义市场制度下，仍然存在商品生产和商品交换，价值规律还在发生作用,所以资源消耗在室内装饰工程上的劳动,还需要表现为价值,即构成工程价值,工程价值包括已消耗的生产资料的价值和劳动者在施工中新创造的价值。本节介绍室内装饰工程的成本管理的基本概念和基本内容。

3.5.1 室内装饰工程成本管理概述

1. 室内装饰工程成本管理的基本概念

从经济学观点看,室内装饰施工项目成本就是用货币形式反映的生产资料价值和劳动者为自己劳动所创造的价值。换言之,施工项目成本,是指室内装饰施工企业以成本核算对象的施工过程中所耗费的生产资料转移价值、劳动者必要劳动所创造的价值的货币形式,或者是某一施工项目在施工过程中所发生的全部施工费用总和。

室内装饰工程施工项目成本具体包括消耗在室内装饰工程上的主要材料、构件、其他材料、周转材料的摊销费,施工机械的台班费或租赁费,支付给施工工人的工资、奖金,项目经理部(或其他施工管理组织)为组织和管理施工所发生的全部费用支出,其中不包括没有构成施工项目价值的一切非生产性支出,以及劳动者为社会创造的价值,如材料的盈亏和损失、罚款、违约金、赔偿金,滞纳金及流动资金的借款利息等。

室内装饰工程项目成本管理是指在施工过程中运用一定的技术和管理手段对生产经营所消耗的人力、物力和费用进行组织、监督、调节和限制,及时纠正将要发生和已经发生的偏差,把各项施工费用控制在计划成本的范围内,以保证成本目标实现的一个系统过程。从而使装饰企业在时间上达到速度快、工期短,在质量上达到精度高、效果好,在经济上达到消耗少、成本低、利润高。成本管理是施工管理的重要内容之一,经济合理的施工组织设计,是工程成本计划的依据。工程承包单位应以最经济合理的施工组织设计文件为依据,编制施工预算文件,作为工程的控制成本,保证在工程的实施中能以最少的消耗取得最大的效益。

2. 室内装饰工程成本管理的意义

室内装饰工程成本管理是反映装饰企业施工经营管理水平和施工技术水平的一个综合性指标。建立健全装饰施工企业的成本管理机构,配备强有力的成本管理人员,制定切实可行的成本管理实施性规章制度,调动广大职工的积极性,不仅可以使企业提高经济效益,还可以积累大量的扩大再生产资金,对于发展我国社会主义经济具有重大的意义。具体地说,室内装饰工程成本管理具有以下意义。

(1) 室内装饰工程成本管理是现代化成本管理的中心环节。

成本管理现代化就是要求在企业现代化的总体设想下,为了适应现代化生产的需要,促进生产力的发展,积极采用现代化的科学方法,建立起具有中国特色的现代化成本管理体系,促使装饰企业不断降低成本,提高经济效益。

(2) 室内装饰工程成本管理是提高施工经营管理水平的重要手段。

装饰工程成本由施工消耗和经营管理支出两部分组成,是反映施工项目各项施工技术经济活动的综合性指标。一切施工活动和经营管理水平,都将直接影响施工项目成本的升降。为了对施工项目成本进行有效的控制,就必须对项目生产、技术、劳动工资、物资供应、财务会计等日常管理工作提出相应的要求,建立和健全各项控制标准和控制制度,提高施工企业的施工管理水平，保证施工项目成本控制目标的实现。

项目经理部是施工的基层单位，是实现施工项目成本目标的关键，它负责全面完成所承担的施工项目，必须对施工、技术、劳动工资、物资管理、设备利用、财务会计等方面的管理提出更加具体的要求，以便对各项费用严格控制，确保成本目标的真正实现。

(3) 装饰工程成本管理是实行企业经济责任制的重要内容。

装饰企业实行成本管理责任制，要把成本管理责任制纳入企业经济责任制，作为它的一项重要内容。按照企业内部组织分工和岗位责任制，建立上下衔接、左右结合的全面成本管理责任制度，调动全体职工的积极性，保证工程质量，缩短工期，降低工程成本。

为了成本管理责任制的贯彻执行，必须实行成本控制，需要降低施工消耗和支出，实现降低工程成本的目标，具体落实到施工企业内部各部门和各管理环节，要求各单位、各环节对节约和降低成本承担经济责任，并把经济责任与经济利益有机地结合起来。因此，做好成本控制工作，可以调动全体职工的积极性，挖掘降低成本的一切潜力，把节约和降低成本的目标，变成广大职工的自觉行动，纳入企业经济责任制的考核范围。

(4) 成本控制是提高经济效益、增强企业活力的主要途径。

装饰施工企业的经济效益如何，关系企业的生存和发展，每一个装饰施工企业都必须把提高经济效益当作头等大事来抓，因此必须把企业各项工作都纳入到以提高经济效益为中心的轨道上来。室内装饰工程成本是反映施工企业经济效益高低的指标，它反映了装饰施工企业在一定时期内劳动的占用和消耗水平，施工企业劳动生产率高低、材料消耗多少、费用开支是否合理、设备利用是否充分、资金占用有无浪费等，都能直接或间接地从工程成本上表现出来。因此，室内装饰企业要提高经济效益，必须加强成本控制。只有把成本控制在一个合理的水平上，才能既保证工程质量，又提高经济效益。

面对激烈的市场竞争，企业要生存、发展，必须具有自我改革和自我发展的能力，能够满足社会需要，要具有有效利用内部资源的能力，具有开拓市场和竞争的能力。目前，有些装饰企业缺乏生机和活力，主要表现在工期长、质量差、成本高、浪费大等方面。为此，装饰企业必须提高生产水平，提高劳动生产率和工程质量，加强成本控制。只有这样，才能生产出成本低、质量高的室内空间环境，才能增强企业的活力。

3.5.2 室内装饰工程成本管理内容

1. 室内装饰工程成本的主要形式

为了明确认识和掌握室内装饰工程成本的特性，做好成本管理，根据管理的需要，从不同的角度将成本划分为不同的成本形式。按照生产费用计入成本的方法，工程成本可以划分为直接成本和间接成本：直接成本是指直接用于并能直接计入工程对象的费用；间接成本是指非直接用于也无法计入工程对象的费用，但是为进行工程施工所必须发生的费用，通常是按照直接成本的比例来计算的。按照生产费用和工程量关系可以将工程成本划分为固定成本和可变成本两种：固定成本是指在一定期间和一定工程量范围内，发生的成本额不受工程量增减影响而相对固定的成本；可变成本为发生总额随着工程量的增减而变动的成本。按照成本的发生时间可以将工程成本划分为预算成本、计划成本和实际成本。

1) 预算成本

预算成本是室内装饰工程费用中的直接费，反映各地区室内装饰业的平均水平。它根据装饰施工图由全国统一的工程量计算规则计算出工程量，然后按照全国统一的装饰工程基础定额和各地的劳动力、材料价格，进行计算。预算成本构成装饰工程造价的主要内容，是室内装饰企业与建设单位签订承包合同的基础，一旦造价在合同中确定，预算成本即成为装饰施工企业进行成本管理的依据。因此，预算成本的计算是成本管理的基础。

2) 计划成本

计划成本是指根据计划期的有关资料，在实际成本发生之前预先计算的成本。在预算成本的控制下，根据装饰企业的情况编制的施工预算，从而确定装饰工程所用的人工、材料、机械台班的消耗量，以及其他直接费、管理费等费用。计划成本是装饰企业指导施工的依据。

3) 实际成本

实际成本是指施工项目在报告期内实际发生的各项生产费用的总和，是以一项工程为核算对象，通过成本核算计算施工过程中所发生的一切费用。实际成本可以用来检验计划成本的执行情况，确定工程的最终盈亏，准确反映各项施工费用的支出状况，从中可以发现工程各项费用支出是否合理，对于全面加强施工管理具有重要作用。

图 3.11 所示为预算成本、计划成本和实际成本三种成本之间的关系。

2. 室内装饰工程成本管理环节

室内装饰工程成本管理可分为成本管理准备阶段、成本管理执行阶段和成本管理考核阶段，具体包括成本预测、成本决策、成本计划、成本控制、成本核算、成本分析、成本考核七个环节。这七个环节关系密切、互为条件、相互促进，构成了现代室内装饰工程成本管理的全部过程，它们之间的相互关系如图 3.12 所示。

图 3.11 预算成本、计划成本和实际成本关系图　　图 3.12 室内装饰工程成本管理各环节的相互关系图

1—预算成本；　2—计划成本；　3—实际成本

1) 成本预测

成本预测是成本管理中实现科学管理的重要手段。要进行现代化成本管理，就必须着眼于未来，要求企业和项目经理部认真做好成本的预测工作，科学地预见未来成本水平的

发展趋势，制定出适应发展的目标成本，然后在日常施工活动中，对成本指标加以有效地控制，努力实现制定的成本目标。

2) 成本决策

成本决策是对企业未来成本进行计划和控制的一个重要步骤。它是根据成本的预测情况，由参与决策人员科学认真地分析研究而做出的决策。实践证明，正确的决策能够指导人们正确的行动，能够实现预定的成本目标，可以起到避免盲目性和减少风险性的导航作用。

3) 成本计划

成本计划是对成本实现计划管理的重要环节，是以货币形式编制施工项目在计划期内的生产费用、成本水平、降低成本率和降低成本额所采取的主要措施和规划的方案，也是建立施工项目成本管理责任制、开展成本管理和成本核算的基础。成本计划指标应实事求是，从实际出发，并留有余地。成本计划一经批准，其各项指标就可以作为成本控制、成本分析和成本检查的依据。

4) 成本控制

成本控制是加强成本管理，实现成本计划的重要手段。一个企业制定科学、先进的成本计划后，只有加强对成本的控制力度，才可能保证成本目标的实现；否则，只有成本计划，而在施工过程中控制不力，不能及时消除施工中的损失浪费，成本目标根本无法实现。施工项目成本控制，应当贯穿于从招标阶段开始，直至施工项目竣工验收的全过程。

5) 成本核算

成本核算是对施工项目所发生的施工费用支出和工程成本形成的核算，这是成本管理的一个十分重要的环节。项目经理部的重要任务之一，就是要正确组织施工项目成本核算工作。它是施工项目管理中一个极其重要的子系统，也是项目管理的最根本标志和主要内容。成本核算可以为成本管理各环节提供可靠的资料，便于成本预测、决策、计划、分析和检查工作的进行。

6) 成本分析

成本分析是对工程实际成本进行分析、评价，为今后的成本管理工作和降低成本指明努力方向，也是加强成本管理的重要环节。成本分析要贯穿于施工项目成本管理的全过程，要认真分析成本升降的主观因素和客观因素、内部因素和外部因素、有利因素和不利因素等，尤其要把成本执行中的各项不利因素找准、找全，以便抓住主要矛盾，采取有效措施，提高成本管理水平。

7) 成本考核

成本考核是对成本计划执行情况的总结和评价。室内装饰企业应根据现代化管理的要求，建立健全成本考核制度，定期对企业各部门、项目经理部等完成成本计划指标的情况进行考核、评比，并把成本管理经济责任制和经济利益结合起来。通过成本考核，有效地调动每个职工努力完成成本目标的积极性，为降低施工项目成本，提高经济效益。

3. 室内装饰工程成本管理内容

室内装饰工程项目成本管理的内容包括监督全过程的成本核算、确定项目目标成本、掌握成本信息、执行成本控制、组织协调成本核算及进行成本分析等内容。

具体来讲,在室内装饰工程项目进行过程中,各阶段成本管理的内容如下。

1) 方案设计阶段

对于规模和投资较大的室内装饰工程,装饰工程方案设计阶段成本控制的主要内容是制定各装饰装修方案的技术经济指标及估算,用来进行优选方案的比较和参考。在此阶段,应该客观、全面、综合地对各方案进行技术经济评价和成本估算,要以功能、经济效益、装饰装修质量、环境、消防等因素为优选原则。

2) 设计阶段

在室内装饰工程项目的设计阶段,应该以确定的装饰装修方案为依据,全面、准确地制定出装饰装修工程概算书和综合概算书。

3) 投标阶段

室内装饰工程投标阶段的成本管理,主要由公司发展经营开发部根据市场和投标情况确定工程报价,也就是投标决策阶段。主要内容是根据装饰装修工程施工图编制装饰装修工程施工图预算,使施工图预算控制在初步设计概算之内,并以此拟定招标文件、编制工程标底、评审投标书、提出决标意见。

4) 施工前期准备阶段

室内装饰工程施工前期准备阶段为项目成本管理的收入分析、支出计划阶段的管理。工程确定中标后,在正式施工图样尚未到达时,可就草图展开分析,找出成本控制的难点和重点,为今后工作指明方向。

待施工图样到达后,企业经济管理部配合项目部计划、技术人员对整套图样作全面的分析,正式展开成本预测工作,在这个过程中,应根据合同的收入(收入情况在投标阶段已有所明确)分条列块,与施工图样当中的项目一一对比,查找不同点,以加强成本的分块控制工作。一般可以按照预算定额分部分项为模块分解,分解结构层次越多,基本子项也越细,计算也更准确。

5) 施工阶段

施工阶段是室内装饰工程成本控制的重点阶段。这一阶段成本控制的任务是按设计要求进行项目的实施,使实际支出控制在施工图预算之内,做好进度款的发放和工程的竣工结算和决算。该阶段为项目成本管理的收入和支出的过程管理阶段。

(1) 成本收入管理。成本收入管理是指室内装饰企业对室内装饰工程施工阶段的建造合同收入,销售产品或材料、提供作业或劳务等收入的管理。包括三个方面内容:重计量管理、索赔和反索赔以及加强协调、提高工作效率。

① 重计量管理。在重计量的管理过程中重点应为工程量计算的准确性,在这方面,应做到计算的数量准确,不要有大的漏项。对计算底稿应认真核实,查漏补缺。同时将计算的结果与现场实际进场料单作对比,使计算结果具有可比性。

② 索赔和反索赔。在工程进行过程中,要及时、妥善地保存第一手资料,诸如投标文件、招标文件、变更洽商通知单,做好天气情况、项目上停电记录,以作为我方向甲方变更索赔的依据。

③ 加强协调、提高工作效率。在项目成本管理的过程中,注意提高工作效率,加快工期的进度,从而无形中降低了生产成本,提高了双方的收入,也达到了共赢的目的。在项目内部各科室之间,要加强横向联系和施工信息沟通与协调,在成本控制之内,在合理的施工技术指导下,材料部门能够保证材料的供给、满足质量的要求,后勤服务到位,劳务、分包队伍素质过硬,从而提高工作效率,缩短工期,以实现降低劳动成本增加收入。

(2) 项目成本支出控制。项目成本支出控制是指按照既定的项目施工成本控制目标，对成本形成过程的一切人工、材料、机械、现场经费等各项费用开支，进行监督、调节和限制。这是一个动态的过程控制，它随着施工生产发展阶段及业主要求等各种外部环境的影响而变化，这就要求不断调整控制方案，揭示偏差，及时纠正，以保证计划目标的实现。成本控制最基本的原则是将各项费用严格控制在成本计划的预定目标内，以达到取得生产效益的目的。

① 临设费用的控制。通过成本测算，在不超过收入的前提下，可以对临时设施采用招投标形式，一次性总价搞定，避免将来扯皮。这样既可以减少在这项工作上的精力，以便为以后的工作做更好的准备，同时成本也得到了有效的控制。

② 人工费控制。在项目与业主的总包合同签订后，根据合同收入的工日单价和总价情况，工程特点和施工范围，与分包单位签订劳务分包合同。在合同中，按定额工日单价或平米单价以包干的方式一次性包死，不留任何活口。在施工过程中严格按合同核定劳务分包费用，控制支出，并每月预结一次，发现超支现象及时分析原因，对于不合格的劳务队伍要尽快清退。

③ 材料费控制。材料费能占到项目成本费用的 60%～70%，因此材料费的控制将直接影响整个项目的成本控制。材料费的控制主要是控制材料的消耗量和材料的进场价格，所以对于消耗量的控制决不可以超过投标时的量，而对于价格的控制就应多方询价，综合企业内部各项目的经验，同时对所在地的市场情况应了如指掌。在室内装饰工程进行中，应根据施工进度计划编制材料需用量计划，对于技术室提交的材料计划严格把关，特别加强材料计划审核以做到保证材料供应得及时，品种、规格齐全，数量准确，质量有保证。材料领用控制实行限额领料制度，严格按照用量计划领用，避免浪费。同时，在工程管理中要求工程管理人员严格把关，做到一次施工准确，避免返修造成浪费。对于小材料，如铁钉、刷子、砂纸等难于管理和不好控制的材料，可根据定额和实际消耗包干。材料价格随着市场情况而有所波动，价格的这种动态特点，使得价格的采购工作也应是一个动态的过程。在这个过程中应广泛收集价格信息，在保证工程质量的前提下使采购价格最低。

④ 机械费控制。对于大型机械一般采用租赁方式，在数量确定、价格合理的前提下，应严格控制机械的进、退场时间；在保证施工的同时使租赁时间最短。在平时的管理过程中应做好施工机械的使用考勤情况，在租赁期内应扣除超过合同约定的正常维修时间所花费的租赁费用。在机械进场时应严格把关，对于不能满足工程需要的机械应及时清退出场，避免耽误工期。对于小型工机具，采用施工队包干的形式，有利于避免成本失控，同时也便于减轻工作量，提高工作效率。

⑤ 现场经费控制。通过提高个人业务素质，加强综合能力，提倡一专多能，采用一人兼数职的形式，精简项目机构，通过人员的减少来降低费用开支。对于项目日常费用的开支，例如项目电话费支出，可以采用包干到个人的形式，特别是业务招待费，项目应作为重点控制在一定的计划成本之内。

⑥ 质量、安全、后勤管理。在室内装饰工程的建设过程中应该始终树立一种"以人为本"的思想，在保证工程质量的前提下应高度重视安全问题。事故发生后不仅给项目带来如停工、善后处理等直接损失，更关系到公司的形象问题。

(3) 成本过程控制核算。成本过程控制核算的目的是考核室内装饰施工过程中的工、料、机和其他现场管理费收支及经济合同执行情况,反映工程进度、产值、库存、资金等,找出成本节超原因,揭示偏差,制定有效的措施,使成本控制工作达到最有效的状态。

6) 竣工结算阶段

室内装饰工程竣工结算阶段为项目成本管理的收入和支出明朗化阶段。工程竣工结算是指施工企业按照合同规定的内容全部完成所承包的工程,经验收质量合格,并符合合同要求之后,向发包单位进行的最终工程价款结算。作为总包单位同时应向其分包单位进行相应的结算。

3.5.3 室内装饰工程成本降低措施

1. 室内装饰工程设计阶段

1) 切实推行工程设计招标和方案竞选

实行设计招标和方案竞选,有利于择优选定设计方案和设计单位;有利于控制项目投资,降低工程造价,提高投资效益;有利于采用技术先进、经济适用、设计质量水平高的设计方案。

2) 推行限额设计

限额设计是按照批准的设计任务书及成本估算控制初步设计,按照批准的初步设计总概算控制施工图设计;同时各专业在保证达到使用功能的前提下,按分配的成本限额控制设计,严格控制技术设计和施工图设计的不合理变更,保证不超出总投资限额。

室内装饰工程项目限额设计的全过程实际上就是装饰工程项目在设计阶段的成本目标管理过程,即目标设置、目标管理、目标实施检查、信息反馈的控制循环过程。

3) 加强设计标准和标准设计的制订和应用

设计标准是国家的技术规范,是进行工程设计、施工和延伸的重要依据,是室内装饰工程项目管理的重要组成部分,与项目成本控制密切相关。标准设计也称为通用设计,是经政府主管部门批准的整套标准技术文件图样。按通用条件编制,能够较好地贯彻执行国家的技术经济政策,同时密切结合当地自然条件和技术发展水平,合理利用能源、资源和材料设备,采用设计规范可以降低成本,同时可以缩短工期。

2. 室内装饰工程项目施工阶段

1) 认真审查图样并积极提出修改意见

在室内装饰工程项目的实施过程中,装饰施工单位应当按照装饰工程项目的设计图样进行施工建设。但当设计单位在设计中考虑不周全时,按设计的图样施工会给施工带来不便。因此,施工单位在认真审查设计图样和材料、工艺说明书的基础上,在保证装饰工程质量和满足用户使用功能要求的前提下,应结合项目施工的具体条件,提出积极的修改意见。施工单位提出的意见应该有利于加快装饰工程进度和保证工程质量,同时还能降低能源消耗、增加工程收入。在取得业主和施工单位的许可后,进行设计图样的修改,同时办理增减项目及其预算账目。

2) 制定技术先进、经济合理的施工方案

装饰施工方案的制订应该以合同工期为依据,结合装饰装修工程项目的规模、性质、复杂程度、现场条件、装备情况、员工素质等因素综合考虑。施工方案主要包括施工方法的确定、施工机具的选择、施工顺序的安排和流水施工的组织四项内容,施工方案要具有先进性和可行性。

3) 切实落实技术组织措施以降低装饰工程成本

落实技术组织措施,以技术优势来取得经济效益,是降低成本的一个重要方法。在室内装饰工程项目的实施过程中,通过推广新技术、新工艺、新材料都能够起到降低成本的目的。针对各个分部分项工程,编制切实可行的降低装饰成本的技术组织措施计划,并通过编制施工预算予以保证。另外,通过加强技术质量检验制度,减少返工带来的成本支出也能够有效地降低成本。为了保证技术组织措施的落实,并取得预期效益,必须实行以项目经理为首的责任制。由工程技术人员制定措施,材料负责人员供应材料,现场管理人员和生产班组负责执行,财务人员结算节约效果,最后由项目经理根据措施执行情况和节约效果对有关人员进行奖惩,形成落实技术组织措施的一条龙。

4) 组织均衡施工以加强进度管理

结合实际,编制切实可行的施工进度计划,当设计发生变更或一些意外事故时,一定要及时调整计划,避免耽误工期造成成本的增加。

凡是按时间计算的成本费用,如项目管理人员的工资和办公费,现场临时设施费和水电费,以及施工机械和周转设备的租赁费等,在施工周期缩短的情况下,会有明显的节约。但由于施工进度的加快,资源使用的相对集中,将会增加一定的成本支出,同时,容易造成工作效率降低的情况。因此,在加快施工进度的同时,必须根据实际情况,组织均衡施工,做到快而不乱,以免发生不必要的损失。

5) 加强劳动力管理以提高劳动生产率

改善劳动组织,优化劳动力的配置,合理使用劳动力,减少窝工;加强技术培训并有计划地组织以提高管理人员的管理技术和工人的劳动技能、劳动熟练程度;严格劳动纪律,提高工人的工作效率,压缩非生产用工和辅助用工。

6) 加强材料管理以节约材料费用

材料成本在室内装饰工程项目成本中所占的比重很大,具有较大的节约潜力。在成本控制中应该通过加强材料采购、运输、收发、保管、回收等工作,来达到减少材料费用,节约成本的目的。根据施工需要合理储备材料,以减少资金占用;加强现场管理,合理堆放,减少搬运,减少仓储和摊基损耗;特别对一些贵重材料、进口材料、特殊材料配件更要加强监管和保护;通过落实限额领料,严格执行材料消耗定额;坚持余料回收,正确核算消耗水平;合理使用材料,推广代用材料;推广使用新材料。

7) 加强机具管理以提高机具利用率

结合装饰施工方案的制订,从机具性能、操作运行和台班成本等因素综合考虑,选择最适合项目施工特点的施工机具;做好工序、工种机具施工的组织工作,最大限度地发挥机具效能;做好机具的平时保养维修工作,使机具始终保持完好状态,随时都能正常运转。

8) 加强费用管理以减少不必要的开支

根据项目需要配备精干高效的项目管理班子,在项目管理中积极采用本利分析、价值工程、全面质量管理等降低成本的新管理技术,严格控制各项费用支出和非生产性开支。

9) 充分利用激励机制以调动职工增产节约的积极性

从室内装饰工程项目的实际情况出发,树立成本意识,划分成本控制目标,用活用好奖惩机制。通过责、权、利的结合,对员工执行劳动定额考核,实行合理的工资和奖励制度,能够大大提高全体员工的生产积极性,提高劳动效率,减少浪费,从而有效地控制工程成本。

小　　结

室内装饰工程项目管理是属于工程项目管理的一类。管理的对象是装饰工程项目,即在项目的生命周期内,从设计、组织工程施工,至竣工交付使用期间,用系统工程的理论、观点、方法,进行有效的规划、决策、组织、协调、控制等系统性的科学管理活动,从而按照室内装饰工程项目的质量、工期、造价圆满地实现目标。

室内装饰工程项目管理可分为建设全过程管理和阶段性管理两种类型。装饰工程项目管理属于二者中的"阶段性管理",即建设过程中某一特定阶段的管理工作。主要包括设计管理和施工管理两个部分;根据管理技术门类来划分,室内装饰工程项目管理可分为室内装饰工程施工进度管理、技术管理、质量管理、成本管理和施工安全管理。

思考与练习

1. 什么叫做室内装饰工程项目管理?具体任务有哪些?
2. 什么是室内装饰工程进度计划?怎样编制室内装饰工程进度计划?
3. 影响室内装饰工程进度管理的因素有哪些?有哪些原理?
4. 室内装饰工程质量有哪些特性?
5. 什么是室内装饰工程技术管理?有哪些内容?
6. 室内装饰施工现场技术管理有哪些内容?
7. 室内装饰企业技术管理有哪些措施?
8. 什么是全面质量管理?全面质量管理的基本观点有哪些?
9. 室内装饰工程的质量管理有哪些内容?
10. 影响室内装饰工程质量管理的因素有哪些?
11. 什么是施工项目成本管理?
12. 施工项目成本管理有什么重大意义?
13. 如何进行室内装饰施工阶段的成本管理?
14. 降低施工项目成本的途径有哪些?

第4章 室内装饰工程造价管理

教学提示：室内装饰工程造价可以从业主及承发包的角度分别定义，因而工程造价管理也有不同的内涵。工程造价管理的过程实质上就是工程计价与控制的过程。本章主要介绍了我国室内装饰工程造价的发展以及室内装饰工程项目不同阶段工程造价管理的方法与内容。

教学目标：通过本章的学习，使学生对工程造价管理的基本概念有初步的了解，熟悉室内装饰工程各个不同阶段的造价管理的方法和内容，为学习室内装饰工程预算奠定基础。

室内装饰工程造价管理是直接影响单位工程后期投入资金量的重要因素，随着人们物质文化生活水平的提高，室内装饰工程标准日趋高档化，室内装饰作为一个独立实体在建筑市场占有重要位置。由于新工艺新材料的不断涌现，室内装饰工程的造价占工程建设总造价的比例越来越大，造价的合理与否对业主的影响也越来越大；但同时室内装饰工程造价管理正处在一个发展的初期阶段，室内装饰工程造价中存在着一些不合理因素，造成了室内装饰市场价格的不规范，从而在一定程度上制约了建筑装饰工程的发展。本章主要介绍室内装饰工程造价管理，以使室内装饰工程管理更加规范。

4.1 室内装饰工程造价管理概述

4.1.1 工程造价管理的基本概念和基本内容

1. 工程造价的含义

工程造价即工程的建造价格，是指为完成一个工程的建设，预期或实际所需的全部费用的总和，包括建筑安装工程费、设备器具购置费、工程建设其他费用、预备费以及按规定列入工程造价的建设期贷款利息等。在不同阶段具体体现为投资估算、概算、预算、决算。下面分别从业主和承包商的角度给工程造价赋予不同的定义。

从业主(投资者)的角度来定义，工程造价就是建设项目固定资产投资，即指工程的建设成本，为建设一项工程预期支付或实际支付的全部固定资产投资费用。这些费用主要包括设备及工器具购置费、建筑工程及安装工程费、工程建设其他费用、预备费、建设期利息、固定资产投资方向调节税。尽管这些费用在建设项目的竣工决算中，按照新的财务制度和企业会计准则核算新增资产价值时，并没有全部形成新增固定资产价值，但这些费用是完成固定资产建设所必需的。

从承发包者(工程施工企业)角度来定义，工程造价是指工程价格，即为建成一项工程，预计或实际在土地、设备、技术劳务以及承包等市场上，通过招投标等交易方式所形成的工程的价格或建设工程总价格。在这里，招投标的标的可以是一个建设项目，也可以是一个单项工程，还可以是整个建设工程中的某个阶段，如建设项目的可行性研究、建设项目的设计以及建设项目的施工阶段等。

工程造价的两种含义是从不同角度来把握同一事物的本质。对于投资者而言，工程造价是在市场经济条件下，"购买"项目要付出的"货款"，工程造价就是建设项目投资；对于设计咨询机构、供应商、承包商而言，工程造价是他们出售劳务和商品的价值总和，是工程的承包价格。

工程造价的两种含义既有联系也有区别，两者的区别在于以下几方面。

(1) 两者对合理性的要求不同。工程投资的合理性主要取决于决策的正确与否，建设标准是否适用以及设计方案是否优化，而不取决于投资额的高低；工程价格的合理性在于价格是否反映价值，是否符合价格形成机制的要求，是否具有合理的利税率。

(2) 两者形成的机制不同。工程投资形成的基础是项目决策、工程设计、设备材料的选购以及工程的施工及设备的安装，最后形成工程投资；而工程价格形成的基础是价值，同时受价值规律、供求规律的支配和影响。

(3) 存在的问题不同。工程投资存在的问题主要是决策失误、重复建设、建设标准脱离实情等；而工程价格存在的问题主要是价格偏离价值。

2. 工程造价管理

与工程造价相对应，工程造价管理也有两种含义：一是建设工程投资管理；二是工程价格管理。

这两种含义是不同的利益主体从不同的利益角度管理同一事物，但由于利益主体不同，建设工程投资管理与工程价格管理有着显著的区别。

(1) 两者的管理范畴不同。工程投资费用管理属于投资管理的范围，而工程价格管理属于价格管理的范畴。

(2) 两者的管理目的不同。工程投资管理的目的在于提高投资效益，在决策正确、保证质量与工期的前提下，通过一系列的工程管理手段和方法使其不超过预期的投资额，甚至是降低投资额。而工程价格管理的目的在于使工程价格能够反映价值与供求规律，以保证合同双方合理合法的经济利益。

(3) 两者的管理范围不同。工程投资管理贯穿于从项目决策、工程设计、项目招投标、施工过程、竣工验收的全过程。由于投资主体不同，资金的来源不同，涉及的单位也不同。对于承包商而言，由于承发包的标的不同，工程价格管理可能是从决策到竣工验收的全过程管理，也可能是其中某个阶段的管理，在工程价格管理中，不论投资主体是谁，资金来源如何，主要涉及工程承发包双方之间的关系。

3. 全面造价管理

按照国际全面造价管理促进会给出的定义，全面造价管理就是有效地使用专业知识和专门技术去计划和控制资源、造价、盈利和风险。建设工程全面造价管理包括全寿命期造价管理、全过程造价管理、全要素造价管理和全方位造价管理。

1) 全寿命期造价管理

室内装饰工程全寿命期造价是指建设工程初始建造成本和建成后的日常使用成本之和，它包括建设前期、建设期、使用期及拆除期各个阶段的成本。

2) 全过程造价管理

室内装饰工程全过程是指建设工程前期决策、设计、招投标、施工、竣工验收等各个阶段，工程全过程造价管理覆盖建设工程前期决策及实施的各个阶段，包括前期决策阶段的项目策划、投资估算、项目经济评价、项目融资方案分析；设计阶段的限额设计、方案比选、概预算编制；招投标阶段的标段划分、承发包模式及合同形式的选择、标底编制；施工阶段的工程计量与结算、工程变更控制、索赔管理；竣工验收阶段的竣工结算与决算等。

3) 全要素造价管理

室内装饰工程造价管理不能简单针对工程造价本身谈造价管理，因为除工程本身造价之外，工期、质量、安全及环境等因素均会对工程造价产生影响。因此，控制建设工程造价不仅仅是控制建设工程本身的成本，还应同时考虑工期成本、质量成本、安全与环境成本的控制，从而实现工程造价、工期、质量、安全、环境的集成管理。

4) 全方位造价管理

室内装饰工程造价管理不仅仅是业主或承包单位的任务，更是政府建设行政主管部门、行业协会、业主方、设计方、承包方及有关咨询机构的共同任务。尽管各方的地位、利益、角度等有所不同，但必须建立完善的协同工作机制，才能实现建设工程造价的有效控制。

4. 工程造价管理的基本内容

工程造价管理的基本内容就是准确地计价和有效地控制造价。在项目建设的各阶段中，准确地计价就是客观真实地反映工程项目的价值量，而有效地控制则是围绕预定的造价目标，对造价形成过程的一切费用进行计算、监控，出现偏差时，要分析偏差的原因，并采取相应的措施进行纠正，保证工程造价控制目标的实现。

1) 工程造价的合理确定计价

工程造价所确定的价格，就是在项目建设程序的各个阶段，能够比较准确地计算出项目的投资估算、概算造价、预算造价，合理地确定承包合同价，通过严格的计算，合理地确定结算价、准确核算竣工决算价。具体工作如下。

(1) 在项目建议书阶段，在通过投资机会分析将投资构想以书面形式表达的过程中，计算出拟建项目的预期投资额(政府投资项目需经过有关部门的审批)，作为投资的建议呈报给决策人。

(2) 在可行性研究报告阶段，随着工作的深入，编制出精确度不同的投资估算，作为该项目投资与否以及立项后设计阶段工程造价的控制依据。

(3) 在初步设计阶段，按照有关规定编制的初步设计概算，是施工图设计阶段的工程造价控制目标。政府投资项目需经过有关部门的严格审批后，作为拟建项目工程造价的最高限额。在这一阶段进行招投标的项目，设计概算也是编制标底的依据。

(4) 在施工图设计阶段，按照有关规定编制的施工图预算是编制施工招标标底和评标的依据之一。

(5) 在工程的实施阶段，以招投标等方式合理确定的合同价就是这一阶段工程造价控制的目标。在工程的实施过程中，根据不同的合同条件，可以对工程结算价作合理的调整。

(6) 在竣工验收阶段，全面汇集在工程建设过程中实际所花费的全部费用，编制竣工决算，并与设计概算相比较，分析项目的投资效果。

2) 工程造价的有效控制

所谓工程造价的有效控制，是在决策正确的前提下，通过对建设方案、设计方案、施工方案的优化，并采用相应的管理手段、方法和措施，把建设程序中各个阶段的工程造价控制在合理的范围和造价限额以内。

3) 工程造价管理的组织

工程造价管理组织有三个系统：政府行政管理系统、企业单位管理系统和行业协会管理系统。

5. 工程造价管理的原则

有效的室内装饰工程造价管理应体现以下三项原则。

1) 设计阶段的全程重点控制原则

室内装饰工程建设分为多个阶段，室内装饰工程造价控制也应该涵盖从项目建议书阶段开始，到竣工验收为止的整个建设期间的全过程。具体地说，要用投资估算价控制设计方案的选择和初步设计概算造价，用概算造价控制技术设计和修正概算造价，用概算造价或修正概算造价控制施工图设计和预算造价。投资决策一经做出，设计阶段就成为工程造价控制的最重要阶段。设计阶段对工程造价高低具有能动的、决定性的影响作用。设计方案确定后，工程造价的高低也就确定了，也就是说全程控制的重点在前期，因此，以设计阶段为重点的造价控制才能积极、主动、有效地控制整个建设项目的投资。

2) 动态控制原则

室内装饰工程造价本身具有动态性。任何一个工程从决策到竣工交付使用，都有一个较长的建设周期，在此期间，影响工程造价的许多因素都会发生变化，这使工程造价在整个建设期内是动态的，因此，要不断地调整工程造价的控制目标及工程结算款，才能有效地控制工程造价。

3) 技术与经济相结合的原则

有效地控制工程造价，可以采用组织、技术、经济、合同等多种措施，其中技术与经济相结合是有效控制工程造价的最有效手段。以往，在我国的工程建设领域，存在技术与经济相分离的现象，技术人员和财务管理人员往往只注重各自职责范围内的工作，技术人员只关心技术问题，不考虑如何降低工程造价，而财会人员只单纯地从财务制度角度审核费用开支，不了解项目建设中各种技术指标与造价的关系，从而使技术、经济这两个原本密切相关的方面对立起来。因此，要提高工程造价控制水平，就要在工程建设过程中把技术与经济有机结合起来，通过技术比较、经济分析和效果评价，正确处理技术先进性与经济合理性两者之间的关系，力求在技术先进适用的前提下使项目的造价合理，在经济合理的条件下保证项目的技术先进适用。

4.1.2 造价管理发展概况

1. 我国香港地区工程造价管理概况

我国香港特别行政区仍沿袭着英联邦的工程造价管理方式，且与大陆情况较为接近，其做法也较为成功，现将我国香港地区的工程造价管理归纳如下。

1) 香港特区政府间接调控

在我国香港地区，建设项目划分为政府工程和私人工程两类。政府工程由政府专业部门以类似业主的身份组织实施，统一管理，统一建设；而对于占工程总量大约70%的私人工程的具体实施过程采取"不干预"政策。香港特区政府对工程造价的间接调控主要表现为以下几方面。

(1) 建立完善的法律体系，以此制约建筑市场主体的价格行为。我国香港地区目前制定有100多项有关城市规划、建设与管理的法规，如《建筑条例》、《香港建筑管理法规》、《标准合同》、《标书范本》等。一项建筑工程从设计、征地、筹资、标底制定、招标到施工结算、竣工验收、管理维修等环节都有具体的法规制度可以遵循，特区政府各部门依法照章办事，防止了办事人员的随意性，因而相互推诿、扯皮的事很少发生；业主、建筑师、工程师、测量师的责任在法律中都有明确规定，违法者将负民事、刑事责任。健全的法规，严密的机构，为建筑业的发展提供了有力保障。

(2) 制定与发布各种工程造价信息，对私营建筑业施加间接影响。特区政府有关部门制定的各种应用于公共工程计价与结算的造价指数以及其他信息，虽然对私人工程的业主与承包商不存在行政上的约束力，但由于这些信息在建筑行业具有较高的权威性和广泛的代表性，因而能为业主与承包商所共同接受，实际上起到了指导价格的作用。

(3) 特区政府与测量师学会及各测量师保持密切联系，间接影响测量师的估价。在我国香港地区，工料测量师受雇于业主，是进行工程造价管理的主要力量。特区政府在对其进行行政监督的同时，主要通过测量师学会的作用，如进行操守评定、资历与业绩考核等，以达到间接控制的目的。这种学会历来与政府有着密切关系，它们在保护行业利益与推行政府决策方面的重要作用，体现了政府与行业之间的对话，起到了政府与行业之间桥梁的作用。

2) 动态估价，市场定价

在我国香港地区，无论是政府工程还是私人工程，均被视为商品，在工程招标报价中一般都采取自由竞争，按市场经济规律要求进行动态估价。香港特区政府和咨询机构虽然也有一些投资估算和概算指标，但只为定价时参考，并没有统一的定额和消耗指标。但是我国香港地区的工程造价并非无章可循，英国皇家测量师学会我国香港地区分会编译的《香港建筑工程标准量度法》是我国香港地区建筑工程的工程量计算法规，该法规统一了全香港地区的工程量计算规则和工程项目划分标准，无论政府工程还是私人工程都必须严格遵守。

在我国香港地区，业主对工程估价一般委托工料测量师行来完成。测量师行的估价大体上是按比较法和系数法进行，经过长期的估价实践，他们都拥有极为丰富的工程造价实例资料，甚至建立了工程估价数据库。承包商在投标时的估价一般要凭自己的经验来完成，他们往往把投标工程划分为若干个分部工程，根据本企业定额计算出所需人工、材料、机械等的耗用量，而人工单价主要根据报价确定，材料单价主要根据各材料供应商的报价加以比较确定，承包商根据建筑市场供求情况随行就市，自行确定管理费率，最后作出体现当时当地实际价格的工程报价。总之，工程任何一方的估价，都是以市场状况为重要依据，是完全意义的动态估价。

3) 咨询服务业发育健全

伴随着建筑工程规模的日趋扩大和建筑生产的高度专业化，香港地区各类社会服务机构迅速发展起来，他们承担着各建设项目的管理和服务工作，是政府摆脱对微观经济活动直接控制和参与的保证，是承发包双方的顾问和代言人。

在这些社会咨询服务机构中，工料测量师行是直接参与工程造价管理的咨询部门。从20世纪60年代开始，香港地区的工程建设造价师已从以往的编制工程概算、预算、按施工完成的实物工程量编制竣工结算和竣工决算，发展成为对工程建筑全过程进行成本控制；造价师从以往的服务于建筑师、工程师的被动地位，发展到与建筑师和工程师并列，并相互制约、相互影响的主动地位，在工程建设的过程中发挥出积极作用。

4) 多渠道的工程造价信息发布体系

在香港地区这个市场经济社会中，能否及时、准确地捕捉建筑市场价格信息是业主和承包商保持竞争优势和取得盈利的关键，是建筑产品估价和结算的重要依据，是建筑市场价格变化的指示灯。

工程造价信息的发布往往采取价格指数的形式。按照指数内涵划分，香港地区发布的主要工程造价指数可分为三类，即投入品价格指数、成本指数和价格指数，分别是依据投入品价格、建造成本和建造价格的变化趋势编制而成。在香港地区建筑工程诸多投入品中，劳动工资和材料价格是经常变动的因素，因而有必要定期发布指数信息，供估算及价格调整之用。建造成本(Construction Cost)是指承包商为建造一项工程所付出的代价。建造价格(Construction Price)是承包商为业主建造一项工程所收取的费用，除了包括建造成本外，还有承建商所赚取的利润。

2. 我国造价管理现状

在当前庞大的建筑市场特别是在占投资比重较大的装饰工程中，对工程造价缺乏全面的、系统的、全过程的控制和管理，将导致建设资金有形和无形的浪费和流失。因此，在新形势下建立和健全建筑装饰工程的标准定额和造价管理是十分必要的。

1) 室内装饰工程市场的状况

室内装饰工程是一项投资大、施工工艺复杂的工程，相对于建筑安装工程来讲，装饰工程造价的确定和管理更加困难。

(1) 室内装饰工程本身不规范。目前，室内装饰标准的档次越来越高，格调不断翻新。但是，由于某些设计者专业素质的缺陷和综合审美能力的欠缺，在设计时单纯从建筑物的艺术审美观与装饰效果来考虑，不去考虑建筑主体那种特有的耐久性、实用性和安全性，甚至一些装饰工程一意追求审美效果，出现装饰设计改动主体设计的现象。这样不仅会造成装修工程中资金的浪费，而且给建筑物的使用也留下了安全隐患。同时有相当一部分装饰工程开工前没有完整的施工图样，有的工程只有一份示意图。就目前情况看，不少地市不论是部委一级的甲级设计院，还是地方一级设计院或小型设计室，往往都是只出一张效果图，很少提供完整的施工图，甚至有的业主就根本没有施工图，让承包商干着看，完了算，给承包商留下了可乘之机，结算时瞒天过海，乱要价。至于承包商自己设计自己施工的一体化企业弊端更多。如某单位新建一栋 $2\,000\text{m}^2$ 的办公楼，装饰工程在开工前双方商定40万元完成，结果在完工结算时，乙方结算报价近160万元，超过原定价的近三倍，经过甲乙双方拉锯式的讨价还价，最后以超过原定价的近两倍价格达成协议。所以，装饰工程管理再跟不上，结果必然是质量差、造价高。

(2) 装饰材料品种繁多、市场价格混乱。随着市场经济的发展，装饰材料五花八门，从产地看有国产的、进口的,在价格上很悬殊,如花岗岩、大理石市场上有每平方米 200 元、300 元、500~600 元,还有 1 000 元以上的,其材质有天然的、人造的、也有假冒的、伪造的,是一般材料管理人员难以识别的。又如,有些饰面板,品牌、产地完全相同,而市场价格每平方米却相差 6~7 元,更为惊人的是,红影、白影饰面板,其价格一张(1.22m×2.44m)高达 500~600 元。对于这些不了解行情的业主来说,只能是任人宰割,价格由承包商说了算。还有一些厂家在某些材料品种的规格和厚度上做文章,钢筋直径不规范,钢管、铸铁管、铝合金变得薄不胜薄,使得一些材料的市场价格低于预算价格。差价部分承包商在预结算中却不做相应下调或只微量调整,从中渔利,结果不仅加大了工程造价使建设资金大量流失,更主要的是给工程质量带来安全隐患。

(3) 装饰定额有缺陷,装饰工程计价依据不规范。由于装饰工程千差万别设计多种多样,促进了装饰材料市场品种繁多,加之装饰施工共性较差,导致现有装饰定额缺项较多。一些施工单位在编制装饰工程预算时,不按照预算定额及费用标准编制造价,对缺项子目自主定价,报价随行就市,就是所谓的"一口价"。在结算时编上一堆流水账式的材料单、用工表,向业主讨价还价,对于不懂行的业主能蒙就蒙、能骗就骗,使承包商毫不费力地就钻了装饰工程中从量到价的空子。

2) 当前室内装饰工程造价计量存在的问题

(1) 工程造价计量依据和计量方法的不合理和不尽完善。由于现行的建筑装饰工程造价计量依据定额采用的是量价合一的模式,工程定额是按社会平均劳动成本原则制定的,其最大弊端就是不能灵敏地反映社会劳动生产率和市场的供求关系,违背了价值规律,不利于市场竞争机制的形成。再加上建筑装饰工程分部分项工程复杂多样,定额中子目的有限性难以解决众多建筑装饰工程造价计量的需要。

(2) 相关配套法规与建筑装饰工程造价计量的不配套。作为工程造价计量系统的一个组成部分,建筑装饰工程造价计量不是一个独立、封闭的工程,它与土建、安装、市政、园林、修缮等工程的计量依据和方法等组成一个有机的工程造价计量系统,而整个工程造价计量系统需要招投标、施工建设、中介机构及从业人员管理等建设领域的法规相配套和支持才能有效地运转。与建筑装饰工程相关联的其他工程造价计量系统和相关配套法规的不完善及不配套,造成与现行建筑装饰工程造价计量的不适应。

(3) 与目前室内装饰工程造价计量形式发展的不适应。由于定额具有法定性,建筑装饰企业无法进行自主报价,他们之间的竞争只不过是互相压低管理费用,不但失去了投标报价的真实意义,而且不能反映企业经营管理的真实水平和市场的供求关系,对市场发挥不了价格杠杆的作用。既不适应我国市场经济改革发展的需要,也不适应我国加入 WTO 后与国际惯例接轨的需要。

(4) 与室内装饰工程特点的不吻合。由于建筑装饰工程具有结构形式复杂、质量标准要求高、形式需要新颖、材料多样多变、施工工艺和方法灵活等特点,现行的造价计量标准(如定额、单位估价表、有关取费标准等)的针对性差和科学性、准确性、及时性的严重滞后等的缺点与建筑装饰工程特点严重的不适应。

3) 室内装饰工程造价管理的主要问题

(1) 工程造价随意性较大,使造价的控制得不到保证。从投资渠道上来说,室内装饰工程的投资来源多为企、事业单位或个人自筹资金,是为了改善经营环境和条件、树立企业形象、提高企业知名度而进行的房屋投资，投资计划大多游离于新建项目投资之外，国家对其往往失去监督和控制，投资多少一般由企业或个人自主决定，随意性比较大。

就设计单位来说，对装饰装修工程的设计比较粗糙，设计时一般只有装饰效果图，简单地标明材料和颜色，而没有详细的施工图，达不到按图施工的要求。有的甚至不让设计单位来设计，而是由施工单位根据施工经验，边设计边施工，达到什么效果算什么效果，设计、施工的标准和工程造价全由施工单位说了算，使工程质量和造价的控制都得不到有效的保证。

(2) 业主随意压价的现象比较普遍，使工程质量难以保证。从目前的装饰市场上来看，施工单位报价、业主随意砍价的现象比较普遍。装饰材料品种多、规格多、品牌多、价格差异大，导致装饰工程造价相差很大。加上由于前些时间国家对装饰市场管理不够规范，出现了装饰工程利润过高的现象，业主对此也有所了解，因此在未对装饰内容、材料、质量进行审验前就对施工单位的报价大打折扣，这种做法虽然将工程造价压低了，但是如果超过了施工单位的期望值，则往往造成施工单位从材料上以次充好，施工时偷工减料，工程质量得不到保证。

(3) 工程造价的编制不够规范，导致装饰工程纠纷增多。有些施工单位，特别是一些规模较小的承包商，在编报工程造价时，不是依据装饰工程预算定额，按照实际工程量计算工程造价，而是大体上估计出工程量，把市场上材料价格连同工时费及自己估计的利润统统加起来作为工程的报价，有的列出自己实耗的各种材料和人工费清单，据此向业主进行结算，达不到理想的利润值就进行讨价还价，随意性很大；有的单位虽然按照预算定额进行编制，但也不够规范，高估冒算、自编定额的现象比较突出，由此引发装饰工程纠纷很多。

(4) 室内装饰工程造价管理行为不规范。

① 工程造价非法竞争。施工单位有的高抬工程造价以图回扣搞私分，有的先压低造价再追加工程费用，有的非法垫资争施工，拼命降价争工程，然后以次充好、偷工减料，搅乱了室内装饰工程市场的正常秩序。

② 装饰工程远离监督管理。装饰工程存在漫天要价，私下交易的现象，造成工程质量得不到保障，存在安全隐患。

③ 设计深度不足，建筑装饰设计与现场环境协调性差。设计时存在着设计节点不足，工程尺寸不明确，设计材料实物效果与设计渲染视图效果差距大，导致变更增加，从而造成预算失控。

④ 不认真贯彻执行政策法规。对国家和地方的政策断章取义，各取所需，从而导致装修造价失真。

⑤ 定额滞后。由于装饰工程新材料、新工艺层出不穷，与之相关的各种定额容易出现滞后现象。此外，由于室内装饰材料价格差异较大，而价格的指导信息不健全，至使编制工程预算时漏洞多，容易引起甲乙双方扯皮。

(5) 投资业主的专业理念问题。在室内装饰工程项目监理制推行过程中，工程造价全过程控制推广不足，经济体制下的思维定式和管理模式依然存在，多数投资业主对工程没有实施全过程投资控制，而是习惯于在工程竣工以后委托审计部门审查决算，在认识上存在误区。室内装饰工程工种多、工艺材料复杂、专业分工愈来愈细、专业与非专业人员对造价的控制力度是不同的，装饰投资与节约资金的机会是一个剪刀差图形，即节约资金的机会与投资量成反比,全过程投资控制就是从工程初始阶段进入动态管理以控制室内装饰过程的投资最大化。

(6) 与建筑工程造价管理不适应不衔接。建筑工程预算定额中装饰项目少,且能灵活应用的项目也不多。建筑装饰材料市场价与定额价差异大,造成造价编制不准确,编制过程中人为因素过多。招标单位借市场竞争激烈迫使施工单位垫资,从而容易诱发偷工减料行为和质量安全事故发生。

(7) 缺乏高素质室内装饰专业人员。室内装饰施工企业普遍成立时间短,相当数量的人员专业知识单薄,计价行为不规范,从业人员职业道德意识不强、素质低,在执行公正性与遵守国家法规等方面,责任心不强,上岗人员再培训流于形式,以上这些差距都是导致装饰工程造价不完善的地方,应从政府、业主及施工单位三方共同努力。

4) 室内装饰工程造价控制存在问题的原因

(1) 市场不够规范,没有统一的装饰工程验收标准。造成室内装饰工程造价难以控制的主要原因在于目前的装饰市场不够规范,从室内装饰工程的设计、施工到结算,还没有形成严格的管理制度。对于建筑、安装工程,国家都有一整套的政策和制度,制约着设计和施工单位的行为,而装饰工程起步比较晚,发展又比较快,对从业者的管理显得相对滞后了,目前仍没有统一的装饰工程验收标准。

室内装饰工程本身的特点也使得其造价的控制显得力不从心。室内装饰工程经济寿命相对较短,更新换代比较频繁,新材料、新工艺不断涌现,装饰工程内容繁多,艺术性强,施工工艺复杂多变,给装饰工程定额的编制带来了一定的困难。再加上市场上各种建筑材料质量参差不齐、价格变化无常,给工程造价的控制带来了一定的困难。

(2) 业主缺乏室内装饰工程的管理经验,措施不当。由于大多数的业主缺乏装饰装修基本知识,缺乏装饰工程的管理经验,一切听从承包商,也往往造成造价失控现象。由于装饰工程一般缺少正规的施工图样,采用何种材料和做法,业主往往没有一定的要求。即使产生某种设想,对其工程的造价也是心中无数,常常听从于承包商的摆布。也有个别建设单位工程负责人与施工单位串通一气,不认真负责,随意签证,指定供应建筑材料等,造成工程造价偏高、大大超出预算等不良现象。

(3) 室内装饰定额不够完善,使用不够方便。一般土建、安装工程都有较为详细的结构构造措施、施工规范和质量验收标准,确定工程造价所依据的定额也比较齐全,而有关装饰工程的设计、施工等方面的法规却较少或不够齐全、各种构件构造做法也不够详细,使造价和质量的控制缺少相关依据。目前,装饰工程没有单独配套的定额,虽然套用土建定额,可按单独装饰工程计费率,但土建定额里的高级装饰项目很少,很难满足当前装饰市场的装饰工程的需要。承包商在承包高级装饰工程时,遇到特殊工艺时往往按照自己的理解来施工,施工完后结算套不上定额时,就会调整定额,或按《建筑装饰工程参考定额与报价》和《全国统一建筑装饰装修工程消耗量定额》进行补充,但费率的计取只能是建筑单位与施工单位协商,没有统一的标准。这就出现造价不一致的结果。因此,定额本身不够完善也是造价难以控制的一个原因。

3. 我国室内装饰工程造价管理的措施

1) 科学合理地划分土建与装饰项目的施工界线

加强装饰工程造价管理的首要问题是科学合理地划分土建项目与室内装饰项目的施工

界线。传统的土建工程施工方法，土建与装饰工程是融为一体的，即在一个单位工程中，土建与装饰是由一个施工单位承担的。随着时代的发展和技术的进步，人们对装饰工艺的要求不断提高，新型的装饰工艺层出不穷，客观上形成了一个新兴的装饰专业。而土建与装饰工程在施工中存在着工序的衔接和接口问题，如果项目界线划分不清，因此，出现了在土建与装饰工程项目施工中交叉矛盾和重复施工。如普通抹灰中的白灰砂浆，水泥砂浆抹面层；装饰抹灰中的水刷石、水磨石、干粘石等，从项目划分的理论上和传统的施工方法上，均属装饰工程项目，但在现实施工中，这些项目绝大部分由土建单位施工，装饰施工单位不承担或承担不了，这就形成了理论划分和实际施工中的矛盾。又如，墙柱面贴瓷砖，楼地面铺贴大理石、花岗岩等装饰项目，土建可以干，装饰施工单位也可以干，存在一个交叉矛盾口，更为突出的是门窗安装中的门套子，当土建将门安装后，装饰工程又要做门套、包门扇，将原有的门全部拆除，重新制作等，造成不必要的浪费。因此，科学合理地划分土建与装饰项目的施工界线，是加强装饰工程造价管理的首要问题。

2) 统一规划土建与装饰设计和规范装饰设计

在施工图设计阶段，土建设计应与室内装饰设计密切结合，同时进行。但现实施工中土建设计往往不能涵盖装饰项目，当土建及安装将要完工时，才进行室内装饰设计，单独进行装饰施工，造成拆除冲凿、重复投资、浪费资金等问题，因此统一设计规划，有利于工程造价管理。

室内装饰设计技术性很强，是一种专业技术。因此，建设行政主管部门应明确装饰造价在多少万元以上的项目，必须应由相应资质的设计单位提供完整的施工图样，如构造图、细部图、效果图，并积极支持设计单位制订"装饰工程标准图集"从而杜绝不规范设计行为。对于凡有装饰工程的建设项目，在主体工程设计的同时装饰设计部门就要介入，并与土建装饰设计相结合，统筹协调，解决土建、安装、装饰设计各管各、互不衔接的问题，避免造成的返工浪费和重复投资现象，规范装饰工程市场行为，为装饰工程的设计、施工和造价管理创造条件。

3) 抓住关键环节，严格合同管理

对于工程造价较高的装饰项目，应着重抓好工程发包这一环节，严格按照《建设工程施工合同管理办法》和《施工合同示范文本》签订施工合同。对于符合招投标条件的，尽可能实行公开招标的形式，这是做好装饰工程造价管理的关键一步，是控制工程造价和抵制不正之风的有效手段。装饰工程复杂多变的特点，要求我们在签定承发包合同时尽可能详细，对于工程造价、施工工期、工程质量、结算方式等都要明确说明，特别要严格规定设计变更和有关责任及索赔条款。对于设计比较详细、内容清楚的，可计算出确切的工程量，采用固定总价合同方式；对于施工图样不清楚或一时难以确定的，可采用固定单价合同，同时应明确固定单价所对应的施工工艺、主要材料的详细情况等，便于施工中进行监理核实以及审核结算时按实调整单价。工程所用特殊、贵重的材料，应在合同中加以规定，必要时可以采用指定装饰材料或甲方供材，以确保工程质量和控制工程造价。

认真签订和履行施工合同是保证装修工程造价合理规范，确保施工质量的积极措施。签订合同时，一定要考虑周全，能在合同中约定的，要尽量约定。计价方式的选择，人工工资单价的确定，施工范围的划分是合同的主要内容，一定要在合同中明确。同时，还要注意一些看似无关紧要，实则最容易出现问题和漏洞的要素，如议价项目的确定，拆除及回收物品的处理，材料的采购供应程序，资金的支付方式等，也要充分考虑到，并尽量在合同中约定，避免在结算时出现扯皮和争议。

4) 加强装饰工程定额管理，规范计价依据

定额是工程造价管理的重要组成部分。室内装饰工程预算定额是装饰分项工程一定计量单位工料机消耗量的数量标准，是确定与控制装饰产品的计价依据，应及时补充完善装饰定额子目，统一工程量计算规则，对定额缺项子目编制的补充定额及估价表应建立严格的审批制度。在此基础上，加强定额管理，严格执行定额，不仅可以克服计量无规范、计价无标准，任何施工单位都可以说了算的弊端，而且有利于规范装饰工程造价管理。装饰工程除部分项目外，大部分饰面项目不受荷载和应力的约束，所以在施工方法上随意性很强，再加上装饰工艺、装饰材料发展变化较快，给装饰承包商带来了可乘之机，在执行定额中，乱要价，任由施工单位说了算。所以，加强定额管理应采取以下几点措施。

(1) 加强缺项装饰工程预算定额的补充，各级工程建设标准定额站应积极搜集资料，协同装饰施工单位不断地补充缺项定额，通过实践后及时公布，充实和完善定额内容，减少工程结算纠纷。

(2) 严格定额的质量要求，加大质检力度定额是在一定的生产技术和生产组织条件下，生产一定数量的合格产品所必需的工料机消耗量的数量标准。这就明确了定额规定的工艺标准，材料质量所生产的产品必须是合格的。因此，建设单位的监理工程师，在施工过程中必须认真负责地加大质检力度，尤其对涉及环保、防火、防潮等隐蔽部分的检查更应一丝不苟。如铝合金门窗型材的壁厚，定额规定一般为 1.2~1.4 mm，而实际却使用 0.8~1mm，以薄充厚，窗框与墙体固定的连接件必须采用的铁件却用薄铝片代替；墙、柱面装饰的基层板以次充好，以薄充厚；木材面的不刷防火涂料；面层的接搓不严密，纹理不顺，翘曲等；块料面层的空鼓、缝隙不匀、纹理不顺等粗制滥造、偷工减料现象，必须严格制止，从而保证工程质量的要求，体现装饰工程造价的合理性和投资的实际效果。

5) 加强装饰市场材料价格的管理，规范计价依据

室内装饰工程时代感很强，所以装饰工程新工艺、新材料不仅发展快，而且更新换代周期短，从材料的品种、规格、品牌、产地(国产、进口)上看名目繁多。一些新型的装饰材料，其产品的物理性能、化学性能以及材质的优劣很难判定，而产品说明书中又含有大量的广告色彩。有的装饰材料在质量上，以次充好，以假充真，造成市场价格的混乱。

装饰材料材质的优劣、价格的悬殊，是人所共知的，为了规范计价依据，合理确定和控制装饰工程造价，各级工程建设标准定额站必须加强定价管理，超越了指导价的材料，以及珍贵稀有材料，应报请各定额站或工程造价管理部门审定，从而规范装饰材料的价格管理，维护定额在计价中的严肃性，以达到合理确定和有效控制装饰工程造价的目的。

6) 完善装饰预算定额，建立室内装饰材料价格信息网络

合理确定工程造价，应当按照图样和变更等资料计算出实际工程量，以定额为依据，计算出工程的实际造价。没有完整、详细的装饰定额是适应不了装饰工程的要求的。为了更好地发挥定额在控制工程造价方面的作用，更科学、准确地计算工程造价，定额管理部门要深入施工现场，搞好市场调查，编制新定额子目，完善不合理的装饰定额，尽可能扩大定额子目的综合范围，便于快速套价。建立室内装饰材料价格信息互联网，使建设单位、施工企业和预结算审核部门与装饰材料市场之间相互联系，增强装饰材料市场价格透明度，材料价格管理部门定期公布的信息价作为装饰预结算编审时的材料最高限价。工程造价编审人员应加强学习培训，完善提高业务知识结构和专业素质，发挥每个人的聪明才智，提

高应变能力，发现纠正施工单位高估算、低价高套、重复列项、虚报签证、互相串通、营私舞弊等问题，堵塞工程资金流失的漏洞。

7) 加强对设计阶段和施工阶段的管理与监督

室内装饰工程的造价一般较高，而其寿命则相对较短，与装饰工程的设计因素有很大关系。设计得好，其经济寿命相对较长，从另一个方面讲，就是节约了工程造价，提高了资金利用效果；反之，若设计不良，达不到业主的理想要求，即使花较少的钱，也是对资金的浪费。因此，在项目开始，一定要把好施工图设计这一关，尽量请资质较高的设计单位来做，决不能一切听从施工单位，边设计边施工，那样很难控制工程造价。

在施工阶段，把好施工质量关也是控制工程造价的有效手段。装饰工程所用材料品种较多、价格较高，而且相差很大，对于所用材料，业主应当有效控制。防止施工单位偷工减料、以次充好，对隐蔽工程，应做好施工现场记录，防止在竣工结算时互相扯皮，以确保工程质量和降低工程造价。

加强施工过程管理，是确保工程造价真实和保证质量的重要环节，施工过程管理的重点是隐蔽工程的验收要及时准确，记录要详细清楚，签证手续要完善，以防止施工企业利用隐蔽工程的不可见性做手脚。对主要材料和大宗材料的采购，业主要主动参与，实施监督和控制。对设计变更要慎重，特别是对工程造价影响较大的变动，更要权衡利弊。

8) 政府应该加强装饰工程市场的宏观控制

造价管理部门应根据市场供求关系定期发布指导价、人工费单价、机械费台班单价，让业主有据可依。建设单位在装饰工程中尽量不要采用价格昂贵的装饰材料，非用不可的装修项目，对于市场价比定额价高出很多的材料，经甲、乙双方议定后，应报各级标准定额管理机构审定，从而规范价格管理。

9) 提高业主业务素质

由于有些业主专业知识缺乏，管理能力低，容易被装饰施工单位钻空子。为了更好地控制装饰工程造价，业主应当在业务上多下工夫，掌握造价及监理等多方面知识，必要时可聘请造价工程师等专业技术人员，充分利用他们业务精湛、经验丰富、了解市场行情及专业化社会化高等优势，在编制标的、审查合同、控制质量、审查结算等多方面为自己服务。

10) 发挥管理部门作用，做好审计监督工作

各级造价管理部门或协会应发挥积极作用，定期有目的地组织装饰工程预决算编审人员进行业务研讨，进行广泛的经验交流与沟通，探讨新材料、新工艺对装饰工程预结算造价的影响，共同提高装饰工程预结算编审人员的业务素质。

总之，加强室内装饰工程造价管理，不只是工程造价管理部门的事，需要全社会的参与，各方面的配合，共同把建筑装饰工程造价控制好，做到经济合理，确保最佳的投资效益，使装饰工程造价管理与现行的建筑安装工程造价管理同步。

4.2 室内装饰工程造价管理内容

4.2.1 室内装饰工程投资决策和设计阶段造价管理

1. 室内装饰工程投资决策阶段造价管理

室内装饰项目的决策阶段是控制工程造价的重要阶段，根据工程的性质、功能、所处

的位置、项目的经济效果、业主的经济承受能力等主要方面，详细论证该项目技术上是否可行，经济是否合理，要邀请行业专家或者造价咨询机构进行充分的论证，并做出详细的论证报告。**它的主要工作之一是编制建设项目投资估算并对不同的建设方案进行比选，为决策者提供决策依据。**

室内装饰工程项目决策阶段各项技术经济决策，对拟建项目的工程造价有着重大影响，如装饰标准的确定、装饰工艺的选定、装修设备的选用等，直接影响工程造价的高低。在项目建设各阶段中，决策阶段对工程造价的影响度最高，是决定工程造价的基础阶段，并直接影响以后各阶段工程造价管理的有效性与科学性。因此，在室内装饰项目决策阶段，应加强以下对工程造价影响较大因素的管理，为有效控制工程造价管理打下基础。

1) 装饰标准的确定

室内装饰工程的装饰标准要根据市场、技术、资源、资金、环境、技术进步、管理水平、规模经济性等因素来确定。确定室内装饰工程项目标准时，要考虑以下的制约因素。

(1) 业主定位。室内装饰工程标准确定的首要因素是业主的定位和建筑的等级，如要对星级酒店进行装修首先考虑的是该酒店的星级标准，星级的高低确定了装修标准的高低；建筑等级的高低也影响着装修的标准。

(2) 市场因素。市场因素是制约装饰标准的重要因素，拟建室内装饰工程项目的市场需求状况是确定项目投资标准的前提。因此，首先应根据市场调查和预测得出的有关产品市场信息来确定室内装饰工程项目建设标准。此外，还应考虑原材料、能源、人力资源、资金的市场供求状况，这些因素也对项目标准的选择起着不同程度的制约作用。

(3) 工艺技术因素。室内装饰的工艺技术影响着装修标准。先进的生产技术及技术装备是实现室内装饰工程项目预期事项的物质基础，而技术人员的管理水平则是实现项目预期经济效益的保证。如果与相应标准的生产相适应的技术工艺没有保障，或获取技术的成本过高，或技术管理水平跟不上，则难以实现预期的装修标准。

(4) 环境因素。室内装饰工程项目的建设、生产、经营离不开一定的自然环境和社会经济环境。在确定项目标准时不仅要考虑可获得的自然环境条件，还要考虑产业政策、投资政策、技术经济政策等政策因素，以及国家、地区、行业制定的生产经济规模标准。

2) 技术工艺方案的选择

技术工艺方案选择的标准主要满足先进适用和经济合理的要求。

(1) 先进适用。先进适用是评定工艺方案的最基本标准。工艺技术的先进性决定项目的市场竞争力，因此在选择工艺方案时，首先要满足工艺技术的先进性。但是不能只强调工艺的先进性而忽视其适用性。就引进技术而言，世界上最先进的工艺，往往因为对原材料的要求比较高、国内设备不配套或技术不容易掌握等原因而不适合我国的实际需要。因此，拟采用的工艺技术应注重其实用性，要与我国的资源条件、经济发展水平和管理水平相适应，还应与项目建设规模、产品方案相适应。

(2) 经济合理。经济合理是指所采用的工艺技术能以较低的成本获得较大的经济收益。不同的技术方案的技术报价、原材料消耗量、能源消耗量、劳动力需要量和投资额等各不相同，产品质量和单位产品成本等也不同，因此应计算、分析、比较各方案的各项财务指标，进行综合比较分析，选出技术可行，经济合理的工艺方案。

2. 设计阶段的造价管理

室内装饰工程的设计质量对室内装饰工程造价具有直接的影响，实践证明，设计阶段对投资的影响程度约为 75%～95%，设计阶段是控制装饰工程造价的重点阶段，对室内装饰工程造价的影响也最大。加强设计阶段的造价管理，主要从以下几个方面着手。

1) 提高设计队伍素质

设计人员要严格按设计程序进行设计，施工图设计要求细化，达到足够深度，尽量避免出现设计变更或工程变更，以有效控制工程造价。并且推行限额设计，控制装饰工程施工图预算造价。国家计委自 1991 年起，对凡因设计单位错误、漏项、扩大规模和提高标准而导致的工程静态投资超支，要扣减设计费。作为设计单位一定要为业主把好关，可以推行限额设计，在设计工程中把握质量标准和造价标准，并做到两者的协调一致，相互制约。设计之前，严格造价控制标准，做到既能够达到装饰效果，又能够为业主节约资金的目的，因此对于建筑装饰设计队伍要求越来越高，设计队伍素质提高已经是迫在眉睫的事情。

2) 优化设计方案

室内装饰工程设计可以根据项目复杂程度划分为两个或三个阶段，即初步设计阶段、技术设计阶段、施工图设计阶段，各阶段都有自己的特点，在造价控制的过程中各有侧重。在方案设计阶段，可以采用设计招投标、设计方案竞选优化以及运用价值工程优化设计方案，对设计方案进行经济分析，优化出最合理方案。选择实力较强的设计队伍，在满足装饰效果的前提下，合理使用资金，严格按照设计程序进行设计，做设计方案比较时，一定要作一个比较准确的概算，在遴选过程中，反复比较方案，优化设计方案，做出详细的修正概算作为投资控制额。

3) 重视室内装饰工程方案设计的技术经济比较和设计审核

业主对室内装饰工程首先只有一个构想和投资上的限额，而构想的实施和最终投资额确定的决定性阶段是设计阶段，尤其对装饰工程总投资的影响及潜力挖掘方面，设计阶段约占整个建设过程的 80%～90%。因此，设计阶段投资控制的好坏直接影响到最终投资额是否能满足投资限额的要求，进而影响到业主构想实施成功与否。

设计阶段投资控制的方法主要是运用限额设计法和价值工程法，以设计质量、装饰功能以及投资作为综合目标，正确处理好技术与经济的关系。

(1) 真正理解业主对该工程的装饰意图，明确装饰设计要求与总投资限额。

(2) 对各种装饰设计方案在功能、环境及投资等方面进行综合评价，协助业主正确优选方案，避免唯美主义或唯经济观点。

(3) 开展限额设计，避免各专业或分项工程的分配投资目标失控，即在设计过程中，及时对已完成的图样估价，并与控制目标比较，使整个设计阶段处于受控状态，将设计与经济二者有机地结合起来。

(4) 对装饰工程概算和技术经济指标计算的精确度应达到 90%以上，尤其是各方案间相对造价的比较更应精确，以免误导。

(5) 及时准确地掌握市场信息。由于装饰材料的发展很快，市场价格变动非常频繁，及时准确地掌握装饰材料市场变化信息是提高方案概算准确度的基本条件。

(6) 以主要材料、设备的选用为控制重点。由于装饰工程主要设备和材料的投资约占总投资的60%~70%，因此了解业主的意图，充分研究主要材料、设备的功能及用途并加以控制，可以取得事半功倍的效果。

(7) 重视设计审核，确保设计图样的完整性以及各专业的配套、协调及施工的可能性。做好外部条件的衔接，认真落实环保、消防等部门的要求，提高设计质量，达到减少施工阶段产生工程变更及索赔的可能性。

(8) 在审查设计时若发现超投资现象，要通过替换装饰材料、设备或请求业主降低装修标准来修改设计，从而降低工程投资。

4) 积极推广和完善限额设计

所谓限额设计，就是按照批准的设计任务书及投资估算控制初步设计，按照批准的初步设计总概算控制施工图设计，同时各专业在保证达到使用功能的前提下，按分配的投资限额控制设计，严格控制技术设计和施工图设计的不合理变更，保证总投资限额不被突破。限额设计是将上阶段设计审定的投资额和工程量先行分解到各专业，然后再分解到各单位工程和分部工程而得出的，限额设计的目标体现了设计标准、规模、原则的合理确定及有关概预算基础资料的合理取定，通过层层限额设计，实现了对投资限额的控制与管理，也就同时实现了对设计规模、设计标准、工程数量与概预算指标等各个方面的控制。室内装饰工程的限额设计具有下面几点意义。

(1) 有利于控制工程造价。在设计中以控制工程量为主要内容，抓住了控制工程造价的核心。

(2) 有利于处理好技术与经济的对立统一关系，提高设计质量。限额设计并不是一味考虑节约投资，也绝不是简单地将投资砍一刀，而是把技术与经济统一起来，促使设计单位克服长期以来重技术、轻经济的思想，树立设计人员的责任感。

(3) 有利于强化设计人员的工程造价意识，增强设计人员实事求是地编好概预算的自觉性。

(4) 能扭转设计概算本身的失控现象。限额设计可促使设计单位内部将设计与概算形成有机的整体，克服相互脱节现象。设计人员自觉地增强经济观念，在整个设计过程中，经常检查各自专业的工程费用，切实做好造价控制工作，改变设计过程不算账、设计完了见分晓的现象，由"画了算"变为"算着画"，能真正实现时刻想着"笔下一条线，投资万万千"。

就目前而言，室内装饰工程的限额设计还不是很完善，需要进一步完善。可从下面几个方面入手：正确理解限额设计的含义，处理好限额设计与价值工程之间的关系；合理确定设计限额；合理分解和使用投资限额，为采纳有创新性的优秀设计方案及设计变更留有一定的余地。

5) 正确理解标准设计

设计标准是国家的重要技术规范，是进行工程建设勘察设计、施工及验收的重要依据。各类建设的设计都必须制定相应的标准规范，它是进行工程技术管理的重要组成部分，与项目投资控制密切相连。标准设计又称通用设计、定型设计，是工程建设标准化的组成部分，各类工程建设的构件、配件、零部件，通用的建筑物、构筑物、公用设施等，只要有条件的，都应该编制标准设计，推广使用。

在国家的技术经济政策指导下，密切结合自然条件和技术发展水平，合理利用能源、资源、材料和设备，充分考虑使用、施工、生产和维修的要求，制定或者修订设计标准规范和标准设计，做到通用性强、技术先进、经济合理、安全适用、确保质量、便于工业化生产。在编制时，要认真调查研究，及时掌握生产建设的实践经验和科研成果，按照统一、简化、协调、择优的原则，将其提炼上升为共同遵守的依据，并积极研究吸收国外编制标准规范的先进经验，鼓励积极采用国际标准(如 ISO 国际标准)。对于制定标准规范需要解决的重大科研课题，应当增加投入，组织力量进行攻关。随着生产建设和科学技术的发展，设计标准规范必须经常补充、及时修订、不断更新。

经过工程建设实践经验和科研验证的标准规范和标准设计，是工程建设必须遵循的科学依据。大量成熟的、行之有效的实践经验和科技成果纳入标准规范和标准设计加以实施，就能在工程建设活动中得到最普遍有效的推广使用。这是科学技术转化为生产力的一条重要途径。同时，工程建设标准规范又是衡量工程建设质量的尺度，符合设计标准规范，工程质量就有保障；不符合设计标准规范，工程质量将得不到有效的保障。抓设计质量，设计标准规范必须先行。设计标准规范一经颁发，就是技术法规，在一切工程设计工作中都必须执行。标准设计一经颁发，建设单位和设计单位都要因地制宜地积极采用，无特殊理由的，不得另行设计。

标准设计的推广有利于较大幅度地降低工程造价。

(1) 可以节约设计费用，大大加快提供设计图样的速度(一般可加快设计速度 1～2 倍)，缩短设计周期。

(2) 可以在构件预制厂生产标准件，使工艺定型，容易提高工人的技术水平。而且有利于生产均衡和提高劳动生产率以及统一配料、节约材料，有利于构配件生产成本的大幅度降低。例如，标准构件的木材消耗仅为非标准构件的 25%。

(3) 可以使施工准备工作和定制预制构件等工作提前，加快施工速度，既有利于保证工程质量，又能降低建筑安装工程费用。

(4) 标准设计是按通用性条件编制，按规定程序批准的，可以供大量重复使用，既经济又优质。标准设计能较好地贯彻执行国家的技术经济政策，密切结合自然条件和技术发展水平，合理利用能源、资源和材料设备，充分考虑施工、生产、使用和维修的要求，便于工业化生产。因此，标准设计的推广，能使工程造价低于个别设计的工程造价。

由此可见，在工程设计阶段，正确处理技术与经济的对立统一关系，是控制项目投资的关键环节。既要反对片面强调节约，从而忽视技术上的合理要求而使建设项目达不到工程功能的倾向，又要反对重技术、轻经济、设计保守浪费、脱离国情的倾向，尤其是当前我国建设资金紧缺，各建设项目普遍概算超过估算，预算超过概算，竣工决算超过预算。因此，必须树立经济核算的观念，设计人员和工程经济人员应密切配合，严格按照设计任务书规定的投资估算做好多方案的技术经济比较，在批准的设计概算限额以内，在降低和控制项目投资上下工夫。工程经济人员在设计过程中应及时地对项目投资进行分析对比，反馈造价信息，以保证有效地控制投资。

4.2.2 室内装饰工程招投标阶段造价管理

室内装饰工程投标报价是室内装饰工程施工准备阶段的一项重要的工作，造价管理的主要内容包括室内装饰工程招投标的决策和招投标标底的管理等。

1. 室内装饰工程招标管理

针对室内装饰工程的特点和招标过程中出现的现象，在招标过程中，业主或其委托的咨询机构，除按投标一般程序要求外必须做好以下工作。

(1) 工程量清单的高标准编制。《建设工程工程量清单计价规范》规定，工程量清单由具有编制招标文件能力的招标人或具有相应资质的中介机构编制。依据招标文件、施工图样和装修工程消耗量定额规定的工程量计算规则及统一的施工项目划分规定等有关技术资料，将实施招标的装饰工程项目划分为实物工程量和脚手架、临时设施、垂直运输、超高增加、机械进出厂及安装拆卸等技术性措施项目，以统一的计量单位、制式表格列出清单。编制工程量清单要附有详细的说明，主要包括：编制依据、分部分项工程的补充要求、施工工艺的特殊要求、主要装饰材料的品种、规格、质量、产地等。例如石材、高档玻璃、马赛克、装饰面板等要提出准确明晰的要求，对新材料及未确定档次材料要设定暂估价。对"计价规范"中未列入的装饰工程施工工艺的特殊要求，如贴金箔、特殊油漆、复杂造型等工艺做出补充要求，并给出暂估价。对"计价规范"中未列入的技术性措施项目和其他措施项目做出补充。

(2) 精心研究装饰市场，编制符合市场规律和满足业主需求的工程标底。在室内装饰工程的招标标底的编制时，不要过于刻板地追求图样依据和现成的技术资料，而应该追求实际，通过深入细致的市场调查，做到每种装饰材料都能够定质、定量、定价，设计有标准，施工有做法，造价能定格。多做工程技术经济分析，减少工程实施阶段的工程变动，避免施工过程中现场定型、定质、定量、定价的内容。大胆运用实践所得的测算结果和经验数据，做好标底的编制工作。真正使标底作为衡量承包商报价的准绳，也为以后评标议标奠定基础。

(3) 招标文件的编制要求完整、无缺陷。招标文件可由业主自行准备，也可委托有关的咨询机构代办，要求做到十分完整、没有缺陷。对合同文件上的条款错漏，应及时加以更正；对图样中不明确、设计没标准、施工没做法、工程量不准确、工程验收标准不细致的内容，应及时加以明确，提高防止承包商的索赔和不平衡报价的意识。

(4) 组织好评标工作。为防止不平衡报价，业主在对承包商的投标书进行评审时，应特别注意加强对承包商所报单价的审查，从中找出承包商的不平衡报价。具体方法如下：

① 详细审查各份标书，并与标底进行认真比较。

② 将三个最低标有时甚至是全部标底单价，列表进行横向比较。

通过上述的比较过程，承包商的不平衡报价特别是一些严重的不平衡报价，一般都能被发现出来。进而可根据具体情况，或拒绝该报价并宣布该项投标作废，或要求承包商对那些报高的单价，进一步提供单价分析计算书，做出细致的分解报价，以迫使其将虚报的单价降下来。

2. 室内装饰工程投标管理

1) 建立工程造价信息系统，为投标报价提供基础信息

工程量清单报价的基础是全面、准确的价格信息，包括人工、材料、机械设备等方面的价格信息。市场价格信息的准确性和竞争性将直接影响投标报价。工程造价信息系统应建立在工程项目签订的采购合同和分包合同实际价格的基础上，参考当地造价管理部门编

制的工程造价信息,并结合市场的变化情况。

2) 认真研读招标文件,重点关注投标组价过程

投标人应认真研读招标文件,清楚理解根据招标文件规定,承包人应承担的责任和风险、对质量和工期的要求、合同价款的支付和调整、竣工结算等方面的内容。同时对工程量投标组价过程应给予重点关注,特别是对于工程量大、材料特殊、工艺先进或者图样不明确的项目,必须进行重点审查,确保组价准确。

3) 适当采用投标技巧,合理利用投标策略

在工程量清单报价中采用合理的投标技巧和策略(具体见本小节第三点),是取得投标成功和项目赢利的重要因素。

4) 认真分析评标办法,争取最优报价

目前对经济标的评分一般采用以基准价为基础进行评分的方式。业主编制的标底不参与基准价的合成,仅作为确定有效标的依据,也称"拦标价",即低于标底一定范围(一般为－3%～＋5%)的投标报价为有效投标报价。将有效投标报价去掉一个最高价和一个最低价后进行算术平均,为评标基准价,超过或低于评标基准价的投标报价会相应扣分。因此应认真分析竞争对手状况,测算评标基准价的大致范围,进行投标决策,争取最优报价。

5) 合理分析和测算项目成本,为投标决策提供依据

建筑工程施工投标竞争,从某些方面可以说是投标企业工程成本的竞争,合理分析和测算项目的成本变得越来越重要。分析和测算项目成本,应注重以下原则。

(1) 成本最优化原则,通过优化施工组织设计,达到项目成本最优。

(2) 竞争性原则,投标是企业各方面能力和水平的较量和竞争,项目成本也应具有一定的竞争性。

(3) 实事求是原则,测算项目成本必须遵循实事求是和科学严谨的原则,不能主观臆断、随心所欲。

(4) 与合同条件相结合的原则。项目成本与业主的付款条件、对质量和工期的要求、工程量计算则密切相关,测算项目成本应注意与合同条件相结合。

3. 投标报价决策

投标,是在施工单位获得招标信息或被邀请参加投标的通知后展开的活动,施工单位应首先做出是否参加投标的策略,不可能也不应该见标必投。如决定投标,应立即按一定的投标程序进行准备,申请投标。在投标资格被招标单位确认后,即严格按照招标文件要求编制投标书,最关键的是报价水平的决策。投标决策一经确定,就要具体反映到报价上,在报价时对什么工程定价应高,什么工程定价应低;或者在一个工程中,在总价无多大出入的情况下,哪些单价宜高、哪些单价宜低,需要一定的技巧。技巧运用得好坏、是否得当,在一定程度上可以决定工程能否中标和盈利。以下是常用的室内装饰工程的投标技巧。

1) 不平衡报价法

根据室内装饰工程的特殊性、投标总价格与实际施工过程中发生的项目价格会有所不同。有些项目的支付工程量与招标文件提供的工程量会有出入、甚至有较大的差别。我们可以利用这一特点来提高在投标中的竞争能力,增加收益。预支工程量与招标文件提供工程量之间可以分为以下三种情况。

(1) 预计支付工程量等于招标文件提供的工程量。通过施工现场的勘察和对施工图样工程量的复核，对于预计支付工程量不会有很大变化的报价项目，按正常报价法确定单价，对承包商的报价以及实际可获得工程价款不会产生影响。

(2) 预计支付工程量小于招标文件提供的工程量。对于该类项目的报价，可以通过降低单价，从而减少报价虚量，即在总价不变的前提下，采用转移费用的办法使这一项目的报价降低。

(3) 预计支付工程量大于招标文件提供的工程量。预计支付工程量比报价用工程量增加，工程中标后在核实实际工程量时可获得工程价款的增加。此类项目的报价，可通过提高单价，将支付工程量预计会减少的项目中的部分费用转移到该项目中去，能较大程度地增加工程价款。

不平衡报价法在日常的招投标中用得比较广泛。如对那些能够早日结款的项目可适当提高；设计图样不明确，估计修改后工程量要增加的，可以提高单价；而工程内容解释不清，可适当降低单价，待澄清后可再要求提价等。总之，这种报价法在实际应用时，施工承包商要能较准确地预测出哪些分部分项工程的工程量和内容会发生变化，以及变化的趋势和幅度。只有做到这一点，才可以有针对性地调整工程单价，取得预期的效果。

2) 先亏后盈法

有的工程项目由于各种原因，发包方可能会预留甩项工程项目，在甩项工程盈利情况比较好的前提下，或承包商为了打进某一地区、某一市场，开始时可以依据自己雄厚的资本和实力采取的一种低标报价法，一旦中标站稳脚后，用以后的工程盈利来弥补前面的损失。

3) 多方案报价法

装饰工程不同于土建项目，方案选择的可操作性较大，说服的理由也可以比较充分，针对一些发包方要求过于苛刻的项目，我们可以在按原要求进行报价的基础上，增加一个参数报价，即阐明按原合同要求规定，其投标总价为一个数值，倘若合同作某些修改，可降低报价一定百分比，以此争取中标。

4) 联合投标法

联合投标也叫联营体投标，包括两种投标方法：一是根据工程规模，一家施工企业实力不足或专业资质不够，联合其他施工企业分别进行投标，无论谁家中标，经发包方同意后，联合进行施工；二是利用招标项目所在地区和发包方对本地区施工单位有意向，但企业资质等级不够条件的施工单位，作为联营体参加投标，中标后两家企业联合施工。这样既能减少设备人员的进退场费，又能增加企业的经济效益。

5) 暂定项目报价法

所谓暂定项目报价是指对没有设计文件，没有设计工程量，但工程施工过程中可能会发生的工程项目进行报价可列入暂定项目报价范围。暂定项目报价法分为以下两种情况。

(1) 暂定项目报价总价参与评标时，名义工程量可少报，单价可提高；或是名义工程量已经设定，确定一定发生的项目单价可提高，确定不发生的项目单价可降低；

(2) 暂定项目报价总价不参与评标时，名义工程量可合理假定，单价可提高。

6) 分包商报价的采用

对于一些热门项目，施工专业队伍竞争如林的时候，总包商应在投标前取得分包商的报价，并增加总包商摊入的一定管理费，而后作为自己投标总价的一个组成部分一并列入报价单中。最好的方式是找两、三家分包商分别报价，而后选择一家信誉好、实力强、报价合理的分包商签订协议。

投标不仅是一种竞争，也是一门艺术。要想在蒸蒸日上的装饰行业、在众多实力相当的投标人中脱颖而出，一举中标，掌握室内装饰工程的特点和科学合理的报价技巧相当关键。投标之法虽非千篇一律，但有章可循，只要投标者认真操作、认真总结分析，用科学、严谨的态度对待每一次投标，相信中标也在情理之中。

4. 室内装饰工程招投标标底的管理

室内装饰工程招投标价一般按标底价或标底价下浮一定百分比作为标准，谁的报价接近这个数值便是中标价。所以，一些投标单位就想方设法采取种种手段获取标底的信息。那些遵纪守法、具有真正实力的施工企业即使报出的投标价十分合理也无法中标，而那些不重视企业管理，只注意打听标底的企业却能中标，这是极不公平的现象。

随着社会主义市场经济的发展，取消标底的呼声日益高涨，《中华人民共和国招标投标法》中的标底也采取了软化的处理方式，没有对其进行强制性的规定，不再设立以标底价格为核心的中标上下限范围，这是我国工程建设在社会主义市场经济道路中迈出的至关重要的一步，这一步对于室内装饰工程招投标来说显得尤为重要。

室内装饰行业是个新兴的行业，室内装饰工程的特殊性也决定了正确编制装饰工程的标底比土建工程要复杂得多。它要求编制人员既要看懂吃透任何复杂的装饰图样，掌握装饰工程的各种施工工艺和施工方法；又要熟悉装饰材料及装饰人工的市场行情，了解各类装饰材料的用途与特点，加强对室内装饰工程招投标标底的管理。

4.2.3 室内装饰工程施工阶段造价管理

室内装饰工程项目施工阶段工程造价管理的主要工作是工程变更和索赔的管理以及工程的计量和工程价款的结算。由于室内装饰工程项目的建设周期长，涉及的经济、法律关系复杂，受自然条件和客观因素的影响大，变更与索赔等影响投资控制事件的发生在所难免，使得建设项目造价管理变得复杂。本节主要介绍了室内装饰工程项目实施过程中变更、索赔的管理及工程价款的结算、投资偏差分析与投资控制方法。

1. 工程变更的造价管理

工程变更包括工程量变更、工程项目的变更(如发包人提出增加或者删减原项目内容)、进度计划的变更、施工条件的变更等。如果按照变更的原因划分，变更的种类可以分为：发包人的变更指令(包括发包人对工程有了新的要求、发包人修改项目计划、发包人削减预算、发包人对项目进度有了新的要求等)；由于设计错误，必须对设计图样作修改；由于新技术和知识的产生，有必要改变原设计方案或实施计划；工程环境的变化；法律、法规或者政府对建设项目有了新的要求、新的规定等。所有这些变更最终往往表现为设计变更，因为我国要求严格按图设计，所以如果变更影响了原来的设计，则首先应当变更原设计。考虑到设计变更在工程变更中的重要性，往往将工程变更分为设计变更和其他变更两大类。

在室内装饰工程施工过程中，由于业主对项目要求的修改、设计方由于业主要求的变化或施工现场环境变化、施工技术的要求而产生的设计变更。设计变更和工程变更是不可避免的，要解决的是如何减少变更，在变更过程中控制变更费用，时刻注意由于变更而引起的费用变化。在装饰工程施工过程中，严格控制不必要的变更，必要的变更，也要对变更项目做经济分析，采用既能够达到装饰效果，又经济合理的方案，保证控制造价渗透到项目实施过程的每一个环节，达到造价控制的目标。因此，在室内装饰工程施工阶段造价管理应处理好工程变更。

1) 工程变更的处理原则

(1) 尽快尽早变更。如果工程项目出现了必须变更的情况，应当尽快变更。变更越早，损失越小。如果工程变更是不可避免的，不论是停止施工等待变更指令，还是继续施工，无疑都会增加损失。

(2) 尽快落实变更。工程变更发生后，应当尽快落实变更。工程变更指令一旦发出，就应当全面修改各种相关的文件，迅速落实指令。承包人也应当抓紧落实，如果承包人不能全面落实变更指令，则扩大的损失应当由承包人承担。

(3) 深入分析变更的影响。工程变更的影响往往是多方面的，影响持续的时间也往往较长，对此要有充分的思想准备并做好详尽的分析。对政府投资的项目变更较大时，应坚持先算后变的原则，即不得突破标准，造价不得超过批准的限额。

2) 工程变更价款的确定

在工程设计变更确定后 14 天内，设计变更涉及工程价款调整的，由承包人向发包人提出，经发包人审核同意后调整合同价款。变更合同价款按照下列方法进行计算。

(1) 合同中已有适用于变更工程的价格，按合同已有的价格计算变更合同价款。

(2) 合同中只有类似于变更工程的价格，可以参照此价格确定变更合同价款。

(3) 合同中没有适用或类似于变更工程的价格，由承包人或发包人提出适当的变更价格，经双方确认后执行。如果双方不能达成一致的，可提请工程所在地的工程造价管理机构进行咨询或按合同约定的争议或纠纷处理程序及方法进行解决。

设计变更发生后，承包人在工程设计变更确定后 14 天内，应提出变更工程价款的报告，经工程师确认后调整合同价款。若承包人未提出变更工程价款报告，则发包人可根据所掌握的资料决定是否调整合同价款和调整的具体金额。重大工程变更涉及工程价款变更报告和确认的时限由发承包双方协商确定。

工程师应在收到变更工程价款报告之日起 14 天内，予以确认或提出协商意见。自变更价款报告送达之日起 14 天内，工程师未确认也未提出协商意见，则视该工程变更价款报告已被确认。

确认增加或减少工程变更价款作为追加或减少合同价款与工程进度款同期支付。

总之，室内装饰工程造价管理是一个复杂的系统工程，处理好室内装饰工程施工过程中的工程变更才能有效控制室内装饰工程造价。

2. 室内装饰工程索赔

室内装饰工程索赔是指在工程承包合同履行中，当事人一方本身无过错由于另一方未履行合同所规定的义务或出现应当由对方承担的风险而遭受损失时，向另一方提出经济补偿或时间补偿要求的行为。由于施工现场条件、气候条件的变化，物价变化，施工进度变化，合同条款、规范、标准文件和施工图样的差异、延误等因素的影响，使得工程承包中不可避免地出现索赔。

索赔属于经济补偿行为，索赔工作是承发包双方之间经常发生的管理业务。在实际工作中，"索赔"是双向的，我国《建设工程施工合同(示范文本)》(以下简称《示范文本》)中的索赔既包括承包人向发包人的索赔，也包括发包人向承包人的索赔(在本书中除特殊说明之外，"索赔"均指承包人向发包人的索赔)。在工程实践中，发包人索赔数量少，而且处理简单方便，一般可以通过扣拨工程款、冲账、扣保证金等实现对承包人的索赔；而承包人对发包人的索赔则比较困难。通常情况下，索赔可以概括为以下三种情况：第一种，一方违约使另一方蒙受损失，受损方向对方提出赔偿损失的要求；第二种，施工中发生应由业主承担的特殊风险或遇到不利自然条件等情况，使承包人蒙受损失而向业主提出补偿损失要求；第三种，承包商应获得的正当利益，由于没能及时得到工程师的确认和业主应给予的支付，而以正式函件向业主索赔。

1) 工程索赔的处理原则

在室内装饰工程施工过程如发生索赔，按照下列原则处理。

(1) 合同是索赔的依据。不论是当事人不完成合同工作，还是风险事件的发生，能否索赔要看是否能在合同中找到相应的依据。工程师必须以完全独立的身份，站在客观公正的立场上，依据合同和事实公平地对索赔进行处理。根据我国的有关规定，合同文件应能够互相解释、互为说明，除合同另有约定外，其组成和解释的顺序如下：本合同协议书、中标通知书、投标文件、本合同专用条款、本合同通用条款、标准、规范及有关技术文件、图样、工程量清单及工程报价或预算书。

(2) 索赔处理要及时、合理。索赔事件发生后，要及时提出索赔，索赔的处理也应当及时。若索赔处理得不及时，对双方都会产生不利的影响，如承包人的合理索赔长期得不到解决，积累的结果会导致其资金周转的困难，同时还会使承包人放慢施工速度从而影响整个工程的进度；处理索赔还必须注意索赔的合理性，既要考虑到国家的有关政策规定，也应考虑到工程的实际情况。例如，承包人提出对人工窝工费按照人工单价计算损失、机械停工按照机械台班单价计算损失显然是不合理的。

(3) 加强事前控制，减少工程索赔。在室内装饰工程施工过程中，工程师应当加强事前控制，尽量减少工程索赔。在工程管理中，尽量将工作做在前面，减少索赔事件的发生。工程师在管理中应对可能引起的索赔有所预测，及时采取补救措施，避免过多索赔事件发生，使工程能顺利地进行，降低工程投资，缩短施工工期。

2) 索赔价款的确定

(1) 索赔费用的计算。索赔的费用内容包括：人工费、设备费、材料费、保函手续费、贷款利息、保险费、管理费和利润等。索赔计算方法包括两种：第一种是实际总费用法，将索赔事件所引起的费用项目分析计算索赔值，汇总后得到总索赔费用值，仅限于用于索赔事项引起的、超过原计划的费用；第二种是修正总费用法，这种方法是对总费用法的改进，即在总费用计算的原则上，去掉些不确定的可能因素，对总费用法进行相应的修改和调整，使其更加合理。

(2) 工期索赔的计算。因承包人的原因造成施工进度滞后，属于不可原谅的延期；只有承包人不应承担任何责任的延误，才是可原谅的延期。只有可原谅延期部分才能批准顺延合同工期。可原谅延期，又可细分为可原谅并给予补偿费用的延期和可原谅但不给予补偿费用的延期，后者是指非承包人责任的影响并未导致施工成本的额外支出。工期索赔的计算方法包括网络分析法和比例计算法两种：第一种是网络分析法，如果延误的工作为关键工作，则总延误的时间为批准顺延的工期；如果延误的工作为非关键工作，当该工作由于延误超过时差限制而成为关键工作时，可以批准延误时间与时差的差值；若该工作延误后仍为非关键工作，则不存在工期索赔问题。第二种是比例计算法，该方法主要应用于工程量有增加时工期索赔的计算，公式为：

$$工程索赔值 = \frac{额外增加的工程量的价格}{原合同价格} \times 原合同总工期 \qquad (4-1)$$

3. 室内装饰工程价款的结算

室内装饰工程价款结算是指对室内装饰工程承发包合同价款进行约定和依据合同约定进行工程预付款、工程进度款、工程竣工款结算的活动。

1) 室内装饰工程预付款管理

(1) 室内装饰工程预付款。室内装饰工程预付款是指装饰施工企业为该承包工程项目储备主要装饰材料、结构件所需的流动资金。

(2) 室内装饰工程预付款支付的时间。发包人应在双方签订合同后的一个月内或不迟于约定的开工日期前的七天内预付工程款。工程预付款仅用于承包人支付施工开始时与本工程有关的动员费用。如承包人滥用此款，发包人有权立即收回。在承包人向发包人提交金额等于预付款数额的银行保函后，发包人按规定的金额和规定的时间向承包人支付预付款。

(3) 室内装饰工程预付款的数额。包工包料工程的预付款按合同约定拨付，原则上预付比例不低于合同金额的10%，不高于合同金额的30%，对重大工程项目，按年度工程计划逐年预付。计价执行《建设工程工程量清单计价规范》(GB 50500—2003)的工程，实体性消耗和非实体性消耗部分应在合同中分别约定预付款比例。

(4) 室内装饰工程预付款的抵扣。室内装饰工程预付款的抵扣有两种方式：第一，预付的装饰工程款可以在承包方完成金额累计达到合同总价的一定比例后，由承包人开始向发包方还款，发包人从每次应付给的金额中，扣回工程预付款，发包人至少在合同规定的完工期前三个月将工程预付款的总计金额按逐次分摊的办法扣回。当发包人一次付给承包方的余额少于规定扣回的金额时，其差额应该转入下一次支付中作为债务结转。第二，可以从未施工工程尚需的主要材料及构件的价值相当于工程预付款数额时起扣，从每次结算工程价款中，按材料比重扣抵工程价款，装饰工程竣工前全部扣清。其基本表达公式是：

$$T = P - \frac{M}{N} \qquad (4-2)$$

式中：T——起扣点，即工程预付款开始扣回的累计完成工作量的金额；

　　　M——工程预付款的限额；

　　　N——主材比重；

　　　P——承包工程价款总额。

2) 室内装饰工程进度款管理

(1) 工程进度款支付程序。工程进度款支付程序，如图4.1所示。

(2) 合同收入组成。合同收入包括两部分内容：合同中规定的初始收入和因合同变更、索赔、奖励等构成的收入。

图 4.1　工程进度款支付步骤图

(3) 质量保证金。室内装饰工程质量保证金是指发包人与承包人在建设工程承包合同中约定，从应付的工程款中预留，用以保证承包人在缺陷责任期内对室内装饰工程出现的缺陷进行维修的资金。室内装饰工程竣工结算后，发包人应按照合同约定及时向承包人支付工程结算价款并预留保证金。全部或者部分使用政府投资的建设项目，按装饰工程价款结算总额5%左右的比例预留保证金。保修期到时，承包人向发包人申请返还保证金，发包人在接到承包人返还保证金申请后，应于14日内会同承包人按照合同约定的内容进行核实。如无异议，发包人应当在核实后14日内将保证金返还给承包商。

4. 投资偏差分析与投资控制方法

投资控制的目的是为了确保投资目标的实现，施工阶段投资控制目标是通过编制资金使用计划来确定的。结合工程特点，确定合理的施工程序与进度，科学地选择施工机具，优化人力资源管理，采用先进的施工技术、方法与手段实现资金使用与控制目标的优化。资金使用目标的确定既要考虑资金来源(例如，政府拨款，金融机构贷款，合作单位相关资金，自有资金)的实现方式和时间限制，又要按照施工进度计划的细化与分解，将资金使用计划和实际工程进度调整有机地结合起来。施工总进度计划要求严格，涉及面广，基本要求是：保证拟建室内装饰工程项目在规定期限内按时或提前完成，节约施工费用，降低工程造价。

1) 资金使用计划的编制

施工阶段资金使用计划的编制与控制在整个工程造价管理中处于重要而独特的地位，通过编制资金使用计划，合理确定施工阶段工程造价目标值，使工程造价的控制有所依据，并为资金的筹集与协调打下基础；定期地进行工程项目投资的实际值与目标值的比较，找出偏差和分析产生偏差的原因，并采取有效措施加以控制，以保证投资控制目标的实现。科学地编制资金使用计划，不仅对未来工程项目的资金使用和进度控制能够有所预测，消除不必要的资金浪费和进度失控，而且能够避免在今后工程项目中由于缺乏依据，而进行轻率判断所造成的损失，增加自觉性，使现有资金充分地发挥作用。

施工阶段资金使用计划的编制可以按不同子项目编制或者按时间进度编制。按不同子项目编制资金使用计划，即把室内装饰工程项目总投资分解到每一个子项目上，进而做到合理分配，编制时必须对工程项目进行合理划分，划分的粗细程度根据工程实际需要而定，在实际工作中，总投资目标按项目分解只能分到单项工程或单位工程，如果再进一步分解投资目标，就难以保证分目标的可靠性；按时间进度编制资金使用计划，即室内装饰工程项目的投资总是分阶段、分期支出的，资金应用是否合理与资金时间安排关系密切，为了编制资金使用计划，并据此筹措资金，应尽可能减少资金占用和利息支付，将项目总投资目标按使用时间进行分解，进一步确定分目标值。通常采用横道图、时标网络、S形曲线和香蕉图的方法编制资金使用计划。

2) 投资偏差分析

在确定了投资控制目标之后，为了有效地进行投资控制，必须定期进行投资计划值和实际值的比较。当实际值偏离计划值时，要分析产生偏差的原因，采取适当的纠偏措施，使投资超支额尽可能小。施工阶段投资偏差的形成，是由于施工过程中随机因素与风险因素的影响，而形成了实际投资与计划投资的差异，即投资偏差；实际工程进度与计划工程进度的差异，即进度偏差。投资偏差可分为绝对偏差和相对偏差，局部偏差和累积偏差。

(1) 偏差计算。投资偏差是指投资计划值与实际值之间的差异，偏差为正表示投资增加，为负表示投资节约。与投资偏差密切相关的是进度偏差，只有考虑进度偏差后才能正确反映投资偏差的实际情况。用公式(4-3)和(4-4)表示：

$$投资偏差 = 已完工程实际投资 - 已完工程计划投资$$
$$= 实际工程量 \times (实际单价 - 计划单价) \quad (4\text{-}3)$$
$$进度偏差 = 拟完工程计划投资 - 已完工程计划投资$$
$$= (拟完工程量 - 实际工程量) \times 计划单价 \quad (4\text{-}4)$$

式中：拟完工程计划投资＝拟完工程量×计划单价

已完工程实际投资＝实际工程量×实际单价

已完工程计划投资＝实际工程量×计划单价

在进行分析时，投资偏差又可以分为：局部偏差和累计偏差，绝对偏差和相对偏差。局部偏差，一般有两层含义：一是相对于总项目的投资而言，指各单项工程、单位工程和分部分项工程的偏差；二是相对于项目实施的时间而言，指每一控制周期所发生的投资偏差。累计偏差是在项目已实施的时间内累计发生的偏差，是一个动态概念。累计偏差分析必须以局部偏差的结果进行综合分析，其结果更能显示规律性，对投资控制工作在较大范围内具有指导作用。绝对偏差，是指投资计划值与实际值比较所得的差额。相对偏差是指投资偏差的相对数或比例数，通常是用绝对偏差与投资计划值的比值来表示，相对偏差能客观地反映投资偏差的严重程度和合理程度。绝对偏差和相对偏差的符号相同，正值表示投资增加，负值表示投资减少。

(2) 偏差分析。

① 偏差原因。一般来讲，引起投资偏差的原因主要有四个方面，即客观原因、业主原因、设计原因和施工原因。由于客观原因是无法避免的，施工原因造成的损失由施工单位自己负责，因此，纠偏的主要对象是业主原因和设计原因造成的投资偏差。

② 偏差分析方法。横道图法，用不同的横道标识拟完工程计划投资、已完工程实际投资和已完工程计划投资，再确定投资偏差与进度偏差；横道图法简单明了便于了解项目投资概貌，但是该法信息量少，主要反映累计偏差和局部偏差。时标网络图法，根据时标网络图可以得到拟完工程计划投资，考虑实际进度前锋线就可以得到已完工程计划投资，已完工程实际投资可以根据实际工作完成情况测得，从而进行投资偏差和进度偏差的计算；时标网络图法简单、直观，主要用来反映累计偏差和局部偏差，但有时绘制实际进度前锋线会遇到困难。表格法，是进行偏差分析最常用的方法，根据项目的具体情况、数据来源、投资控制工作的要求等条件来设计表格，进行偏差计算；表格法适应性强，信息量大，可以反映各种偏差变量和指标，还便于计算机辅助管理。曲线法，形象直观，用投资时间曲线(曲线的绘制须准确)进行偏差分析，通过三条曲线的横向和竖向距离确定投资偏差和进

度偏差，主要反映累计偏差和绝对偏差，不能用于定量分析。

(3) 偏差的纠正措施。偏差纠正措施分为组织措施、经济措施、技术措施、合同措施四个方面。

① 组织措施，主要指从投资控制的组织管理方面采取的措施，如要落实投资控制的组织机构和人员，明确各级投资控制人员的任务、职责与权利，改善项目投资控制工作流程等。组织措施常常容易被人们忽视，实际工作中它是其他措施的前提和保障，而且一般不需增加额外费用，运用得当即可收到良好的效果。

② 经济措施，运用时要特别注意，不能把经济措施片面地理解为审核工程量及相应的支付工程价款。考虑问题要从全局出发，例如要检查投资目标是否分解得合理，资金使用计划是否有保障，施工进度计划的协调如何等。另外，还可以通过偏差分析和未完工程预测发现潜在的问题，及时采取预防措施，从而取得造价控制的主动权。

③ 技术措施，按照工程造价控制的要求分析，技术措施并不都是因为施工中发生了技术问题才加以考虑的，也可能因为出现了较大的投资偏差而加以运用。不同的技术措施往往会有不同的经济效果，因此采用技术措施纠偏时，对不同的技术方案要进行技术经济综合分析评价后再加以选择。

④ 合同措施，合同措施在纠偏方面主要指索赔管理。在施工过程中，索赔事件的发生在所难免，在发生索赔事件后，造价工程师应认真审查有关索赔依据是否符合合同规定，索赔计算是否合理等，从主动控制的角度出发，加强对合同的日常管理，认真落实合同规定的责任。

4.2.4 室内装饰工程竣工阶段造价管理

室内装饰工程项目竣工决算是在竣工验收交付使用阶段，建设单位按照国家有关规定对一次装修或者二次装修项目，从筹建到竣工投产或使用全过程编制的全部实际支出费用的报告。它以实物数量和货币指标为计量单位，综合反映了竣工项目的建设成果和财务情况，是竣工验收报告的重要组成部分。竣工决算是正确核定新增固定资产价值，考核分析投资效果，建立健全经济责任制的依据，是反映建设项目实际造价和投资效果的文件。因此，本小节主要介绍了基本建设项目竣工决算的主要内容和编制方法以及室内装饰工程的保修管理。

1. 室内装饰项目竣工决算

室内装饰工程项目的竣工决算包括装饰工程项目从筹建开始到项目竣工交付生产使用为止的全部建设费用。竣工财务决算的内容，主要包括装饰工程竣工财务决算报表、竣工财务决算说明书、工程竣工图和工程竣工造价对比分析。装饰工程竣工财务决算报表和竣工财务决算说明书是竣工决算的核心内容。

1) 竣工财务决算报表

大、中型室内装饰工程竣工决算报表包括：室内装饰工程竣工财务决算审批表；大、中型室内装饰工程概况表；大、中型室内装饰工程竣工财务决算表；大、中型室内装饰工程交付使用资产总表。小型室内装饰工程竣工财务决算报表包括建设项目竣工财务决算审批表、竣工财务决算总表、建设项目交付使用资产明细表。

2) 竣工财务决算说明书

竣工财务决算说明书概括了竣工工程建设成果和经验，是对竣工决算报表进行分析和补充说明的文件，是全面考核分析工程投资与造价的书面总结，也是竣工决算报告的重要组成部分，主要内容包括：室内装饰项目概况；资金来源及运用等财务分析；基本建设收入、投资包干结余、竣工结余资金的上交分配情况；各项经济技术指标的分析；工程建设的经验及项目管理和财务管理工作以及竣工财务决算中有待解决的问题；需要说明的其他事项。

3) 室内装饰竣工图

室内装饰工程竣工图是真实地记录室内装饰工程各分部分项工程的技术文件，是装饰工程进行交工验收、维护改建扩建的依据，是非常重要的技术档案。

4) 工程造价比较分析

工程造价比较分析主要内容包括主要实物工程量、主要材料消耗量、考核建设单位管理费、措施费和间接费的取费标准。为了便于进行比较分析，可先对比整个项目的总概算，然后对比单项工程的综合概算和其他工程费用概算，最后对比分析单位工程概算，并分别将室内装饰工程的分部分项工程费用、措施项目费用和其他项目工程费用逐一与竣工决算的实际工程造价进行对比分析，找出节约和超支的具体内容和原因。

5) 竣工结算

室内装饰工程竣工结算是指承包人按照合同规定的内容全部完成所承包工程，经验收质量合格并达到合同要求之后，双方应按照约定的合同价款及合同价款调整内容以及索赔事项，进行最终价款结算。根据室内工程项目的划分，应该包括单位工程结算、单项工程结算和装饰工程项目总结算。单位工程竣工结算由承包人编制，在总包人审查的基础上由发包人审查；单项工程竣工结算或建设项目竣工总结算由总(承)包人编制，发包人可直接进行审查，也可以委托具有相应资质工程造价咨询机构进行审查。政府投资项目，由同级财政部门审查。单项工程竣工结算或建设项目竣工总结算经发包人、承包人签字盖章后有效。

(1) 竣工结算审查的内容一般包括：核对合同条款；检查隐蔽验收记录；落实设计变更签证；按图核实工程数量；认真核实单价；注意各项费用计取；防止各种计算误差。

(2) 竣工结算审查的期限见表 4-1。

表 4-1 室内装饰工程结算审查期限表

	工程竣工结算报告金额	审查时间
1	500 万元以下	从接到竣工结算报告和完整的竣工结算资料之日起 20 天
2	500 万元~2 000 万元	从接到竣工结算报告和完整的竣工结算资料之日起 30 天
3	2 000 万元~5 000 万元	从接到竣工结算报告和完整的竣工结算资料之日起 45 天
4	5 000 万元以上	从接到竣工结算报告和完整的竣工结算资料之日起 60 天

(3) 竣工结算计算式。

$$竣工结算工程款 = 合同价款 + 施工过程中合同款调整数额 + 预付及已结算工程款 - 保修金 \qquad (4\text{-}5)$$

2. 室内装饰工程保修管理

1) 保修和保修费用

(1) 保修。按照《中华人民共和国合同法》规定，室内装饰工程的施工合同内容包括对工程质量保修范围和质量保证期。保修是指施工单位按照国家或行业现行的有关技术标准、设计文件及合同中对质量的要求，对已竣工验收的室内装饰工程在规定的保修期限内，进行保修、返工等工作。室内装饰产品不同于一般商品，往往在竣工验收后仍可能存在质量缺陷(指工程不符合国家或现行的有关技术标准、设计文件及合同对质量的要求)和安全隐患，为了使室内装饰项目达到最佳状态，确保室内装饰工程质量，降低生产或使用费用，发挥最大的投资效益，工程师应督促设计单位、施工单位、设备材料供应单位认真做好保修工作，并加强保修期间的投资控制。

室内装饰工程的保修期，自竣工验收合格之日起计算。

(2) 保修费用。保修费用是指对室内装饰工程在保修期限和保修范围内所发生的维修、返工等各项费用支出。保修费用应按合同和有关规定合理确定和控制，可参照室内装饰工程造价的确定程序和方法计算，也可以按室内装饰工程造价或承包商合同价的一定比例计算(如 5%)。

2) 保修费用的处理

室内装饰工程涉及面广、内容多，出现的质量缺陷和隐患等问题往往是由于多方面原因造成的。因此，在费用的处理上应分清造成问题的原因及具体返修内容，按照国家有关规定和合同要求与有关单位共同商定处理办法。

(1) 设计原因造成的保修费用处理。设计方面的原因造成的质量缺陷，由设计单位负责并承担经济责任，由施工单位负责维修或处理。按新的合同法规定勘察、设计人员应当继续完成设计，减收或免除勘察、设计费并赔偿损失。

(2) 施工原因造成的保修费用处理。施工单位未按国家有关规范、标准和设计要求施工，造成质量缺陷，由施工单位负责无偿返修并承担经济责任。

(3) 室内装饰材料、构配件不合格造成的保修费用处理。由于室内装饰材料、构配件质量不合格引起的质量缺陷，属于施工单位采购的或经其验收同意的，由施工单位承担经济责任；属于建设单位采购的，由建设单位承担经济责任。至于施工单位、建设单位与材料、构配件供应单位或部门之间的经济责任，应按其材料、构配件的采购供应合同处理。

(4) 用户使用原因造成的保修费用处理。因用户使用不当造成的质量缺陷，由用户自行负责。

(5) 不可抗力原因造成的保修费用处理。因地震、洪水、台风等不可抗力造成的质量问题，施工单位和设计单位不承担经济责任，由建设单位负责处理。

小 结

室内装饰工程造价管理是直接影响单位工程后期投入资金量的重要因素，随着人们物质文化生活水平的提高，室内装饰工程标准日趋高档化，室内装饰作为一个独立实体在建筑市场占有重要位置。由于新工艺新材料的不断涌现，室内装饰工程的造价所占工程建设总造价的比例越来越大,造价的合理与否对业主的影响也越来越大;但是室内装饰工程造价管理还处在一个发展的初期阶段,存在着的一些不合理因素造成了室内装饰市场价格的不规范,从而在一定程度上制约了建筑装饰工程的发展。

全面造价管理就是有效地使用专业知识和专门技术去计划和控制资源、造价、盈利和风险。建设工程全面造价管理包括全寿命期造价管理、全过程造价管理、全要素造价管理和全方位造价管理。

从室内装饰工程的各个阶段看,室内装饰工程造价管理的各个阶段都有其特点。因此,室内装饰工程造价管理内容可分为投资阶段的造价管理、设计阶段的造价管理、招投标阶段的造价管理、施工阶段的造价管理、竣工阶段的造价管理和工程保修阶段的造价管理。

思考与练习

1. 室内装饰工程造价的含义有哪些?什么叫全面造价管理?
2. 工程造价管理的基本内容有哪些?
3. 室内装饰工程造价的原则有哪些?
4. 简述我国及我国香港地区造价管理发展概况。室内装饰工程造价管理措施有哪些?
5. 简述国外工程造价的特点以及美国、英国和日本造价管理发展概况。
6. 室内装饰工程投资决策阶段造价管理内容有哪些?
7. 室内装饰工程设计阶段造价管理内容有哪些?
8. 室内装饰工程招标投标阶段造价管理内容有哪些?
9. 室内装饰工程施工阶段造价管理内容有哪些?
10. 室内装饰工程竣工阶段造价管理内容有哪些?
11. 室内装饰工程变更的范围包括哪些?
12. 阐述室内装饰工程变更与索赔的关系。
13. 我国目前室内装饰工程价款的结算方式有哪几种?
14. 室内装饰工程的投资偏差的分析方法主要有哪些?各种方法的优缺点是什么?

第 5 章　室内装饰工程预算费用

教学提示： 室内装饰工程预算费用主要是指施工图预算费用，由工程直接费、间接费、计划利润和税金组成；当用清单计价时，室内装饰工程费用又包括分部分项工程清单费用、措施项目清单费用、其他项目清单费用和零星项目清单费用等。本章主要介绍室内装饰工程费用及其计算方法。

教学目标： 了解室内装饰工程计价理论和费用构成，熟悉和掌握室内装饰工程各费用的组成及其计算方法和计算依据。

5.1　室内装饰工程计价理论

5.1.1　室内装饰产品价格特点

1. 商品的价值和价格

商品是为交换而生产的劳动产品。商品的价值是指凝结在商品中的人类劳动，价值大小取决于消耗在产品生产中的社会必要劳动时间的多寡，而不是个别劳动时间的多少。所谓社会必要劳动时间是指社会平均劳动时间。

凡是商品都有它的价值，反之没有价值的东西不可能成为商品。商品的价值用货币来表现就是商品的价格，即价格是价值的货币表现。商品交换时，价格要以价值为基础，实行等价交换，这就是价值规律。

2. 室内装饰产品价格特点

室内装饰产品不同于一般工业产品，其价格也不同于一般工业产品的价格，室内装饰产品价格编制的依据有两个。

(1) 室内装饰特点决定装饰价格。室内装饰产品各式各样，规格千变万化。工业产品多数是标准化的；室内装饰产品的生产没有固定地区，随着装饰工程所在地的变化而变换工地；工业产品的生产是在固定的生产地点(工厂)进行不断重复的连续生产过程，工业产品生产条件很少发生显著变化，而室内装饰工程却因装饰时间不同、地点不同、施工条件不同、施工工艺不同、装饰构造不同等，在工程预算造价上有很大的差异。例如，装饰两个结构和面积相同的房屋，但一个在冬季施工，一个在夏季施工，两者的预算造价不相同；一个在交通方便的地方施工，一个在偏僻的地方施工，它们的工程投资费用也不相同。即使在同一季节、同一地方的装饰工程，由于装饰设计方案不同，装饰产品的价格也是不同的。采用同一标准设计的装饰物，也会由于材料来源不同、运输工具和运输距离不同、施工季节不同以及施工机械化程度不同等诸原因造成所需的装饰工程费用有很大的差别。正是这些因素决定了装饰工程(装饰产品)的报价必须采用适合于装饰工程特点的特殊方法，即按照实际情况编制施工图预算的方法。

(2) 室内装饰工程的各项构成费用影响装饰价格。室内装饰产品的价格由直接费、间接费、利润和税金等组成。

从室内装饰工程造价编制的过程看，直接费的材料预算价格与实际价格可以调整，人工费按地区预算标准(工资标准不变)计算，其他直接费按规定的费率可变；间接费根据工程的规模、施工单位的资质等级、工程地点及发生条件计算；计划利润不变。而装饰工程造价是由直接费、间接费和计划利润构成的，所以工程造价的可变性是必然的。因此，室内装饰工程价格也就受到影响。

5.1.2 室内装饰工程计价理论

1. 室内装饰工程造价

室内装饰工程造价是指室内装饰建设项目在装饰装修过程中施工企业发生的生产和经营管理费用的总和。

工程造价广义上是指室内装饰工程项目从立项决策到竣工验收交付使用所需的全部投入费用，也就是建设投资；狭义上是指在室内装修过程中施工企业发生的生产和经营管理的费用总和。前一种理解是对投资者即建设单位而言，后一种理解是对室内装饰工程项目的建造者，即对施工单位而言。通常所说的工程造价是指狭义的解释，比如说装修某一栋大楼预算造价多少，是说装修这栋大楼要花多少钱。

2. 工程造价理论构成

室内装饰工程项目作为一种商品，其造价也同其他商品一样，应包括各种活劳动和物化劳动的消耗费用，以及这些费用消耗所创造的社会价值。但是，室内装饰工程造价又有其特殊性。

(1) 室内装饰工程造价由三个部分构成：物质消耗支出，即价值转移的货币表现(C)；劳动报酬，即劳动者为自己的劳动所创造价值的货币表现(V)；盈利，即劳动者为社会提供的劳动所创造价值的货币表现(M，利润和税收)。

所以，室内装饰工程造价的理论构成可用式(5-1)表示：

$$室内装饰工程理论费用 = C + V + M \tag{5-1}$$

(2) 与一般的工业产品价格构成不同，工程造价的构成还具有某些特殊性，其主要表现如下。

① 室内装饰工程在竣工后，一般不在空间上发生物理运动，可直接移交用户立即进入生产和生活消费，因而价格中不包括一般商品具有的生产性流通费用，如商品包装费、运输费、保管费。

② 室内装饰建设工程项目固定在一个地方，和土地连成一片，因而价格中一般应包括土地价格或使用费。另一方面，由于施工人员和施工季节要围绕建设工程流动，因而有的工程价格中还包括施工企业远离基地的调迁费用或成品建造的转移所发生的费用。

③ 室内装饰建设工程的生产者中包括勘察设计单位、室内装饰企业，因而工程造价中包含的劳动报酬和盈利均是总体劳动者的劳动报酬和盈利。

3. 我国现行工程造价的组成内容

在我国，室内装饰工程项目从筹建到竣工验收、交付使用整个过程的投入费用既称为工程造价，也称为基本建设费用，它所包括的内容，如式(5-2)和式(5-3)所示：

$$\text{室内装饰工程造价(基本建设费用)}=\text{直接费}+\text{间接费}+\text{利润}+\text{税收} \quad (5-2)$$

或：室内装饰工程造价(基本建设费用)＝分部分项工程量清单费用

$$+\text{措施项目清单费用}+\text{其他措施项目清单费用}+\text{利润}+\text{税收} \quad (5-3)$$

5.2 室内装饰工程费用

5.2.1 室内装饰工程费用构成

在室内装饰工程施工中，需要投入大量的人力、材料、机械等，消耗大量资金。因此在室内装饰工程中，既包含各种人力、材料、机械使用的价值，又包含工人在施工中新创造的价值，这些价值都应该在室内装饰工程的费用中体现出来。

室内装饰工程费用包含的项目繁多，计算复杂。由于室内装饰工程及生产的技术经济特点，使得室内装饰工程的费用构成、费用计算基础和取费标准等，必须按工程的类别、标准、等级、地区、企业级别等不同而发生变化，而且室内装饰工程费用随着时间的推移及生产力和科学技术水平的提高，费用构成、取费标准等也将发生变化，以便适应相应时期室内装饰工程产品的价值变化。随着我国加入WTO，工程计价方法逐渐与国际接轨，2003年由建设部和国家质量监督总局发布了《建设工程工程量清单计价规范》(GB 50500—2003)，对工程费用如何计算作了详细的规定。与传统的装饰工程定额计价模式费用的计算方法相比，清单计价模式费用的计算方法在计算方法、费用构成上都发生了很大变化。室内装饰工程预算费用主要是指施工图预算费用，采用定额计价方法时，室内装饰工程费用主要由工程直接费、工程其他直接费、间接费、计划利润和税金等组成；当采用清单计价方法时，室内装饰工程费用又包括分部分项工程清单费用、措施项目清单费用、其他项目清单费用、零星项目清单费用和税金等。

表5-1和表5-2为定额计价模式的室内装饰工程费用构成和工程量清单计价模式的费用构成。

5.2.2 室内装饰工程费用内容

1. 分部分项工程费

分部分项工程费是指完成工程计价表中列出的各分部分项工程量所需的费用，包括人工费、材料费、机械台班费、现场管理费及企业管理费和利润。

1) 人工费

人工费是指从事室内装饰工程施工的工人(包括现场运输等辅助工人)和附属生产工人的基本工资、附加工资、工资性津贴、辅助工资和劳动保护费。但是，人工费不包括材料保管、采购、运输人员、机械操作人员、施工管理人员的工资，这些人员的工资，分别计入其他有关的费用中。人工费的计算可用式(5-4)表示：

$$\text{人工费}=\sum(\text{工程量}\times\text{预算定额基价人工费}) \quad (5-4)$$

表 5-1 定额计价模式的室内装饰工程的费用构成

项次	费用名称		费用项目内容	参考计算公式
(一)	直接费	直接工程费	(1)人工费	∑(工日消耗量×日工资标准)
			(2)材料费	∑(材料消耗量×材料基价)+检验试验费
			(3)施工机械使用费	∑(施工机械台班消耗量×机械台班单价)
			(4)现场管理费	
		施工组织措施费	(1)环境保护费	直接工程费×其相应费率(%)
			(2)文明施工费	
			(3)安全施工费	
			(4)远征费	
			(5)缩短工期措施费	
			(6)临时设施费	(周转使用临建费+一次性使用临建费)× (1+其他临时设施所占比例(%))
			(7)二次搬运费	直接工程费×二次搬运费费率(%)
			(8)脚手架搭拆费	脚手架摊销量×脚手架价格+脚手架搭、拆、运费
			(9)已完工程及设备保护费	成品保护所需机械费+材料费+机械费
			(10)施工排水、降水费	∑排水降水机械台班费×排水降水周期+排水使用材料费、人工费
			(11)总承包服务费	
(二)	间接费	企业管理费	(1)管理人员工资	按取费基数不同分为以下三种: (1)直接费×(规费费率+企业管理费费率) (2)(人工费+机械费)×(规费费率+企业管理费费率) (3)人工费×(规费费率+企业管理费费率)
			(2)办公费	
			(3)差旅交通费	
			(4)固定资产使用费	
			(5)工具用具使用费	
			(6)工会经费	
			(7)职工教育经费	
			(8)工程定额编制管理、定额测定费	
			(9)税金	
			(10)其他	
		财务费		
		其他费用	(1)工程定额测定费	
			(2)安全生产监督费	
			(3)劳动保险费	
			(4)室内装饰项目管理费	

续表

项次	费用名称	费用项目内容	参考计算公式
（三）	利润		按取费基数不同分为以下三种： (1)(直接工程费+措施费+间接费)×相应利润率 (2)(直接工程费中人工费和机械费+措施费中人工费和机械费)×相应利润率 (3)(直接费中人工费+措施费中人工费)×相应利润率
（四）	税金	(1)营业税 (2)城市维护建设税 (3)教育费附加	(税前造价+利润)×税率(%)
总造价		直接费、间接费、利润、税收	（一）+（二）+（三）+（四）

表5-2 工程量清单计价模式室内装饰工程费用构成

项次	费用名称	费用项目内容	参考计算公式
（一）	分部分项工程	(1)人工费	∑(工日消耗量×日工资标准)
		(2)材料费	∑(材料消耗量×材料基价)+检验试验费
		(3)施工机械使用费	∑(施工机械台班消耗量×机械台班单价)
		(4)现场管理费	
		(5)企业管理费 ①管理人员工资 ②办公费 ③差旅交通费 ④财务费 ⑤固定资产使用费 ⑥工具用具使用费 ⑦工会经费 ⑧职工教育经费 ⑨待业保险费 ⑩工程定额编制管理、定额测定费 ⑪税金 ⑫其他	按取费基数不同分为以下三种： (1)直接费×(规费费率+企业管理费费率) (2)(人工费+机械费)×(规费费率+企业管理费费率) (3)人工费×(规费费率+企业管理费费率)
		(6)利润	按取费基数不同分为以下三种： (1)(直接工程费+措施费+间接费)×相应利润率 (2)(直接工程费中人工费和机械费+措施费中人工费和机械费)×相应利润率 (3)(直接费中人工费+措施费中人工费)×相应利润率

续表

项次	费用名称	费用项目内容	参考计算公式
（二）	措施项目费	(1)环境保护费 (2)文明施工费 (3)安全施工费 (4)远征费 (5)缩短工期措施费 (6)二次搬运费	直接工程费×其相应费率(%)
		(7)临时设施费	(周转使用临建费＋一次性使用临建费)×(1＋其他临时设施所占比例(%))
		(8)脚手架搭拆费 (9)已完工程及设备保护费 (10)施工排水、降水费	脚手架摊销量×脚手架价格＋脚手架搭、拆、运费 成品保护所需机械费＋材料费＋机械费 $\sum$排水降水机械台班费×排水降水周期＋排水使用材料费、人工费
（三）	其他项目费	(1)总承包服务费 (2)预留金 (3)零星工作项目费	
（四）	规费	(1)工程定额测定费 (2)安全生产监督费 (3)劳动保险费 (4)室内装饰项目管理费	
（五）	税金	(1)营业税 (2)城市维护建设税 (3)教育费附加	(税前造价＋利润)×税率(%)
总造价		分部分项工程费用、措施项目费、其他项目费、规费和税金	(一)＋(二)＋(三)＋(四)＋(五)

2) 材料费

材料费是指完成室内装饰工程所消耗的材料、零件、成品和半成品的费用，以及周转性材料的摊销费累加总和。材料费的计算可用式(5-5)表示：

$$材料费 = \sum (工程量 \times 预算定额基价材料费) \tag{5-5}$$

3) 施工机械使用费

施工机械使用费是指室内装饰工程施工中所使用各种机械费用的总和，它不包括施工管理和实行独立核算的加工厂所需的各种机械的费用。施工机械使用费的计算可用式(5-6)表示：

$$施工机械使用费 = \sum (工程量 \times 预算定额基价机械费) \tag{5-6}$$

4) 现场管理费

现场管理费是指施工企业为完成室内装饰工程施工，花费在室内装饰施工项目现场的各项费用等，包括以下内容。

(1) 工资费用：现场管理人员的基本工资、工资性补贴、职工福利费、劳动保护费等。

(2) 办公费：指现场管理办公用的文具、纸张、账表、印刷、邮电、书报、会议、水、电、烧水和集体取暖(包括现场临时宿舍供暖)用煤等费用。

(3) 差旅交通费：指职工因公出差期间的旅费、住勤补助费、市内交通费和误餐补助费、职工探亲路费、劳动力招募费、职工离退休、退职一次性路费、工伤人员医疗费及工地转移和现场管理使用的交通工具的油料、燃料、养路及牌照费。

(4) 固定资产使用费：指现场管理及试验部门使用的属于固定资产的设备、仪器等的折旧、大修理、维修费或租赁费。

(5) 工具用具使用费：指现场管理使用的不属于固定资产的工具、器具、家具、交通工具和检验、试验、测绘、消防用具等的购置、维修和摊销费。

(6) 保险费：指施工管理用财产、车辆保险费。

(7) 工程排污费：指施工现场按规定缴纳的排污费用。

(8) 其他费用。

5) 企业管理费

企业管理费是指装饰施工企业为组织施工所发生的管理费用，包括如下内容。

(1) 管理人员的基本工资、工资性补贴及按规定标准计提的职工福利费。

(2) 差旅交通费：指企业职工因公出差、工作调动的差旅费、住勤补助费、市内交通费和误餐补助费、职工探亲路费、劳动力招聘费、离退休职工一次性路费，以及交通工具的油料、燃料、养路费、牌照费等。

(3) 办公费：办公用文具、纸张、账表、印刷、邮电、书报、会议、水、电、燃煤(气)等费用。

(4) 财务费：指企业为筹集资金而发生的各项费用，包括企业经营期间发生的利息净支出、汇兑净损失、调剂外汇手续费、金融机构手续费，以及企业筹集资金发生的其他财务费用。

(5) 固定资产折旧、修理费：指企业属于固定资产的房屋、设备、仪器等的折旧及维修费用。

(6) 工具用具使用费：指企业管理使用的不属于固定资产的工具、用具、家具、交通工具，以及检验、试验、消防用具等的维修和摊销费用。

(7) 工会经费：指企业按职工工资总额2%计提的工会经费。

(8) 职工教育经费：指企业为职工学习先进技术和提高文化水平，按职工工资总额1.5%计提的费用。

(9) 待业保险费：指企业按照国家规定缴纳的待业保险基金。

(10) 工程定额编制管理、定额测定费：指按规定支付工程造价(定额)管理部门的定额编制管理费及劳动管理部门的定额测定费。

(11) 税金：指企业按规定缴纳的房产税、土地使用税、印花税等。

(12) 其他：包括技术开发费、业务招待费、排污费、绿化费、广告费、公证费、法律顾问费、审计费、咨询费、防洪工程维护费、合同审查及按规定支付的上级管理费等。

6) 利润

利润是指施工单位劳动者和集体劳动者所创造的价值，施工企业为完成所承包工程而合理收取的酬金，以及按国家规定应计入装饰工程造价的利润。

利润是施工企业承包建设工程应计取的酬金，是工程价格的组成部分。依据工程的投资来源或工程类别的不同，实施的利润率不同。利润中包括所得税，商品的利润大小反映了企业劳动者对社会的贡献，同时也对企业的发展和职工福利都有着重大的影响。按规定利润可计入工程造价，不分工程类别而以人工费、材料费、机械台班费、综合费之和的一定百分比计算。

2. 室内装饰工程措施项目费

措施项目费是指由下列"措施项目一览表"(表5-3)确定的工程措施项目金额的总和，包括人工费、材料费、机械使用费、管理费、利润以及风险费等。

表5-3 措施项目一览表

序 号	项 目 名 称
1	通用项目
1.1	环境保护
1.2	文明施工
1.3	安全施工
1.4	临时设施
1.5	夜间施工
1.6	二次搬运
1.7	大型机械设备进出场及其安装与拆御
1.8	混凝土、钢筋混凝土模板及支架
1.9	脚手架
1.10	已完工程及设备保护
1.11	施工排水、降水
2	建筑工程
2.1	垂直运输机械
3	装饰装修工程
3.1	垂直运输机械
3.2	室内空气污染测试
4	安装工程
4.1	组装平台
4.2	设备、管道施工的安全、防冻和焊接保护措施
4.3	压力容器和高压管道的检验
4.4	焦炉施工大棚
4.5	焦炉烘炉、热态工程
4.6	管道安装后的充气保护措施
4.7	隧道内施工的通风、供水、供气、供电、照明及通信设施
4.8	现场施工围栏

续表

序　号	项目名称
4.9	长输管道临时水工保护设施
4.10	长输管道施工便道
4.11	长输管道跨越或穿越施工措施
4.12	长输管道地下穿越地上建筑物的保护措施
4.13	长输管道工程施工队伍调遣
4.14	格架式抱杆
5	市政工程
5.1	围堰
5.2	筑岛
5.3	现场施工围栏
5.4	便道
5.5	便桥
5.6	洞内施工的通风、供水、供气、供电、照明及通信设施
5.7	驳岸块石清理

1) 环境保护费

环境保护费指在正常施工条件下，环保部门按规定向施工单位收取的噪声、扬尘、排污和施工现场为达到环保部门要求所需要的各项费用。

2) 现场安全文明施工措施费

现场安全文明施工措施费是指现场设置安全、文明施工措施所需的费用，包括脚手架挂安全网、铺安全竹笆片、洞口五临边及电梯井护栏费用、电气保护安全照明设施费、消防设施及各类标牌摊销费、施工现场环境美化、现场生活卫生设施、施工出入口清洗及污水排放设施、建筑垃圾清理外运等内容。

3) 临时设施费

临时设施费是指施工企业为进行室内装饰工程施工所必需的生活和生产用的临时建筑物、构筑物和其他临时设施费用等。

临时设施包括：临时宿舍、文化福利及公用事业房屋与构筑物；现场必需的仓库、加工厂、修理棚、淋灰池、烘炉、操作台；现场以内的临时道路、便桥、临时水塔、围墙、水、电力管线及其他动力管线(不包括锅炉、变压器等设备)等设施。但不包括三通一平范围内的主干路、干管、干线、场地平整及各类临时设施的填垫土石方工程。

4) 材料二次倒运费

根据现场总面积与室内装饰工程首层建筑面积的比例，以预算基价中材料费合计为基数乘以相应的二次倒运费费率计算，见表5-4。

5) 工程远征费

根据承包企业法定代表人办公地点至所承包工程的地点距离，以预算基价合计为基数乘以工程的远征费费率来计算工程远征费，距离在25km以内(含25km)者，不得计算，见表5-5。

第 5 章 室内装饰工程预算费用

表 5-4 工程材料二次倒运费费率表

序 号	施工现场总面积 m^2／新建工程首层建筑面积 m^2	二次倒运费费率(%)
1	>4.5	0
2	3.5～4.5	1.3
3	2.5～3.5	2.2
4	1.5～2.5	3.1
5	<1.5	4

表 5-5 工程远征费费率表

序 号	法人办公地点至工地距离	远征费费率(%)
1	25km 以外至 45km	2.4
2	45km 以外至 75 km	2.9
3	75km 以外	3.4

注：外地企业及包工不包料工程不计算本项费用。

6) 缩短工期措施费

当合同工期小于定额工期规定时，应计算因缩短工期所发生的以下费用。

(1) 夜间施工费：根据合同工期与定额工期的比例以预算基价中的人工费合计为基数乘以相应夜间施工费费率来计算夜间施工费，见表 5-6。

表 5-6 夜间施工费费率表

序 号	合同工期／定额工期	夜间施工费费率(%)
1	0.9～1	1.5
2	0.8～0.9	4.5
3	0.7～0.8	7.5

(2) 因周转材料及中小型机具一次性投入量大而增加场外运费：根据合同工期与定额比例以预算基价合计为基数乘以表 5-7 所列系数来计算所增加的场外运费。

表 5-7 增加的场外运费费率表

序 号	合同工期／定额工期	增加的场外运费费率(%)
1	0.9～1	0.06
2	0.8～0.9	0.18
3	0.7～0.8	0.30

7) 脚手架费用

脚手架费用是指脚手架搭设、加固、拆除、周转材料摊销等费用。

8) 已完工程及设备保护费

已完工程及设备保护费是指对已施工完成的工程和设备采取保护措施所发生的费用。

9) 施工排水、降水费

施工排水、降水费是指施工过程中发生的排水、降水费用。

10) 垂直运输机械费

垂直运输机械费是指在合理工期内完成单位工程全部项目所需的垂直运输机械台班费。

11) 室内空气污染测试费

室内空气污染测试费是指对室内空气相关参数进行检测发生的人工和检测设备的摊销等费用。

12) 检验试验费

检验试验费是指根据国家有关标准或施工验收规范要求，对建筑材料、构配件和建筑物工程质量检测检验所发生的费用。除此以外发生的检验试验费，如已有质保书材料，而建设单位或质检部门另行要求检验试验所发生的费用，以及新材料、新工艺、新设备的试验费等应另行向建设单位收取。

13) 赶工措施费

赶工措施费是指若建设单位对工期有特殊要求，则施工单位必须增加的施工成本费。

14) 工程按质论价

工程按质论价指建设单位要求施工单位完成的单位工程质量达到经权威部门鉴定为优良工程所必须增加的施工成本费。

15) 特殊条件下施工增加费

特殊条件下施工增加费是指在有毒有害气体和有放射性物质区域范围内的施工人员的保健费，与建设单位职工享受同等特殊保健津贴。根据现场实际完成的工程量(区域外加工的制品不应计入)的计价表耗工数，并加计10%的现场管理人员的人工数确定。

3. 其他项目费

其他项目费是指预留金、材料购置费(仅指由招标人购置的材料费)、总承包服务费、零星工作项目费等估算金额的总和，应包括人工费、材料费、机械使用费、管理费以及风险费。其他项目清单由招标人部分、投标人部分两部分内容组成。

1) 招标人部分

(1) 预留金：指针对可能发生的工程量变化和费用增加而预留的金额。引起工程量变化和费用增加的原因很多，一般主要有以下几方面。

① 清单编制人员在统计工程量及变更工程量清单时发生的漏算、错算等引起的工程量增加；

② 设计深度不够、设计质量低造成的设计变更引起的工程量增加；

③ 在现场施工过程中应业主要求，并由设计或监理工程师出具的工程变更增加的工程量；

④ 由其他原因引起的，且应由业主承担的费用增加，如风险费用及索赔费用。

这里提出的工程量的变更主要是指工程量清单漏项或有误引起的工程量的增加和施工中的设计变更引起标准提高或工程量的增加等。预留金作为室内装饰工程造价费用的组成部分计入工程造价，但预留金的支付与否、支付额度以及用途，都必须通过(监理)工程师的批准。

(2) 材料购置费：指业主出于特殊目的或要求，对室内装饰工程消耗的某类或某几类材料，在招标文件中规定，由招标人采购的拟建工程材料费。

(3) 其他：指招标人部分可增加的新列项。例如，指定分包工程费由于某分项工程或单位工程专业性较强，必须由专业队伍施工，即可增加这项费用，费用金额应通过向专业队伍询价(或招标)取得。

2) 投标人部分

计价规范中列举了总承包服务费、零星工作项目费两项内容。如果招标文件对承包商的工作范围还有其他要求，也应对其要求列项，例如，设备的厂外运输，设备的接、保、检，为业主代培技术工人等。

投标人部分的清单内容设置，除总承包服务费仅需简单列项外，其余内容应该量化的必须量化描述。零星工作项目表要标明各类人工、材料、机械的消耗量。

4. 规费

规费是指按规定必须计入工程造价的行政事业性收费。按照国家或省、市、自治区人民政府规定，必须缴纳并允许计入工程造价的各项税费之和。规费包括以下内容。

1) 工程定额测定费

工程定额测定费是指预算定额编制所需的管理费和劳动定额制定所需的测定费。该项费用列入工程造价，由施工单位代收代缴，上交工程所在地的定额或工程造价管理部门。

2) 安全生产监督费

安全生产监督费是指有权部门批准的由施工安全生产监督部门收取的安全生产监督费用。

3) 劳动保险费

劳动保险费指企业支付离退休职工的退休金(包括提取的离退休统筹基金)、价格补贴、医药费、异地安家补助费、职工退职金、六个月以上的病假人员的工资、职工死亡丧葬补助费、抚恤费、按规定支付给离休干部的各项经费。

4) 室内装饰工程项目管理费

室内装饰工程项目管理费是指建筑管理部门按照有权部门批准的收费办法和收费标准向施工单位收取的室内装饰工程项目管理费用。

5. 税金

税金是指按国家税法规定的应计入工程造价内的营业税、城市维护建设税、教育附加费及社会事业发展费。按工程所在地区的税率标准进行计算，工程在市区的，按不含税工程造价的 3.659%计算；工程在县城、镇的，按不含税工程造价的 3.595%计算；工程在其他地区的，按不含税工程造价的 3.466%计算。

1) 营业税

营业税是指对从事建筑业、交通运输业和各种服务业的单位和个人，就其营业收入征收的一种税。营业税应纳税额按式(5-7)计算：

$$应纳税额 = 营业额 \times 适用税率(税率一般规定为3\%) \tag{5-7}$$

建筑业适用营业税的税率按各地规定。营业额是指从事建筑、安装、修缮、装饰及其他工程作业收取的全部收入(即工程造价)，还包括建筑、修缮、装饰工程所用原材料及其他物资和动力的价款；当安装的设备的价值作为安装工程产值时，亦包括所安装设备的价款。但建筑业的总承包人将工程分包或转包给他人的，其营业额不包括付给分包或转包人的价款。

2) 城市维护建设税

城市维护建设税是国家为了加强城市的维护建设,扩大和稳定城市维护建设资金来源,对有经营收入的单位和个人征收的一种税。城市维护建设税与营业税同时缴纳,应纳税额按式(5-9)计算

$$应纳税额＝营业税应纳税额×适用税率 \qquad (5-8)$$

税率一般规定如下几点。

(1) 纳税地点在市区(包括郊区)的企业——税率为7%。
(2) 纳税地点在县城、镇的企业——税率为5%。
(3) 纳税地点不在市区、县城、镇的企业——税率为1%。

3) 教育费附加

教育费附加是指为加快发展地方教育事业、扩大地方教育资金来源而征收的一种地方税。教育费附加与营业税同时缴纳,应纳税额按式(5-9)计算

$$应纳税额＝营业税应纳税额×适用税率(税率一般规定为3\%) \qquad (5-9)$$

为便于计算,通常采用"综合税率",其公式为

$$税金＝(税前造价＋利润)×综合税率(\%) \qquad (5-10)$$

其中:

(1) 纳税地点在市区(包括郊区)的企业

$$综合税率(\%)=\frac{1}{1-3\%-3\%×7\%-3\%×3\%}-1$$

(2) 纳税地点在县城、镇的企业

$$综合税率(\%)=\frac{1}{1-3\%-3\%×5\%×3\%-3\%}-1$$

(3) 纳税地点不在市区、县城、镇的企业

$$综合税率(\%)=\frac{1}{1-3\%-3\%×1\%×3\%×3\%}-1$$

在室内装饰工程造价计算程序中,税金计算在最后进行。将税金计算之前的所有费用之和称为不含税工程造价,不含税工程造价加税金称为含税工程造价。投标人在投标报价时,税金的计算一般按国家及有关部门规定的计算公式及税率标准计算。

5.3 室内装饰工程费用计算

5.3.1 工程费用计算方法及计算标准

1. 分部分项工程费计算

(1) 人工费计算,按定额人工消耗量乘以人工单价计算。综合基价中的人工单价分为装饰工和其他工,装饰工单价为43.00元/工日,其他工单价为30.00元/工日。

(2) 材料费计算,按定额材料消耗量乘以材料预算单价计算。综合基价中的材料预算价格,以当年季度和月的地市建筑、安装工程材料预算价格为基础综合取定。

(3) 机械费计算，按定额施工机械台班消耗量乘以台班单价计算。综合基价中的机械台班单价，以当年季度和月的地市施工机械台班单价综合取定。

(4) 综合费计算，由其他直接费、临时设施费、现场管理费、企业管理费和财务费用组成，不区分工程类别，土建项目按定额人工费的 27%计算，安装项目按定额人工费的 56%计算。

(5) 利润计算，利润是指按规定可计入工程造价的利润，不区分工程类别，以人工费、材料费、机械费、综合费之和的 7%计算。

2. 措施项目费计算

1) 环境保护费

按环保部门的有关规定计算，由双方在合同中约定。

2) 现场安全文明施工措施费

根据工程实际情况，由工程造价管理部门经核定后方可计取。

(1) 建筑与装饰工程：按分部分项工程费的 1.5%～3.5%计算。

(2) 单独装饰工程：按分部分项工程费的 0.5%～1.5%计算。

3) 临时设施费

承包方根据工程实际情况报价，发、承包双方在合同中约定。

(1) 建筑与装饰工程：按分部分项工程费的 1%～2%计算。

(2) 单独装饰工程：按分部分项工程费的 0.3%～1.2%计算。

4) 缩短工期费

根据工程实际情况，由发、承包双方在合同中约定。

5) 二次搬运费

按《建筑与装饰工程计价表》中"场内二次搬运"分章的规定计算费用或根据工程实际情况，由发、承包双方在合同中约定。

6) 脚手架费

按《建筑与装饰定额》中的"脚手架"分章的规定计算。

7) 已完工程及设备保护费

根据工程实际情况，由发、承包双方在合同中约定。

8) 施工排水、降水费

按《建筑与装饰工程计价表》中的"施工排水、降水、深基坑支护"分章的规定计算。

9) 室内空气污染测试费

根据实际情况，由承、发包双方在合同中约定。

10) 检验试验费

(1) 对建筑材料、构配件和建筑物按国家标准或验收规范，进行质量检测检验的费用——按分部分项工程费的 0.4%计算。

(2) 建设单位或质监部门要求对已有质保书的材料进行检验试验的费用或新材料、新工艺和新设备的试验费——应另行向建设单位收取费用，由施工单位根据工程实际情况报价，发、承包双方在合同中约定。

11) 特殊条件下施工增加费

根据工程实际情况，由发、承包双方在合同中约定。

3. 其他项目费计算

1) 总承包服务费
应根据总承包的范围和深度，按工程总造价的 2%～3%向建设单位收取。

2) 预留金
预留金由清单编制人根据业主意图和拟建工程实况计算出金额填入表格，计算应根据设计文件的深度、设计质量的高低、拟建工程的成熟程度及工程风险的性质来确定其额度。设计深度深，设计质量高，已经成熟的工程设计，一般预留工程总造价的 3%～5%即可。在初步设计阶段，工程设计不成熟的，最少要预留工程总造价的 10%～15%。

3) 零星工作项目费
零星工作项目中的人工费、材料费和机械台班费的计算，要根据工程的复杂程度、工程设计质量的优劣，以及工程项目设计的成熟程度等因素来确定其数量。一般工程以人工计量为基础，按人工消耗总量的 1%取值即可。材料消耗主要是辅助材料消耗，按不同专业工人消耗材料类别列项，按工人日消耗量计入。机械台班费列项和计量，除了考虑人工因素外，还要参考各单位工程机械消耗的种类，可按机械消耗总量的 1%取值。

4. 规费计算

规费为不可竞争费用，应按有关文件的规定计取，不得任意调整计算标准。

1) 工程定额测定费
工程定额测定费是指按规定必须计入工程造价的行政事业性收费。按企业投资、工程所在地的情况(表 5-8)计算。

表 5-8 装饰工程定额测定费取费标准

投资企业、工程所在地情况		取费基数	收费标准	
			土建项目	安装项目
非外商投资施工企业	福州、厦门、漳州、泉州、莆田	人工费、材料费、机械费、综合费、劳动保险费、利润之和	1.14‰	
		定额人工费		1.3%
	宁德、三明、南平、龙岩	人工费、材料费、机械费、综合费、劳动保险费、利润之和	1.348‰	
		定额人工费		1.3%
外商投资施工企业		人工费、材料费、机械费、综合费、劳动保险费、利润之和	0.674‰	
		定额人工费		0.65%

2) 安全生产监督费
按各市的规定执行，以不含税工程造价为计算基础。

3) 室内装饰工程管理费
按有关文件规定执行。

4) 劳动保险费
劳动保险费应按省建设行政主管部门的有关规定计算，不得参与竞价。按施工企业签订合同时所核定的劳动保险费取费类别，以表 5-9 的取费标准计算。

表 5-9 装饰工程劳动保险费取费标准

工程项目	取费基数	甲类		乙类		丙类		丁类	
		A	B	A	B	A	B	A	B
装饰工程土建	定额人工费(%)	17.72	15.00	16.19	13.46	13.12	10.40	10.40	7.67
装饰工程安装	定额人工费(%)	20.30	16.88	17.77	14.35	13.94	10.52	1.27	7.86

5. 税金

税金按各市规定的税率计算，计算基础为不含税工程造价。工程在市区按不含税工程造价的 3.659%计算，工程在县城、镇的按不含税工程造价的 3.595%计算，工程在其他地区按不含税工程造价的 3.466%计算。

5.3.2 费用调整

1. 价差调整

由于人工、材料、施工机械台班价格在不断地变化，计价表采用的预算价格往往会滞后于实际价格，以致产生预算编制期的价格与计价表编制期的价格之间的价差。因此，编制预算造价时需要按规定对其进行调整，即这种按计价表计算出来的分部分项工程费，还需要加上人工、材料和机械费的调差后，才能算是完整的预算分部分项工程费，见式(5-11)和式(5-12)。

$$预算分部分项工程费用 = \sum 工程量 \times 综合单价$$
$$+ 人工费调差 + 材料费调差 + 机械费调差 \qquad (5-11)$$

1) 人工费调差

$$人工费调差 = \frac{计算表人工费}{计价表人工单价} \times (预算新人工单价 - 计价表人工单价) \qquad (5-12)$$

2) 机械费调差

从施工机械台班单价的费用构成来看，只要人工工资单价和有关燃料、动力等预算价格发生变化，施工机械费也会随之改变，就需要进行调整。一般建筑与装饰工程常采用在计价表机械费的基础上以"系数法"调整。此法类似于材差计算中的系数法，可参照计算。

3) 材料费调差

材料费调差是指建筑与装饰工程材料的实际价格与计价表取定价格之间的差额，即材料价差，简称为"材差"。材差产生的原因，是由于作为计算工程造价依据的计价表综合单价，是采用某一年份某一中心城市的人工工资标准、材料和机械台班预算价格进行编制的。计价表有一定年限的使用期，在该使用期内综合单价维持不变动。但是，在市场经济条件下，建筑材料的价格会随市场行情的变化而发生上下波动，这就必然导致材料的实际购置价格与计价表综合单价中确定的材料价格之间产生差额，因而就出现了"材差"。

材差的计算和确定，对于建设单位在控制工程造价、确定招标工程标底，施工单位在工程投标报价、进行经济分析以及双方签订施工合同、明确施工期间的材料价格变动的结算办法等方面，都具有极其重要的意义。

2. 材料价差计算

1) 建筑材料分类

为适应材差计算的需要，建筑与装饰工程中常将建筑材料划分为如下三大类。

(1) 主要材料：指价格较高，使用较普遍且使用量大，在建筑与装饰工程材料费用中所占比重较大的钢材、木材、水泥以及玻璃、沥青等所谓的"五大主材"。

(2) 地方材料：指价格较低，使用很普遍，且来源广泛，产地众多，运取方便的砖、瓦、灰、沙、石等材料。

(3) 特殊材料：指价格偏高，使用不普遍，但在特殊条件下又必须使用的材料，如花岗岩、大理石、汉白玉、轻钢龙骨、瓷砖、缸砖、壁纸、隔音板、蛭石、加气混凝土、防火门、硫磺、胶泥、屋面新型防水涂料等。

2) 材料价差计算方法

计算材料价差的方法主要有单项调差法和材差系数法。

(1) 单项调差法：指将单位工程中的各种材料，逐个地进行调整其价格的差异。计算方法是：根据单位工程材料分析，汇总得出各种材料数量，然后将其中的每一种材料的用量乘以该材料调整前后的价差，即得到该单项材料的价差。计算公式如下：

$$\text{材料价差} = (\text{材料调整时的预算指导价或实际价} - \text{计价表材料单价}) \times \text{计价表材料消耗用量} \tag{5-13}$$

对于主要材料和特殊材料，一般采用单项调差法来计算材料价差。

(2) 材差系数法：指规定单位工程中的某些材料作为调整的范围，并按其材料价差占分部分项工程费(或计价表材料费)的百分比所确定的系数，来调整材料价差。计算公式如下：

$$\text{材料价差} = \text{分部分项工程费(或计价表材料费)} \times \text{调价系数} \tag{5-14}$$

对于建筑与装饰工程中的次要材料和安装工程中的辅助材料，均可采用"材差系数法"来计算材料价差。

【例 5-1】 某室内工程有紫罗红花岗岩地面 $1\,260\text{m}^2$，已知：人工合同单价为 48 元/工日，机械费及次材按规定暂不调整价差，调整价差的材料市场价已查出，紫罗红花岗岩单价为 900 元/m^2，水泥单价为 289.68 元/t，白水泥单价为 581.4 元/t，沙子单价为 38.21 元/t，综合费率为人工费的 27%，利润率为 7%，综合税率 3.659%。施工企业为乙类 B 型企业，劳动保险费率为定额人工费的 13.46%。试分析紫罗红花岗岩地面的各项费用及其差价。

解：据题意应套 1-126 子目，查的人工费定额单价 43 元/m^2，人工费为 18.06 元/m^2；材料费 170.07 元/m^2，花岗岩的用量 1.02m^2/m^2，材料费 170.07 元/m^2，1∶3 水泥砂浆单价 177.46 元/m^3，用量 0.025 3m^3/m^2，素水泥浆 556.12 元/m^3，用量 0.003m^3/m^2，白水泥 0.81 元/m^2，用量 0.1kg/m^2；机械费为 0.52 元/m^2。

1) 人工费计算

定额人工费：$18.06 \times 1\,260 = 22\,755.60$(元)

人工工日数：$22\,755.60 \div 43 = 529.20$(工日)

人工费：$529.20 \times 48 = 25\,401.60$(元)

人工费价差：$25\,401.60 - 22\,755.60 = 2\,646$(元)

2) 材料费计算

花岗岩板：$1.05 \times 1\,260 = 1\,323(\text{m}^2)$

白水泥：$0.1 \times 126 \div 1\,000 = 0.126$(t)

1∶3 水泥砂浆中 425 号水泥：$0.025\,3 \times 1\,260 \times 408 \div 1\,000 = 13.01$(t)

1∶3 水泥砂浆中中砂：$0.025\,3 \times 1\,260 \times 1\,533 \div 1\,000 = 48.77$(t)

素水泥浆中 425 号水泥：$0.003 \times 1\,260 \times 1\,517 \div 1\,000 = 5.73$(t)

综上，425 号水泥合计为 13.01+5.73=18.74(t)，中砂合计为 48.77(t)。

定额其他材料费：170.07－0.025 3×177.46－0.003×556.12－155.40×1.05－0.081
　　　　　　＝0.66(元/m²)

材料费：1 323×900+18.74×289.68+48.77×38.21+0.126×581.4+0.66×1 260
　　　　＝1 198 750.70(元)

材料价差：(1 198 750.70÷1 260－170.07)×1 260=984 462.5(元)

3) 机械费计算

机械费：0.52×1 260=655.2(元)

4) 综合费计算

综合费：25 401.60×27%=6 858.43(元)

5) 利润计算

利润：(25 401.60+1 198 750.70+655.2+6 858.43)×7%=86 216.62(元)

6) 劳动保险费计算

劳动保险费：25 401.60×13.46%=3419.06(元)

7) 规费计算

规费：(25 01.60+1 198 750.70+655.2+6 858.43+3 419.06+86 216.62)×1.14%
　　　＝15 062.84(元)

8) 税收计算

税收：(25 401.60+1 198 750.70+655.2+6 858.43+3 419.06+86 216.62+15 062.84)×
　　　3.659%=48 897.58(元)

该花岗岩地面总造价：

25 401.60 + 1 198 750.70 + 655.2 + 6 858.43 + 3 419.06 + 86 216.62 + 15 062.84 + 48 897.58=1 385 262.1(元)

该花岗岩地面每平方米造价：1 336 364.5÷1 260=1099.41(元)

【例 5-2】　某高级饭店装饰工程的分部分项工程费为 523 000 元，其中定额人工费为 59 000 元。已知该省装饰工程部分项目措施费率见表 5-10，试计算各措施项目费。

表 5-10　某省室内装饰工程措施项目费率表

序　号	1	2	3	4	5
费用名称	现场安全文明施工措施费	临时设施费	雨季施工增加费	检验试验费	生产工具用具使用费
取费基础	分部分项工程费	分部分项工程费	定额人工费	定额人工费	定额人工费
费率(%)	0.5%	1.5%	0.5%	1.5%	6%

解：根据各项目措施费费率的计算公式得：

(1) 现场安全文明施工措施费=523 000×0.5%=25 150(元)

(2) 临时设施费=523 000×1.5%=7 845(元)

(3) 雨季施工增加费=59 000×0.5%=295(元)

(4) 检验试验费=59 000×1.5%=885(元)

(5) 生产工具用具使用费=59 000×6%=3 540(元)

5.3.3 室内装饰工程造价计算程序

1. 表5-11为包工包料的建筑与装饰工程造价计算程序

表5-11 建筑与装饰工程(包工包料)造价计算程序

序号	费用名称		计算公式	备注
(一)	分部分项工程量清单费用		综合单价×工程量	
	其中	(1)人工费	定额人工消耗量×人工单价	
		(2)材料费	定额材料消耗量×材料单价	
		(3)机械费	定额机械消耗量×机械单价	
		(4)综合费	(1)×27%(土建)或56%(安装)	
		(5)利润	[(1)+(2)+(3)+(4)]×费率	
(二)	措施项目清单计价		分部分项工程费×费率或工程量×综合单价	按《计价表》或费用计算规则
(三)	其他项目费用			双方约定
(四)	规费			
	其中	(1)工程定额测定费	[(一)+(二)+(三)]×费率	按规定计取
		(2)安全生产监督费		
		(3)建筑管理费		
		(4)劳动保险费		按各市规定计取
(五)	税金		[(一)+(二)+(三)+(四)]×税率	按各市规定计取
(六)	工程造价		(一)+(二)+(三)+(四)+(五)	

2. 表5-12为包工不包料的室内装饰工程造价计算程序

表5-12 室内装饰工程(包工不包料)造价计算程序

序号	费用名称		计算公式	备注
(一)	分部分项工程量清单人工费		定额人工消耗量×43元/工日	按《定额》计算
(二)	措施项目清单计价		(一)×费率或按计价表	按《定额》或费用计算规则计算
(三)	其他项目费用			双方约定
(四)	规费			
	其中	(1)工程定额测定费	[(一)+(二)+(三)]×费率	按规定计取
		(2)安全生产监督费		
		(3)建筑管理费		
(五)	税金		[(一)+(二)+(三)+(四)]×税率	按各市规定计取
(六)	工程造价		(一)+(二)+(三)+(四)+(五)	

【例5-3】 某乙级装饰施工企业在该市区内的某综合楼贴墙纸墙面工程,合同人工单价为 45 元/工日;采用羊毛壁纸,市场价 70 元/m^2。按计价规范计算得知该工程工程量为

6 200m², 其他材料市场价同定额中的价格, 机械费不调整, 试根据定额规定进行报价(已知: 该项目在 12 层, 临时设施费为 0.5%, 工程定额测定费为 0.1%, 安全生产监督费率为 0.06%, 劳动保险费为 13.46%, 税率为 3.659%)。

解: (1) 确定项目编码和计量单位。

查计价规范项目编码为 020509001001, 取计量单位为 m²。

(2) 按计价规范规定计算的工程量为 6 200m²。

(3) 查定额 5-325 子目录可知, 定额人工费 43 元, 工日消耗量为 0.23 m²; 材料费为 13.43 元, 墙纸消耗量为 1.16m², 定额价格为 9.34 元/m²。

(4) 分部分项工程费计算。

人工费: 6 200×0.23×45=64 170(元)

材料费: 6 200×(70−9.34+13.43−9.34)=401 450(元)

机械费: 0

综合费: 6 200×2.67=16 554(元)

利润: (64 170+401 450+16 554)×7%=33 752.18(元)

分部分项工程费: 64 170+401 450+0+16 554+33 752.18=515 926.18(元)

(5) 措施项目费计算。

据定额子目录 12-2, 项目超高费: 6 200×0.23×4=5 704(元)

临时设施费: 515 926.17×0.5%=2 579.63(元)

措施项目费: 5 704+2 579.63=8 283.63(元)

(6) 其他项目费: 0。

(7) 规费计算。

劳动保险费为: 64 170×13.46%=8 637.3(元)

规费: 8 637.3+515 926.18×(0.1%+0.06%)=9 462.78(元)

(8) 税收: (515 926.18+8 283.63+0+9 462.78)×3.659%=19 527.08(元)

(9) 工程总价: 515 926.18+8 283.63+0+9 462.78+19 527.08=553 199.67(元)

小　　结

室内装饰工程费用包含的项目繁多, 计算复杂。室内装饰工程预算费用主要是指施工图预算费用, 由工程直接费、间接费、计划利润和税金组成; 当用清单计价时, 室内装饰工程预算费用又包括分部分项工程清单费用、措施项目清单费用、其他项目清单费用和零星项目清单费用等。由于室内装饰工程及生产的技术经济特点, 室内装饰工程的费用构成、费用计算基础和取费标准等, 必须按工程的类别、标准、等级、地区、企业级别等的不同而发生变化, 同时室内装饰工程费用随着时间的推移及生产力和科学技术水平的提高, 其费用构成、取费标准等也将发生变化, 以适应相应时期室内装饰工程产品的价值变化。

在我国工程造价的计算发展过程中, 主要包括定额计价和工程量清单计价两种计价方法。它们的计算方法不同, 计算费用的称呼不同, 计算的程序也不同。本章通过经典例题分别分析了采用两种计价方法来计算工程造价。

思考与练习

1. 简述室内装饰工程预算费用的构成。
2. 定额计价下和清单计价下的室内装饰工程项目费用的构成有什么不同？
3. 室内装饰分部分项工程费用由哪些组成？
4. 室内装饰工程措施项目费用有哪些？如何计算？
5. 室内装饰工程其他项目由哪些组成？如何计算？
6. 室内装饰工程规费由哪些组成？如何计算？
7. 室内装饰工程利润和税金由哪些组成？如何计算？
8. 某工程有黑金砂花岗岩楼梯 260m^2，消耗了规格 4mm×10mm 的铜防滑条 482m，试计算此花岗岩楼梯的工程造价。已知：人工合同单价为 46 元/工日，机械费及次材按规定暂不调整价差，调整价差的材料市场价已查出，黑金砂花岗岩单价为 620 元/m2，水泥单价为 285 元/t，白水泥单价为 580 元/t，沙子单价为 42.21 元/t，铜防滑条单价为 18 元/m，综合间接费率为 10%，利润率为 7%，综合税率为 3.659%。

第 6 章　室内装饰工程预算定额

教学提示：室内装饰工程预算定额是指在正常合理的施工技术与建筑艺术综合创作下，制定出生产质量合格的分部分项工程所必需的人工、材料和施工机械台班以价值货币表现的消耗数量标准。本章介绍了传统的室内装饰工程预算定额，重点介绍在新型工程量清单计价下的室内装饰工程消耗量定额。

教学目标：了解传统室内装饰工程预算定额的概念、分类、内容和作用，掌握工程消耗量定额的内涵及其应用。

6.1　室内装饰工程预算定额的概念

室内装饰工程预算定额是指在正常合理的施工技术与建筑艺术综合创作下，采用科学的方法，制定出生产质量合格的分项工程所必需的人工、材料和施工机械台班以价值货币表现的消耗数量标准。在建筑装饰工程预算定额中，除了规定上述各项资源和资金消耗的数量以外，还规定了应完成的工程内容和相应的质量标准及安全要求等内容。

6.1.1　室内装饰工程定额的分类

在工程项目建设活动中所使用的定额种类较多，我国已经形成工程建设定额管理体系。室内装饰工程定额，是工程建设定额体系的重要组成部分。就室内装饰工程定额而言，根据不同的分类方法又有不同的定额名称。为了对室内装饰工程定额从概念上有一个全面的了解，按定额适用范围、生产要素、用途和费用性质，可以把室内装饰工程预算定额分为以下几类。

1. 按编制单位和执行范围分类

(1) 全国统一定额(主管部门定额)。
(2) 地方性定额(各省、市定额)。
(3) 企业定额。

2. 按生产要素分类

(1) 劳动定额(或称人工定额)。
(2) 材料消耗定额。
(3) 机械台班使用定额。

3. 按定额编制程序和用途分类

(1) 施工定额。

(2) 预算定额或基础定额。

(3) 概算定额或概算指标。

(4) 工程消耗量定额。

4. 按定额费用的性质分类

(1) 直接工程费定额。

(2) 间接工程费定额。

(3) 工器具定额。

(4) 工程建设其他费用定额等。

6.1.2 室内装饰工程定额的作用

室内装饰工程预算定额在装饰工程的预算管理中，体现出以下几个方面的作用。

(1) 室内装饰工程预算定额是编制施工图预算造价的基础。

室内装饰工程的造价，是通过编制装饰工程施工图预算的方法来实现。在施工图设计阶段，装饰施工项目可以根据施工设计图样、装饰工程预算定额及当地的取费标准，准确地编制出室内装饰工程施工图预算。

(2) 室内装饰工程预算定额是确定招标标底和投标报价的基础。

在市场价格机制运行中，室内装饰工程招标标底的编制和投标报价，都要以室内装饰工程预算定额为基础，它控制着劳动消耗和装饰工程价格水平。

(3) 室内装饰工程预算定额是对室内装饰工程设计进行经济比较的依据。

装饰设计在建筑设计中占有越来越重要的地位。装饰工程设计在注重装饰美观、舒适、安全和方便的同时，也要符合经济合理的要求。通过室内装饰定额对装饰工程项目设计方案进行经济分析和比较，是选择经济合理的设计方案的重要依据。

对装饰设计方案的比较，主要是针对不同的装饰设计方案的人工、材料和机械台班的消耗量、材料重量等进行比较，通过分析比较才有可能把握不同的设计方案中人工、材料、机械等消耗量对装饰造价的影响，材料质量对建筑基础工程的影响等。而对于新材料、新工艺在装饰工程中的应用，也要借助于装饰工程定额进行技术经济分析和比较。因此，依据装饰工程定额对装饰设计方案进行技术经济对比，从经济角度考虑装饰设计效果是否最佳和经济合理，是优化选择装饰设计方案的最佳途径。

(4) 室内装饰工程预算定额是编制施工组织设计方案的依据。

装饰工程要进行施工必须编制施工组织设计方案，确定拟施工的工程所采用的施工方法和相应的技术措施，确定现场平面布置和施工进度安排，确定人工、机械、材料、水电力资源需要量以及物料运输方案，才能保证装饰工程施工得以顺利进行。

根据装饰工程定额规定各种消耗量指标，才能够比较精确地计算出拟装饰部位所需要的人工、材料、机械、水电资源的需要量、确定出相应的施工方法和技术组织措施，为拟施工的装饰工程有计划地组织装饰材料供应，平衡劳动力与机械调配，安排合理的装饰施工进度等。

(5) 室内装饰工程预算定额是装饰工程的工程结算和签订施工合同的依据。

装饰工程结算是建设单位(发包方)和施工单位(承包方)按照工程进度对已完工程实行货币支付的行为，是商品交换中结算的一种形式。室内装饰工程工期一般都较长，不可能都采用竣工后一次性结算的方法，通常采用分期付款的方式结算，以解决施工企业资金短缺的问题。采用分期付款的依据一般根据完成施工项目的分项工程量来确定，而采用已完分部工程量进行结算时，必须以装饰工程定额为依据计算应结算的工程价款。在具备地区单位估价表的条件下，虽然可以直接利用预算单价进行结算，但预算单价的计算基础仍然是预算定额。

此外，装饰工程承包双方，在商品交易中按照法定程序签订装饰工程施工合同时，为明确双方的权利与义务，合同条款的主要内容、结算方式和当事人的法律行为，也必须以装饰定额的有关规定，作为合同执行的依据。

(6) 室内装饰工程预算定额是装饰企业进行成本分析的依据。

在市场经济体制中，室内装饰产品价格的形成是以市场为导向的。加强装饰企业经济核算，进行装饰成本分析、装饰成本控制和装饰成本管理，是作为独立的经济实体的装饰企业自主定价、自负盈亏的重要前提。因此，装饰企业必须按照室内装饰工程预算定额所提供的各种人工、材料和机械台班等的消耗量指标，结合当前的装饰市场现状，来确定装饰工程项目的社会平均成本及生产价格，并结合本企业装饰成本的现状，做出比较客观的分析，找出企业中活劳动与物化劳动的薄弱环节及其原因，以便于将装饰预算成本与实际成本进行比较、分析，从而改进施工管理，提高劳动生产率和降低成本消耗，在日趋激烈的市场价格竞争中装饰企业才能具有较大的竞争优势和较强的应变能力，以最少的耗费取得最佳的经济效益。

(7) 室内装饰工程预算定额是编制概算定额和概算指标的基础。

概算定额是在预算定额的基础上编制的，概算指标的编制也需要参考预算定额，并对预算定额进行对比分析。利用预算定额编制概算定额和概算指标，可以节省编制工作中大量的人力、物力和时间，收到事半功倍的效果。更重要的是，可以使概算定额和概算指标在水平上和预算定额一致，以免造成计划工作和实行定额的困难。

以上说明室内装饰工程预算定额在现行装饰工程预算制度中的重要作用，特别在我国进一步改革开放和装饰工程全球化的市场经济发展的形势下，室内装饰工程预算定额的作用将显得更加重要。

6.2 传统室内装饰工程预算定额

6.2.1 定额预算基价

定额预算基价，即定额分项工程预算单价，是以室内装饰工程预算定额或基础定额规定的人工、材料和施工机械台班消耗量为依据，以货币形式表示的每一个定额分项工程的单位产品价格。它是以各地省会城市(也称为基价区)的工人日工资标准、材料预算价格和机械台班预算价格为基准综合取定的，是编制工程预算造价的基本依据。

预算基价由人工费、材料费、机械费组成,而人工费、材料费、机械费是以人工工日、材料和机械台班消费量为基础编制的。它们之间的关系可作如式(6-1)表示:

$$预算单价 = 人工费 + 材料费 + 机械费 \qquad (6-1)$$

式中:人工费 $= \sum$(定额人工工日数量×当地人工工资单价)

材料费 $= \sum$(定额材料消耗数量×相应的材料预算价格)

机械费 $= \sum$(定额机械台班消耗数量×相应的施工机械台班预算价格)

1. 人工费的确定

确定定额人工费必须知道两个量:一是定额人工工日的数量,即定额人工消耗量,具体的计算在 6.3.1 节详细介绍;二是当地的人工工资单价。

人工工资标准是根据现行工资制度,以预算定额中装饰施工工人平均工资等级为基础,计算出基本(技能)工资后,再加上工资津贴、流动施工津贴、房租补贴、职工福利费、劳动保护费、生产工人辅助工资得出的。

对技能工资以外的各项费用,可按省、市、地区的具体规定计算,并折算成各级工资的月、日工资标准。

2. 材料费的确定

装饰材料包括各种材料、成品、半成品、零配件和预制构件等。装饰材料预算价格是指材料由来源地到达工地仓库或施工现场存放地点后的出库价格。

装饰材料费在装饰工程分部分项中占有很大比重,对装饰工程造价具有很大影响。材料费是根据装饰预算定额规定的材料消耗量和材料预算价格计算出来的,因此,正确确定装饰材料的预算价格有利于提高预算质量,促进企业加强经济核算和降低工程成本。

1) 装饰材料预算价格的组成

装饰材料预算价格由材料原价、供销部门手续费、包装费、运杂费和采购保管费等组成,如式(6-2)所示:

$$装饰材料预算价格 = [材料原价×(1+供销部门手续费率)+包装费+运杂费] \\ ×(1+采购保管费率)-包装品回收价值 \qquad (6-2)$$

2) 装饰材料预算价格的确定

(1) 装饰材料原价的确定。

装饰材料的原价通常是指材料的出厂价、市场采购价或批发价。材料在采购时,如不符合设计规格要求而必须加工改制时,加工费及加工损耗应计算在该材料原价内。对于进口材料应按国际市场价格加上关税、手续费及保险费等组成材料原价,也可按国际通用的材料到岸价或离岸价作为材料原价。

在确定材料原价时要注意:当材料规格与预算定额要求不一致时,应换算成相应规格的价格;当材料来源地、供应单位或生产厂家不同,一种材料有几种价格时,其原价应按不同价格的供货数量比例,采用加权平均的方法计算。

(2) 装饰材料供销部门手续费。

装饰材料供销部门手续费,是指装饰材料不能由生产厂家直接获得,而必须通过供销部门(如材料公司等)获得时,应支付给供销部门因从事有关业务活动的各种费用。

装饰工程施工中所需的主要装饰材料的供应方式有两种：一种是生产厂家直接供应；另一种是经过材料供销部门等中间环节间接供应。此时，应计算供销部门手续费，见式(6-3)和式(6-4)。

当某种材料全部由供销部门供应时：

$$供销部门手续费＝材料原价×供销部门手续费费率 \qquad (6-3)$$

当某种材料部分由供销部门供应时：

$$供销部门手续费＝材料原价×供销部门手续费率×经仓比重 \qquad (6-4)$$

【例 6-1】 已知 425 号水泥的出厂价为每吨 250 元，经调查此地区有 70% 的用量需通过供销部门获得，供销部门手续费率为 3%，求供销部门手续费。

解：供销部门手续费＝250×3%×70%＝5.25(元/t)

3) 装饰材料包装费和包装品回收价值

(1) 包装费：是指为便于运输及保护材料、减少损耗而对材料进行包装所发生的费用。有以下两种情况。

① 凡由生产厂家负责包装的材料，包装费已包含在材料原价内，不得再计算包装费，但包装品回收价值应从预算价格中扣除。

② 凡由采购单位自备包装容器的，应计算包装费并加入到材料预算价格内。材料包装费应按包装材料的出厂价格和正常的折旧摊销进行计算，见式(6-5)：

$$自备包装容器包装＝[包装品原价×(1-回收量比重×回收价值比重)+使用期间维修费]÷周转使用次数 \qquad (6-5)$$

(2) 包装品回收价值：是指对某些能周转使用的耐用包装品，按规定必须回收，应计取其回收残值。包装品回收价值，按当地旧、废包装器材出售价，或按生产主管部门规定的价格计算，见式(6-6)。

$$包装品回收价值＝包装品原价×回收量比重×回收价值比重 \qquad (6-6)$$

【例 6-2】 用火车运输原木，每车可装运原木 30m³，需用包装材料：车立柱 12 根，5 元/根；铁丝 15kg，4 元/kg。求包装费和包装品的回收价值。(已知车立柱的回收量比重及回收价值比重分别为 70%、20%，铁丝的回收量比重及回收价值比重分别为 20%、50%。)

解：木材的包装费计算：

每车木材的包装费：12×5＋15×4＝120(元)。

每立方米木材的包装费：120÷30＝4(元/m³)。

材料的包装品回收价值计算：

车立柱：5×20%×12×70%＝8.4(元)。

铁丝：4×50%×15×20%＝6.0(元)。

每立方米木材的包装品回收价值：(8.4＋6.0)/30＝0.48(元/m³)。

4) 材料运杂费

材料运杂费是指材料由来源地或交货地运至施工工地仓库或堆放处全部过程中所发生的一切费用，主要包括车船等的运输费、调车或驳船费、装卸费及合理的运输损耗费。

材料运杂费通常按外埠运杂费与市内运杂费两段计算。材料运杂费在材料预算价格中占有较大比重，为了降低运杂费，应尽量"就地取材、就近采购"，缩短运输距离，并选择合理的运输方式。

材料运杂费应根据运输里程、运输方式、运输条件等分别按铁路、公路、船运、空运等部门规定的运价标准计算。当有多个来源地时，运杂费应根据供应的比重加权平均计算。

5) 材料采购及保管费

材料采购及保管费，是指材料部门在组织采购、供应和保管材料过程中所需要的各种费用，包括各级材料部门的职员工资、职工福利费、劳动保护费、差旅交通费及材料部门的办公费、管理费、固定资产使用费、工具用具使用费、材料试验费、材料过秤费等。

采购保管费率，目前各地区大都执行统一规定的费率：建筑材料为2%(其中采购费率和保管费率各为1%)。但有些地区在不影响此水平的原则下，按材料分类并结合价值的大小而分为几种不同的标准。由建设单位供应的材料，施工单位只收取保管费。

$$材料采购保管费=(材料原价＋供销部门手续费＋包装费＋运杂费)\times 材料采购保管费率 \quad (6\text{-}7)$$

【例6-3】 市某工程采用白水泥，选定甲、乙两个供货地点，甲地出厂价为570元/t，可供需要量的70%；乙地出厂价为590元/t，可供需要量的30%。采用汽车运输，甲地距工地80km；乙地距工地60km，求此白水泥的预算价格。

解：(1) 加权平均求原价。

白水泥材料原价：$570\times 70\%+590\times 30\%=576$(元/t)

(2) 不发生供销部门手续费。

(3) 包装费：水泥纸袋包装费已经包括在材料原价内，不能另计包装费，但应扣除包装品的回收价值。如现已得知水泥袋回收比重为60%，回收值每袋为0.4元，一共20袋水泥。则水泥袋回收价值：$20\times 60\%\times 0.4=4.80$(元/t)。

(4) 运杂费。

根据该地区的公路运价标准，汽运货物运费为0.4元/(t·km)，装卸费为20元/t(装、卸各1次)，则运杂费为$80\times 0.4\times 70\%+60\times 0.40\times 30\%+20=49.6$(元/t)。

(5) 采购保管费。

采购保管费率取2%，则采购保管费为$(576+49.6)\times 2\%=12.51$(元)。

(6) 白水泥的预算价格为：$576+49.6+12.51-4.8=633.31$(元/t)。

3. 机械费的确定

施工机械台班使用费，是指一台施工机械在正常情况下，一个工作台班中所需的全部费用。提高装饰工程施工机械化水平，有利于提高劳动生产率，加快施工进度，减轻工人的体力劳动，提高装饰工程质量和降低装饰工程成本。

施工机械台班使用费以"台班"为计量单位，一台机械工作一天(一天按8h计算)即称为一个台班。一个台班中为使机械正常运转所支出和摊销的各种费用之和，就是施工机械台班使用费，或称机械台班预算价格。施工机械台班使用费按费用因素的性质划分为第一类费用和第二类费用。

第一类费用主要包括：折旧费、大修费、经常修理费、替换设备工具费、润滑材料及擦拭材料费、安拆及辅助设施费、机械进退场费、机械保管费等。这些费用是根据施工机械的年工作制度确定的，不论机械使用与否，施工地点和施工条件如何，都需要支出，因此也称为不变费用。它直接以货币形式分摊到施工机械台班使用费定额中。

第二类费用主要包括：机上工作人员工资，施工机械运转所需电力费、燃料和水等费用以及牌照税和养路费等。这些费用只有当机械运转时才会发生，因此也称为可变费用。

施工机械台班使用费的确定可根据《全国统一施工机械台班使用定额》，并结合各地区的人工工资标准、动力燃料价格、养路费和车船使用税，可以得出施工机械的工作台班费及停置费。

6.2.2 装饰预算定额组成

1. 预算定额的组成

预算定额一般以单位工程为对象编制，按分部工程分章，在发布了全国统一基础定额后，分章应与基础定额一致。章以下为节，节以下为定额子目，每一个定额子目代表着一个与之对应的分项工程，所以分项工程是构成预算定额的最小单元。

室内装饰工程预算定额规定单位工程量的装饰工程预算单价和单位工程量的装饰工程中的人工、材料、机械台班的消耗量和价格数量标准，而为了方便使用，室内装饰工程预算定额还给每一个子目录赋予定额编号。

2. 定额手册

在定额的实际应用中，为了使用方便，通常将定额与单位估价表合为一体，汇编成一册或一套，它既有定额的内容，又有单位估价表的内容，还有工程量计算规则、附录和相关的资料，如材料库，因此称其为"预算定额手册"。它明确地规定了以定额计量单位的分部分项工程或者结构构件所需消耗的人工、材料、施工机械台班等的消耗指标及相应的价值货币表现的标准。

3. 预算定额手册的组成内容

完整的预算定额手册，一般由目录、总说明、建筑面积计算规则、各分章内容及附录等组成。各分章内容又包括分章说明、分章工程量计算规则、分部分项工程定额及单位估价表。具体组成内容包括以下几个方面。

1) 定额总说明

定额总说明是对使用本装饰预算定额的指导性说明文字，室内装饰工程预算人员必须熟悉，它包含以下主要内容。

(1) 预算定额的适用范围、指导思想及目的、作用。
(2) 预算定额的编制原则、主要依据及上级下达的有关定额汇编文件精神。
(3) 使用本定额必须遵守的规则及本定额的适用范围。
(4) 定额所采用的材料规格、材质标准、允许换算的原则。
(5) 定额在编制过程中已经考虑的和没有考虑的要素及未包括的内容。
(6) 各分部工程定额的共性问题和有关统一规定及使用方法。

2) 分部工程及其说明

分部工程在建筑装饰工程预算定额中，称为"章"，章节说明主要是告诉使用者本章定额的使用范围和工程量计算规则等，主要包含以下内容。

(1) 说明分部工程所包括的定额项目内容和子目数量。

(2) 分部工程各定额项目工程量的计算方法。

(3) 分部工程定额内综合的内容及允许换算和不得换算的界限及特殊规定。

(4) 使用本分部工程允许增减系数范围的规定。

3) 定额项目表

由分项工程定额所组成，是预算定额的主要构成部分，主要包含以下内容。

(1) 分项工程定额编号(子项目号)。

(2) 分项工程定额项目名称。

(3) 预算定额基价，包括人工费、材料费、机械费、综合费、利润、劳动保险费、规费和税金。

(4) 人工费包括综合工和其他人工费。综合工包括工种和数量以及工资等级(平均等级)。

(5) 材料栏内一般列出主要材料和周转使用材料名称及消耗数量。次要材料一般都以其他材料形式用金额"元"表示。

(6) 施工机械栏内要列出主要机械名称和数量，次要机械以其他机械费形式用金额"元"表示。

(7) 预算定额的基价明确了某一装饰工程项目人工、材料、机械台班单位工程消耗量后，根据当地的人工日工资标准、材料预算价格和机械台班单价，分别计算出定额人工费、材料费、机械费及其他费用，其总和即预算定额的基价。

(8) 有的定额表下面还列有与本章节定额有关的说明和附注。说明设计与本定额规定如不符合时如何进行调整，以及说明其他应明确的、但在定额总说明和分部说明中不包括的问题。

4) 定额附录或附表

预算定额内容最后一部分是附录或称为附表，是配合定额使用不可缺少的一个重要组成部分，不同地区的情况不同、定额不同、编制不同，附录表中的定额数值也不同。如福建省建筑装饰定额(2002 版)的附录包括以下内容。

(1) 各种砂浆的配合比。

(2) 各种建筑装饰材料的预算价格表。

(3) 定额材料成品、半成品损耗率表。

(4) 定额人工、材料、机械台班预算价格取定表。

6.2.3 定额换算

在确定某一装饰工程项目单位预算价值时，如果装饰施工图设计的工程项目内容，与所套用相应定额项目内容的要求不完全一致，并且定额规定允许换算，则应按定额规定的换算范围、内容和方法进行定额换算。定额项目的换算，就是将定额项目规定的内容与设计要求的内容取得一致的过程。

例如，某室内装饰工程施工图设计的大理石柱面项目，其大理石的定额预算价格为 234.45 元/m^2，而现行市场价格为 375 元/m^2。由于大理石价格变动，引起定额计价变化，而且定额规定允许换算。此时可计算出定额计量单位大理石价差，加入原定额基价中，以此作为新的大理石柱面的定额基价。因此，定额项目换算的实质，就是按定额规定的换算范围、内容和方法，对某些工程项目的预算定额基价、工程量及其他有关内容进行调整。

根据各专业部门或省、市、自治区现行的建筑装饰工程预算定额中的总说明、分部工程说明和定额项目表及附注内容中规定，对于某些工程项目的工程量、定额基价(或其中的人工费)、材料品种、规格和数量增减、装饰砂浆配合比的不同，对使用机械、脚手架、垂直运输原定额需要增加系数等方面，均允许进行换算或调整。以下换算或调整的范围、内容和方法，均以中国计划出版社出版的《建设工程工程量清单计价规范》和某省现行的建筑装饰定额为依据说明。

换算的主要依据见式(6-8)：

$$换算后的定额基价＝原定额基价＋换入费用－换出费用 \quad (6-8)$$

下面介绍的是在预算过程中经常碰到的几种换算方法。

1. 工程量换算法

工程量的换算，是依据装饰工程预算定额中的规定，将施工图设计的工程项目的工程量，乘以定额规定的调整系数。一般可按下式计算：

$$换算后的工程量＝按施工图计算的工程量×定额规定的调整系数$$

【例 6-4】 某室内踏步式楼梯顶棚其施工图计算的面积为 69.38m^2，试计算其确定预算价值的工程量。

解：顶棚分部工程的工程量计算规则中规定，踏步式楼梯的顶棚工程量按水平投影面积乘以 2.1 系数计算。因此得出：

$$换算后的工程量＝69.38×2.1＝145.70(m^2)$$

2. 系数增减换算法

施工图设计的工程项目与定额规定的相应内容有的不完全相符，定额规定在其允许范围内，可采用增减系数的方法调整定额基价或其中的人工费、机械使用费等。

系数增减换算的方法步骤如下。

(1) 根据施工图设计的装饰工程项目内容，从定额手册目录中，查出装饰工程项目所在定额中的页数及其部位，并判断是否需要增减系数来调整定额项目。

(2) 如需调整，从定额项目表中查出调整前定额基价和人工费(或机械使用费、其他费用等)，并从定额总说明、分部工程说明或附注内容中查出相应调整系数。

(3) 计算调整后的定额基价，一般可按式(6-9)进行计算。

$$调整后定额基价＝调整前定额基价＋定额人工费(或机械费、其他费用)× \\ 相应调整系数 \quad (6-9)$$

(4) 写出调整后的定额编号。

(5) 计算调整后的预算价值，一般可按式(6-10)计算：

$$调整后预算价值＝工程项目工程量×调整后定额基价 \quad (6-10)$$

【例 6-5】 某室内墙面立体造型榉木拼花饰面，其工程量为 107.34m^2，试确定其预算价值。

解：(1) 根据工程项目内容，从定额目录中查出墙面立体造型榉木拼花饰面项目应属定额 2-301 项目，经判断，必须对人工费用进行调整。

(2) 从墙面立体造型榉木拼花饰面定额表中，查出调整前定额基价为：43.88 元/m^2，定额人工费为 8.6 元/m^2。从室内墙面分部工程说明中，查出室内墙面立体造型榉木拼花饰面人工费需乘以系数 1.5。

(3) 计算调整后的预算基价。

$$调整后定额基价 = 43.88 + 8.6 \times (1.5 - 1.0) = 48.18 (元/m^2)$$

(4) 写出调整后的定额编号为换(2-301)＝48.18 元/m²。

(5) 计算调整后的预算价值。

$$调整后的预算价值 = 48.18 \times 107.34 = 5\,171.64 (元)$$

3. 材料价格换算法

当室内装饰工程的主要材料的市场价格，与相应定额预算价格不同而引起定额基价的变化，并且定额允许换算时，必须进行换算。

材料价格换算的方法步骤如下。

(1) 根据施工图样设计的工程项目内容，从定额目录中查出工程项目所在定额的页数及其部位，并判断是否需要进行定额项目换算。

(2) 如需要换算，则从定额项目中查出工程项目相应的换算前定额基价、材料预算价格和定额消耗量。

(3) 从建筑装饰材料市场价格信息资料中，查出相应的材料市场价格。

(4) 计算换算后的定额基价，一般可用下式计算。

$$换算后定额基价 = 换算前的定额基价 + [换算材料定额消耗量 \times \\ (换算材料现行市场价格 - 换算材料预算价格)] \tag{6-11}$$

(5) 写出换算后的定额编号。

(6) 计算换算后预算价值，一般可按下式进行计算：

$$换算后预算价值 = 工程项目工程量 \times 相应的换算后定额基价$$

【例 6-6】 某室内上人装配式 U 形轻钢龙骨天棚工程量 200m²，U 形轻钢龙骨的市场价格为 5.00 元/m，而定额预算价格为 4.57 元/m，试计算 U 型轻钢龙骨变动后的定额基价和预算价值。

解： (1) 根据施工图设计的工程项目内容，从定额目录中查出，上人装配式 U 形轻钢天棚龙骨在定额手册第 3-41 项目栏上，并经判断必须进行定额换算。

(2) 同时查出上人装配式 U 型轻钢天棚龙骨换算前定额基价为 71.59 元/m² 及定额消耗量为 1.44m/m²。

(3) 根据 U 形轻钢龙骨的市场价格和预算价格，计算换算后的定额基价。

$$换算后的定额基价 = 71.59 + (5.00 - 4.57) \times 1.44 = 72.21 (元/m^2)$$

(4) 写出换算后的定额编号为换(2−41)＝72.21(元/m²)。

(5) 计算换算后的预算价值。

$$换算后的预算价值 = 200 \times 72.21 = 14\,442 (元)$$

4. 材料用量换算法

当施工图设计的工程项目的主要材料用量，与定额规定的主要材料消耗量不同而引起定额基价的变化时必须进行定额换算，其换算的方法步骤如下。

(1) 根据施工图设计的工程项目内容，从定额目录中，查出工程项目所在定额中的页数及其部位，并判断是否需要进行定额换算。

(2) 从定额项目表中，查出换算前的定额基价、定额主要材料消耗量和相应的主要材料预算价格。

(3) 计算工程项目主要材料的实际用量和定额单位实际消耗量，可按式(6-12)和式(6-13)计算。

$$主要材料实际用量＝主要材料设计净用量×(1＋损耗率) \quad (6-12)$$

$$定额单位主要材料实际消耗量＝(主要材料实际用量÷工程项目工程量)×工程项目定额计量单位 \quad (6-13)$$

(4) 计算换算后的定额基价，一般可按式(6-14)进行计算。

$$换算后的定额基价＝换算前定额基价＋(定额单位主要材料实际消耗量－定额单位主要材料定额消耗量)×相应主要材料预算价格 \quad (6-14)$$

(5) 写出换算后定额编号。

(6) 计算换算后的预算价值。

【例 6-7】 某酒店茶色玻璃白色铝合金扶手工程墙面工程量为 432.60m，施工图设计用白色铝合金扁管(100mm×44mm×1.8mm)，实际用量为 470.83m(包括各种损耗)，试确定其换算后的定额基价和预算价值。

解：(1) 根据施工图设计的工程项目内容，从定额手册目录中查出茶色玻璃铝合金扶手项目，在建筑装饰工程墙面预算定额第 8-2 项目上，并经判断必须进行定额换算。

(2) 从墙面定额 8-2 项目表中，查出茶色玻璃铝合金扶手项目的换算前定额基价为 183.96 元/m，其主要材料白色铝合金扁管(100mm×44mm×1.8mm)的定额消耗量为 1.06m，相应预算价格为 23.58 元/m。

(3) 计算白色铝合金扁管的定额单位实际消耗量。

$$定额单位白色铝合金扁管实际消耗量＝470.83/432.60×1＝1.09(m)$$

(4) 计算换算后的定额基价。

$$换算后定额基价＝183.96＋(1.09－1.06)×23.58＝210.33(元)$$

(5) 写出换算后的定额编号为换(8－2) ＝210.33 元/m。

(6) 计算换算后预算价值。

$$换算后预算价值＝432.60×210.33＝90\ 989.29(元)$$

5. 材料种类换算法

当施工图设计的工程项目所采用的材料种类，与定额规定的材料种类不同而引起定额基价变化时，定额规定必须进行换算，其换算方法和步骤如下所示。

(1) 根据施工图设计的工程项目内容，从定额目录中，查出装饰工程项目所在定额中的页数及其部位，并判断是否需要进行定额换算。

(2) 如需换算，从定额项目表中查出换算前定额基价、换出材料定额消耗量及相应的定额预算价格。

(3) 计算换入材料定额计量单位消耗量，并查出相应的市场价格。

(4) 计算定额计量单位换入(出)材料费，可按式(6-15)和式(6-16)计算。

$$换入材料费＝换入材料市场价格×相应材料定额单位消耗量 \quad (6-15)$$

$$换出材料费＝换出材料预算价格×相应材料定额消耗量 \quad (6-16)$$

(5) 计算换算后的定额基价,一般可按式(6-17)计算。

$$换算后定额基价=换算前定额基价+(换入材料费-换出材料费) \quad (6-17)$$

(6) 写出换算后定额编号。

(7) 计算换算后的预算价值。

【例6-8】 某家装工程樱桃木弧形墙面工程量为 72.40m², 樱桃木实际用量为 91.55m²(包括各种损耗),试计算其预算价值。

解:(1) 根据施工图样设计的工程项目内容,从定额目录中,查出樱桃木弧形墙面工程项目在定额 2-302 子项目栏上,并经判断必须进行定额换算。

(2) 从该分部分项工程的定额项目表中,查出榉木弧形墙面项目的换算前定额基价为 47.76 元/m², 榉木面板的定额消耗量为 1.10m², 相应预算价格为 22.40 元/m²。

(3) 计算樱桃木面板的定额计量单位实际消耗量,并查出相应的市场价格。

$$定额计量单位樱桃木面板实际消耗量=91.55/72.40×1.00=1.27(m^2)$$

樱桃木面板的市场价格为 25.30 元/m²

(4) 计算定额计量单位换入、换出材料费。

$$换入材料费=25.30×1.27=32.13(元)$$
$$换出材料费=22.40×1.10=24.64(元)$$

(5) 计算换算后的定额基价。

$$换算后定额基价:47.76+(32.13-24.64)=55.25(元)$$

(6) 写出换算后定额编号为换(2-302)=55.25(元)。

(7) 计算换算后的预算价值。

$$换算后的预算价值=72.40×55.25=4\ 000.10(元)$$

6. **材料规格换算法**

当施工图设计的工程项目的主要材料规格与定额规定的主要材料规格不同而引起定额基价的变化时,定额规定必须进行换算。与此同时,也应进行差价调整。其换算与调整的方法和步骤如下所示。

(1) 根据施工图设计的工程项目内容,从定额手册目录中,查出装饰工程项目所在的定额页数及其部位,并判断是否需要进行换算。

(2) 如需换算,从定额项目表中,查出换算前定额基价、需要换算的主要材料定额消耗量及其相应的预算价格。

(3) 根据施工图设计的工程项目内容,计算应换算的主要材料实际用量和定额单位的实际消耗量,一般有两种方法:一是虽然主要材料不同,但两者的消耗量不变,此时,必须按定额规定的消耗量执行;二是主要材料因规格改变,引起主要材料实际用量发生变化,此时,要计算设计规格的主要材料实际用量和定额计量单位主要材料实际消耗量。

(4) 从建筑装饰材料市场价格信息资料中,查出施工图采用的主要材料相应的市场价格。

(5) 计算定额计量单位两种不同规格主要材料费的差价,一般按下式计算。

$$差价=定额计量单位选用规格主材费-定额计量单位定额规格主材费 \quad (6-18)$$
$$定额计量单位图样规格主材费=定额计量单位选用规格主材实际消耗量×$$
$$相应主材市场价格 \quad (6-19)$$

定额计量单位定额规格主材费＝定额规格主材消耗量×

相应的主材定额预算价格　　　　　(6-20)

(6) 计算换算后的定额基价，一般可按下式计算。

换算后定额基价＝换算前定额基价＋定额计量单位图样规格主材费－

定额计量单位定额规格主材费　　　　(6-21)

(7) 写出换算后的定额编号。

(8) 计算换算后的预算价值。

【例 6-9】 某室内装饰顶棚工程为浮搁式铝合金方板，工程量为 140.20m²，施工图采用的铝合金方板的规格为 500mm×500mm×0.6mm，而定额规定铝合金方板的规格为 500mm×500mm×0.8mm，试确定换算后的预算价值。

解：(1) 根据施工图样设计的工程项目内容，从定额目录中，查出浮搁式铝合金方板项目在定额第 3-101 子项目栏上，并经判断因采用的铝合金方板不同，定额规定必须进行定额换算。

(2) 从顶棚分部工程的浮搁式铝合金方板定额项目表中，查出定额规定的 500mm×500mm×0.8mm 规格的铝合金方板项目的换算前定额基价为 79.30 元/m²，铝合金方板定额消耗量为 1.02m²/m²，相应的预算价格为 48.60 元/m²。

(3) 从建筑装饰材料市场信息资料中，可以查知：图样采用的规格 500mm×500mm×0.6mm 的铝合金方板市场价格为 51.60 元/m²。

(4) 计算两种不同规格铝合金方板的定额计量单位材料费和两者的差价。

图样规格材料费＝48.60×1.02＝49.57(元/m²)

定额规格材料费＝51.60×1.02＝52.63(元/m²)

差价＝49.57－52.63＝－3.06(元/m²)

(5) 计算换算后的定额基价。

换算后定额基价＝79.3－3.06＝76.24(元/m²)

(6) 写出换算后的定额编号为换(3－101)＝76.24(元/m²)。

(7) 计算换算后的预算价值。

换算后预算价值＝76.24×140.20＝10 688.85(元)

7. 块料面层换算法

当块料的设计规格和灰缝与定额规定不同时要进行的换算。

(1) 块材面层材料用量计算公式。

每 100m² 块料面层块料净用量(块)＝100/[(块料长＋灰缝)×(块料宽＋灰缝)]　　(6-22)

每 100m² 块料面层块料总消耗量(块)＝净用量/(1－损耗量)　　(6-23)

(2) 换算后定额基价。

换算后定额基价＝原定额基价＋换算后块料数量×换入块料单价－

定额块料数量×定额块料单价　　　　(6-24)

【例 6-10】 设计要求外墙面贴 150mm×75mm 釉面砖，灰缝 25mm，面砖损耗率为 2.5%。试计算 100m² 外墙面面砖总消耗量和换算定额基价。

解：查定额手册 2-178 号可知：定额基价为 71.72 元/m^2，条形面砖(52mm×235mm)的定额消耗量为 68.14 块/m^2，定额价格为 0.33 元/m^2；从市场价格信息表查知：规格为 150mm×75mm 的面砖的价格为 0.80 元/块。

块材面层材料用量：

每 100m^2 块料面层块料净用量：

100/[(块料长＋灰缝)×(块料宽＋灰缝)]＝100/[(0.15＋0.025)×(0.075＋0.025)]＝6 015(块)

每 100m^2 块料面层块料总消耗量：

净用量/(1－损耗量)＝6 015/(1－0.025)＝6 169(块)

换算后定额基价＝71.72＋6 169/100×0.8－68.14×0.33＝98.59(元/m^2)

6.2.4 定额应用

室内装饰工程预算定额是确定室内装饰工程预算造价、办理工程价款、处理承发包关系的主要依据之一。定额应用得正确与否，直接影响装饰工程造价，必须熟练而准确地使用预算定额。

1. 套用定额时应注意的几个问题

(1) 查阅定额前，应首先认真阅读定额总说明，分部工程说明和有关附注的内容；要熟悉和掌握定额的适用范围，定额已经考虑和没有考虑的要素以及有关规定。

(2) 要明确定额中的用语和符号的含义。

(3) 要正确地理解和熟记各分部工程计算规则中所指出的工程量计算方法，以便在熟悉施工图的基础上，能够迅速准确地计算各分项工程或配件、设备的工程量。

(4) 要了解和记忆常用分项工程定额所包括的工作内容、人工、材料、施工机械台班消耗量和定额计量单位，以及有关附注的规定，做到正确地套用定额项目。

(5) 要明确定额换算范围，正确应用定额附录资料，熟练进行定额项目的换算和调整。

2. 定额编号

为了便于查阅、核对和审查定额项目选套是否准确合理，提高室内装饰工程施工图预算的编制质量，在编制室内装饰工程施工图预算时，必须填写定额编号。定额编号的方法，通常有以下三种。

1) "三符号"编号法

"三符号"编号法，是以预算定额中的分部工程序号—分项工程序号(或工程项目所在的定额页数)—分项工程的子项目序号等三个号码，进行定额编号。其表达形式如下：

分部工程序号—分项工程序号—子项目序号

或：

分部工程序号—子项目所在定额页数—子项目序号

例如，某城市现行建筑装饰工程预算定额中的墙面挂大理石(勾缝)项目，它属于室内装饰工程项目，在定额中被排在第二部分，墙面装饰工程排在第二分项内；墙面挂贴大理石项目排在定额第 173 页第 104 个子项目，定额编号为：

2—2—104

或：

2—173—104

2) "二符号"编号法

"二符号"编号法,是在"三符号"编号法的基础上,去掉一个符号(分部工程序号或分项工程序号),采用定额中分部工程序号(或子项目所在定额页数)——子项目序号等两个号码,进行定额编号。其表达形式如下:

$$分部工程序号—子项目序号$$

或:

$$子项目所在定额页数—子项目序号$$

例如,墙面挂贴大理石项目的定额编号为:

$$2—104$$

或:

$$173—104$$

3) "单符号"编号法

"单符号"编号法,一般为装饰工程消耗量定额号的编制方法,是根据国家的《建设工程工程量清单计价规范》(GB 50500—2003),采用定额中分部工程序号结合子项目序号进行定额编号。其表达形式如下:分部工程序号+子项目序号。

例如,混凝土墙面挂贴大理石项目的定额编号为:02088。在这个号码中 02 为墙柱面工程,088 为混凝土墙面挂贴大理石板子项目。

3. 定额项目的选套方法

1) 预算定额的直接套用

当施工图设计的工程项目内容,与所选套的相应定额内容一致时,必须按定额的规定,直接套用定额。在编制室内装饰工程施工图预算、选套定额项目和确定单位预算价值时,绝大部分属于这种情况。当施工图设计的工程项目内容,与所选套的相应定额项目规定的内容不相一致时,而定额规定又不允许换算或调整,此时也必须直接套用相应定额项目,不得随意换算或调整。直接套用定额项目的方法步骤如下。

(1) 根据施工图设计的工程项目内容,从定额目录中,查出该工程项目所在定额中的页数及其部位。

(2) 判断施工图设计的工程项目内容与定额规定的内容是否相一致。当完全一致或虽然不一致,但定额规定不允许换算或调整时,即可直接套用定额基价。但是,在套用定额基价前,必须注意分项工程的名称、规格、计量单位要与定额规定的名称、规格、计量单位相一致。

(3) 将定额编号和定额基价,其中包括人工费、材料费和施工机械使用费,分别填入室内装饰工程预算表内。

(4) 确定工程项目预算价值。

其计算公式如下:

$$工程项目预算价值=工程项目工程量×相应定额基价$$

【例 6-11】 某室内地面做实木烤漆地板(铺在毛地板上)项目,工程量为 40.90m^2,试确定其人工费、材料费、机械费及预算价值。

解:以某市建筑装饰工程预算定额为例。

(1) 从定额目录中,查出实木烤漆地板(铺在毛地板上)的定额项目在应定额中的 1-403、1-408 和 1-412 子项目。

(2) 通过判断可知,实木烤漆地板分项工程内容符合定额规定的内容,即可直接套用定额项目。

(3) 从定额表中查出实木烤漆板共包含木龙骨基层每平方米的定额基价为 37.43 元/m²、人工费 9.46 元/m²、材料费为 22.36 元/m²、机械台班费为 0.15 元/m²、定额编号为 1-403;铺设杉木基层每平方米的定额基价为 34.61 元/m²、人工费 3.14 元/m²、材料费为 26.53 元/m²、机械台班费为 0.26 元/m²、定额编号为 1-408;铺设实木烤漆地板每平方米的定额基价为 181.79 元/m²、人工费为 8.17 元/m²、材料费为 152.30 元/m²、机械台班费为 0.00 元/m²,定额编号为 1-412。

(4) 计算烤漆木地板的人工费、材料费、机械费和预算价值。

$$人工费 = (9.14 + 3.14 + 8.17) \times 40.90 = 836.41(元)$$
$$材料费 = (22.36 + 26.53 + 152.30) \times 40.90 = 8228.67(元)$$
$$机械费 = (0.15 + 0.26 + 0.00) \times 40.90 = 16.77(元)$$
$$预算价值 = (37.43 + 34.61 + 181.79) \times 40.90 = 10\,381.65(元)$$

2) 套用换算后的定额项目

施工图设计的工程项目内容,与选套的相应定额项目规定的内容不一致时,如果定额规定允许换算或调整时,则应在定额规定范围内换算或调整,套用换算后的定额项目。对换算后的定额项目编号应加括号并在括号右下角注明"换"字,以示区别,如换(1-101)。

定额项目的换算方法,见 6.2.3 节。

3) 套用补充定额项目

施工图中的某些工程项目,由于采用了新结构、新构造、新材料和新工艺等原因,在编制预算定额时尚未列入。同时,也没有类似定额项目可供借鉴。在这种情况下,为了确定建筑装饰工程预算造价,必须编制补充定额项目,报请工程造价管理部门审批后执行。套用补充定额项目时,应在定额编号的分部工程序号后注明"补"字,以示区别,如(1-101)补。

4) 工料分析

在施工前、施工中或者竣工后,企业进行施工组织或者优化施工方案或者评价施工方案都可运用定额进行工料分析。

【例 6-12】 某室内墙面做榉木和枫木拼花饰面(铺 9mm 厚木夹板上)项目,工程量为 25.34m²,试确定其所需榉木和枫木面板、9mm 厚木夹板和断面规格为 20mm×20mm、长 4m 的木龙骨各多少及其预算价值?

解:以某市建筑装饰工程预算定额为例(定额单位为 m²)。

从建筑装饰定额的第 2 章定额号为 2-360 中可知,该定额基价为 66.01 元/m²、定额人工费为 19.53 元/m²、材料费为 25.36 元/m²、机械台班费为 0.75 元/m²、榉木用量 0.6m²、枫木用量为 0.6m²/m²。

从建筑装饰定额的第 2 章定额号为 2-259 中可知,墙面木龙骨断面 7.5cm² 的定额基价为 19.67 元/m²、人工费为 6.45 元/m²、材料费为 8.39 元/m²、机械台班费为 0.33 元/m²、杉木方材用量为 0.0068m³/m²。

从建筑装饰定额的第 2 章定额号为 2-288 中可知，多层夹板基层的定额中只有 12mm 厚的木夹板所以要进行定额换算，假定 9mm 木夹板的市场价为 20.02 元/m²，故换(2-288) ＝ 37.37＋1.05×(20.02－23.58)＝33.66(元/m²)、人工费为 6.02 元/m²、材料费为 21.28 元/m²、机械台班费为 0.23(元/m²)、9mm 厚木夹板用量为 1.05m²/m²。

综上可知，所需榉木的面积：0.6m²/m²×25.34m²＝15.20m²。

所需枫木的面积：0.6m²/m²×25.34m²＝15.20m²。

杉木方用量：0.006 8×25.34/0.02×0.02×4＝107.69(根)。

预算价值：(66.01＋19.67＋33.66)×25.34＝3 024.08(元)。

6.3 室内装饰工程消耗量定额

6.3.1 装饰工程消耗量定额概述

装饰工程消耗量定额是指规定室内装饰工人或小组在正常施工条件下，完成单位合格产品所必须消耗的劳动、材料、机械台班的数量标准，是根据专业施工的作业对象和工艺制定的。装饰工程消耗量定额是以施工过程为编制对象，即是规定在施工过程中的人工、材料、机械台班消耗量的定额。

1. 装饰工程消耗量定额的作用

装饰工程消耗量定额是规定计量单位建筑装饰装修分项工程所需的人工、材料、施工机械台班消耗量标准，具有以下几个作用。

(1) 编制建筑装饰装修工程施工图预算、招标标底和确定建筑装饰装修工程造价的依据。

(2) 编制装饰装修工程设计概算、投资估算的基础。

(3) 编制装饰装修工程企业定额、投标报价的参考。

(4) 合理组织劳动的依据。

(5) 推广先进技术的必要条件。

(6) 企业实行经济核算的重要基础。

2. 装饰消耗量定额编制原则

为了保证装饰工程消耗量定额的编制质量，编制时必须遵守以下原则。

1) 定额水平平均合理的原则

平均合理，是指在定额适用区域内，现阶段的社会正常生产条件下，在社会的平均劳动程度和劳动强度下，确定室内装饰工程定额规定的劳动力、材料和施工机械台班的消耗量标准。

2) 简明适用原则

编制消耗量定额时，项目划分、步距大小要适当，对于那些主要的、常用的、价值量大的项目，分项工程划分要细，次要的、不常用的、价值量相对较小的项目则可以粗略些。

简明适用还指装饰工程消耗量定额结构合理、项目要齐全、文字通俗易懂、计算方法简便，易为广大专业人士掌握和运用。

3. 装饰消耗量定额编制方法

1) 劳动消耗量的编制方法

(1) 经验估计法，是由定额专业人员、工程技术人员和工人相互配合，根据实践经验和工程具体情况座谈讨论制定定额的方法。经验估计法的优点是制定定额简单易行、速度快、工作量小，缺点是缺乏科学资料依据，容易出现偏高或偏低的现象。因此，这种方法主要适用于产品品种多、批量小或不易计算工程量的施工作业。

(2) 技术测定法，是指通过深入的调查研究，拟订合理的施工条件、操作方法、劳动组织和工时消耗，在考虑生产潜力的基础上经过严格的技术测定和科学的数据处理后制定装饰定额的方法。技术测定法通常采用的方法有测时法、写实记录法、工作日写实法和简易测定法四种。

(3) 比较类推法，是指以同类型工序或产品的典型定额为标准，用比例数示法或图示坐标法，经过分析比较，类推出相邻项目定额水平的方法。这种方法适用于同类型产品规格多、批量小的装饰施工过程。一般只要典型定额选择确当，分析合理，类推出的定额水平也比较合理。

(4) 统计分析法，是将同类工程或同类产品的工时消耗统计资料，结合当前的技术、组织条件，进行分析，研究制定定额。这种方法适用于施工条件正常、产品稳定、统计制度健全、统计工作真实可信的情况，它比经验估计法更能真实反映生产水平。其缺点是不能剔除不合理的时间消耗。

2) 材料消耗量的编制方法

(1) 观察法，是根据施工现场在合理使用装饰材料条件下完成合格装饰产品时，对装饰材料消耗过程的测定与观察，通过计算来确定各种装饰材料消耗定额的一种方法。

观察对象的选择是观察法的首要任务。选择观察对象应注意：所选装饰对象应具有代表性；施工技术、施工条件应符合操作规范要求；装饰材料的品种、质量应符合设计和施工技术规范要求。在观察前应做好充分的技术和组织准备工作，如研究装饰材料的运输方法、堆放地点、计量方法、采取减少损耗的措施等，以保证观察法的准确性和合理性。

(2) 试验法，是在试验室内通过专门的仪器确定装饰材料消耗定额的一种方法，如混凝土、砂浆、油漆涂料等。由于这种方法不一定能充分估计到施工过程中的某些因素对装饰材料消耗量的影响，因此往往还需作适当调整。

(3) 统计法，是指根据长期积累的分部分项工程所拨发的各种装饰材料数量、完成的产品数量和材料的回收量等资料，进行统计、整理、分析、计算，以确定装饰材料消耗定额的方法。

统计法的优点是不需要组织专门人员进行现场测定或试验，但其准确度受统计资料、具体情况的限制，精确度不高，使用时应认真分析并进行修正，使其数据具有代表性。

(4) 计算法，是指根据施工图样，利用理论公式计算装饰材料消耗量的一种方法。计算时应考虑装饰材料的合理损耗(损耗率仍要在现场实测得出)。这种方法适用于确定板、块类材料的消耗定额。

【例 6-13】 采用 1∶1 水泥砂浆贴 100mm×200mm×5mm 瓷砖墙面，结合层厚度为 10mm，灰缝宽度为 1mm，试计算 100m^2 墙面瓷砖和砂浆的总消耗量。(瓷砖、砂浆损耗率分别为 1.5%、1%。)

解：每100m² 瓷砖墙面中瓷砖净用量=100÷[(0.1+0.001)×(0.2+0.001)]=4 930(块)。
瓷砖总消耗量=4 930×(1+1.5%)=5 000(块)。
每100m² 墙面中结合层砂浆净用量=100×0.01=1(m³)。
每100m² 墙面中灰缝砂浆净用量=(100-4 930×0.1×0.2)×0.005=0.007(m³)。
每100m² 瓷砖墙面砂浆总消耗量=(1+0.007)×(1+1%)=1.017(m³)。

6.3.2 装饰装修工程消耗量的确定

室内装饰工程消耗量的确定是指预算的人工、材料、机械台班三者(俗称"三量")的定额消耗数量的确定。

1. 人工定额消耗量的确定

装饰工程预算定额中的人工消耗量，是指在正常的生产条件和社会平均劳动熟练程度下完成某合格的分部分项室内装饰项目所需要的人工工日。确定的主要依据是装饰工程劳动定额的时间定额，即指完成一个定额单位的装饰产品所必需的各种用工量的总和，包括基本用工量和其他用工量。

1) 基本用工量

基本用工量是指完成一个定额单位的装饰产品所必需的主要用工量。计算公式为：

$$\text{基本用工量} = \sum (\text{工序工程量} \times \text{对应的时间定额}) \tag{6-25}$$

式中：时间定额=1÷每单位工日完成的产量(每工产量)   (6-26)

或=小组成员工日数之和÷组台班产量(班组完成产品数量)   (6-27)

2) 其他用工量

通常包括超运距用工、辅助用工和人工幅度差三部分。

(1) 超运距用工是指编制装饰预算定额时，材料运输距离超过劳动定额规定的距离而需增加的工日数量。计算公式为：

超运距=装饰工程预算定额的运距-劳动定额规定的运距   (6-28)

$$\text{超运距用工量} = \sum (\text{超运距材料数量} \times \text{对应的时间定额}) \tag{6-29}$$

(2) 辅助用工是指基本用工以外的材料加工等所需要的用工量。计算公式为：

$$\text{辅助用工量} = \sum (\text{材料加工数量} \times \text{对应的时间定额}) \tag{6-30}$$

(3) 人工幅度差是指劳动定额中没有包括，但在装饰工程预算定额中应考虑到的正常情况下不可避免的零星用工量，如各工种间的工序搭接及交叉作业互相配合或影响所发生的停歇用工，施工机械在单位工程之间转移及临时水电线路移运所造成的停工；质量检查和隐蔽工程验收工作的影响；班组操作地点转移用工；工序交接时对前一工序不可避免的修整用工；施工中不可避免的其他零星用工。人工幅度差的计算公式为：

人工幅度差=(基本用工+超运距用工+辅助用工)×人工幅度差系数   (6-31)

人工幅度差系数一般为10%~15%，在预算定额中，人工幅度差列入其他用工中。

综上所述，装饰工程预算定额中的人工消耗指标，可按下式计算。

综合人工工日数=(基本用工+超运距用工+辅助用工)×

(1+人工幅度差系数)   (6-32)

2. 材料定额消耗量的确定

在正常的装饰施工条件和节约、合理使用装饰材料的条件下，完成单位合格的装饰产品所必须消耗的一定品种规格的材料、成品、半成品等的数量标准。其计量单位为实物的计量单位。完成单位合格装饰产品所必需的装饰材料消耗量包括净用量和合理损耗量。

净用量是指直接组成工程实体的材料用量。

合理损耗量是指不可避免的材料损耗，例如，场内运输及场内堆放中在允许范围内不可避免的损耗、加工制作中的合理损耗及施工操作中的合理损耗等。

材料的消耗量用下式计算：

$$\text{装饰材料消耗量} = \text{材料净用量} + \text{损耗量} \tag{6-33}$$

$$\text{装饰材料损耗量} = \text{材料净用量} \times \text{材料损耗率} \tag{6-34}$$

由以上两式可知：

$$\text{装饰材料消耗量} = \text{材料净用量} \times (1 + \text{材料损耗率}) \tag{6-35}$$

材料损耗率是由国家有关部门根据观察和统计资料确定的(对大多数材料可直接查预算手册，对一些新型材料可采用现场实测，报有关部门批准)。

3. 机械台班定额消耗量的确定

机械台班定额消耗量是指在正常装饰施工条件下(合理组织生产、合理使用机械)，某种专业的工人班组使用机械、完成单位合格装饰产品所必须消耗的工作时间(台班)或在一定工作台班内完成质量合格的装饰产品的数量标准。其表现形式有两种：机械时间定额和机械台班产量定额。

(1) 机械时间定额：是指在合理施工条件下，生产单位合格装饰产品所必须消耗的时间，以"台班"表示。计算公式为：

$$\text{机械时间定额} = 1 \div \text{机械台班产量} \tag{6-36}$$

$$\text{机械时间定额} = \text{小组成员工日数之和(工人配合机械)} \div \text{机械台班产量} \tag{6-37}$$

(2) 机械台班产量定额：是指在合理施工条件和劳动组织情况下，每一机械台班时间中，必须完成合格装饰产品的数量。计算公式为：

$$\text{机械台班产量定额} = 1 \div \text{机械时间定额} \tag{6-38}$$

$$\text{机械台班产量定额} = \text{机械台班产量} \div \text{小组成员工日数之和(工人配合机械)} \tag{6-39}$$

机械时间定额和机械台班产量定额互为倒数。例如，塔式起重机吊装一块混凝土楼板，建筑物层数在 6 层以内，楼板重量在 0.5t 以内，如果规定机械时间定额为 0.008 台班，则该塔式起重机的台班产量定额应为：$1 \div 0.008 = 125$(块)。

装饰工程消耗量定额项目中的机械台班消耗指标，是以"台班"为单位计量的。它是根据全国统一劳动定额中各种机械施工项目所规定的台班产量加上机械幅度差进行计算的。若按实际需要计算施工机械台班消耗时，不应再加机械幅度差。

机械幅度差，是指劳动定额中没有包括，但在编制预算定额时必须考虑的因机械停歇引起的机械台班损耗量，内容包括机械转移工作面的损失时间、配套机械相互影响的损失时间、开工或结尾工作量不饱满的损失时间、临时停水停电影响的时间、检查工程质量影响机械操作的时间等。

小　结

> 室内装饰工程预算是装饰工程管理的重要部分，也是室内设计和室内装饰工程不可缺少的文件，还是保证国家实行工程量清单计价的基础。室内装饰工程预算定额是保证室内装饰工程预算准确与否的基本条件，是确定室内装饰工程各项费用的基本内容。室内装饰工程预算定额，是指在正常合理的施工技术与建筑艺术综合创作下，采用科学的方法制定出生产质量合格的分项工程所必需的人工、材料和施工机械台班以价值货币表现的消耗数量标准。在建筑装饰工程预算定额中，除了规定上述各项资源和资金消耗的数量以外，还规定了应完成的工程内容和相应的质量标准及安全要求等内容。
>
> 本章系统地介绍了室内装饰工程预算的定义、种类和预算方法；对室内装饰工程预算定额的内容进行剖析，通过具体的实例分析装饰工程预算定额的换算和应用。

思考与练习

1. 什么叫室内装饰工程预算定额？预算定额有什么作用？
2. 为什么要进行定额换算，在什么情况下进行换算？
3. 室内装饰工程预算定额是如何应用在实际预算中的？
4. 室内装饰工程消耗量定额编制方法有哪些？
5. 室内装饰工程消耗量定额是如何确定的？
6. 某工程一砖外墙面拟采用钢骨架上干挂花岗岩，工程量为 $502m^2$(密封)，根据图样计算主要材料设计用量如下：M12×130 铁膨胀螺栓 328 套(预算价为 1.62 元/套)，镀锌形钢支架 9.8t，铁件 3.264t，不锈钢连接件 3 528 片，不锈钢插棍 3 528 根，不锈钢六角螺栓 MIO×40 计 3 528 套，已知花岗岩板钻孔由供应商完成，型钢支架镀锌市场单价为 1.0 元/kg。试确定综合计价。
7. 某房间净尺寸为 6m×3m，采用木龙骨夹板吊平顶(吊在混凝土板下)，木吊筋为 40mm×50mm，高度为 350mm，大龙骨断面 55mm×40mm，中距 600mm(沿 3m 方向布置)，小龙骨断面 45mm×40mm 中距 300 mm(双向布置)，四周采用 50mm×50mm 红松阴角线条(预算价 6.51 元/m)，板缝用自粘胶带粘贴(总长为 22m)，清油封底、满批腻子 2 遍，并刷白色乳胶漆 3 遍。求综合计价。
8. 现有 15 樘单扇无纱切片板门(洞口尺寸为 900mm×2 100mm)，门扇为细木工板上双面贴花式切片板，门框设计断面尺寸为 52mm×95mm，每樘门装球形锁 1 把，100mm 厚型铜铰链 1 副(预算单价为 21.54 元/副)，铜门吸 1 只(预算单价为 24.59 元/只)。求综合计价。

第 7 章 室内装饰工程工程量计算

教学提示：工程量是用来表示室内装饰工程中各个具体分部分项工程和构配件的实物量。它是计算分部分项工程费用、措施项目和其他项目费用的重要依据；是进行工料分析，编制材料需要量计划和半成品加工计划的直接依据；是编制施工进度计划，检查计划实行情况，进行统计分析的重要依据；是进行成本核算和财务管理的重要依据。本章介绍室内装饰各分部分项工程工程量的概念以及工程量的计算内容和计算方法。

教学目标：了解工程量概念和工程量计算注意事项，了解建筑面积的计算以及它在室内预算中的作用，掌握室内装饰各分部分项工程工程量所包含的内容和计算方法。

7.1 工程量概述

7.1.1 工程量概念

工程量是指以物理计量单位或自然计量单位来表示室内装饰工程中的各个具体分部分项工程和构配件的实物量，工程量的计量单位必须与定额规定的计量单位一致。

工程量的计量单位包括物理计量单位和自然计量单位两种。

物理计量单位是指需要通过度量工具来衡量物体量的性质的单位，也就是采用法定计量单位表示工程完成的数量。例如长度以米(m)为计量单位，窗帘盒、木压条等的工程量以米计算；面积以平方米(m^2)为计量单位，如墙面、柱面工程和门窗工程等工程量以平方米(m^2)计算；体积以立方米(m^3)为计量单位，如砌砖、水泥砂浆等工程量以立方米(m^3)为单位，质量以千克(kg)或吨(t)为计量单位等。

自然计量单位指不需要量纲的、具有自然属性的单位，如屋顶水箱以"座"为计量单位，施工机械以"台班"为计量单位，设备安装工程以"台"、"组"、"件"等为计量单位，卫生洁具安装以"组"为计量单位，灯具安装以"套"为计量单位，回、送风口以"个"为计量单位等。

7.1.2 工程量计算的一般规则和注意事项

1. 工程量计算规则

工程量必须按照工程量计算规则和定额规定进行正确的计算，工程量计算必须遵守以下几个原则。

(1) 工作内容、范围要与定额中相应分项工程所包括的内容和范围一致。

计算工程量时，要熟悉定额中每个分项工程所包括的内容和范围，以避免重复列项或漏计项目。例如抹灰工程分部中规定，室内墙面一般抹灰的定额内容不包括刷素水泥浆工和料，如果设计中要求刷素水泥浆一遍，就应当另列项计算。又如，该分部规定天棚抹灰的定额内容中包括基层刷含 107 胶的水泥浆一遍的工和料，在计算天棚抹灰工程量时，就已包括这项内容，不能再列项重复计算。

(2) 工程量的计量单位同定额规定的计量单位一致。

计算工程量,首先要弄清楚定额的计量单位。例如室内墙面抹灰,楼地面层均以面积计算,计量单位为平方米(m^2);而踢脚线以长度米(m)计算。计算工程量时如果都以面积计算,就必然会影响工程量的准确性。

(3) 工程量计算规则与现行定额规定的计算原则要一致。

在按施工图样计算工程量时,采用的计算规则必须与本地区现行的预算定额的工程量计算规则相一致,这样才能有统一的计算标准,防止错算。

(4) 工程量计算简明扼要。

工程量计算式要简单明了,并按一定顺序排列以便于核对工程量,在计算工程量时要注明层次、部位、断面、图号等。工程量计算式一般按长、宽、厚的顺序排列。在计算面积时,按长×宽(高);计算体积时,按长×宽×厚或厚×宽×高等。

(5) 工程量精度原则。

工程量在计算的过程中一般要求保留三位小数,计算结果则四舍五入后保留两位小数。但对于钢材、木材的计算结果要求保留三位小数,建筑面积计算结果一般要取整数,如有小数时,按四舍五入规则取整。

2. 工程量计算注意事项

工程量计算是根据已会审的施工图所规定的各分项工程的尺寸、数量,以及设备、构件、门窗等明细表和预算定额各分部工程量计算规则进行计算。在计算工程中,应注意以下几个问题。

(1) 必须在熟悉和审查施工图的基础上进行,要严格按照定额规定和工程量计算规则进行计算,不得任意加大或缩小各部位的尺寸,例如,不能以轴线间距作为内墙净长距离。

(2) 为了便于核对和检查,避免重算或漏算,在计算工程量时,一定要注明层次、部位、轴线编号、断面符号。

(3) 工程量计算公式中的各项应按一定顺序排列,以方便校核。计算面积时,一般按长、宽(高)顺序排列,数字精确度一般计算到小数点后两位;在汇总列项时,可四舍五入取小数点后两位。

(4) 为了减少重复劳动,提高编制预算工作效率,应尽量利用图样上已注明的数据表和各种附表,如门窗、灯具明细表。

(5) 为了防止重算或漏算,计算工程量时要按施工顺序,并结合定额手册中定额项目排列的顺序,以及计算方法顺序进行计算。

(6) 计算工程量时,应采用表格方式进行,以利于审核。

(7) 计量单位必须和定额规定一致。

7.1.3 工程量计算的意义

工程量计算就是根据施工图、预算定额划分的项目以及定额规定的工程量计算规则列出分项工程名称和计算式,并计算出结果。

工程量计算的工作是编制施工图预算的重要环节,在整个预算编制过程中是最繁重的一项工作。一方面,工程量计算工作在整个预算编制工作中所花的时间最长,它直接影响到预算的及时性；另一方面，工程量计算正确与否直接影响到各个分项工程定额直接费计算的准确性，从而影响工程预算造价的准确性。因此，要求预算人员具有高度的责任感，耐心细致地进行计算。

7.2 建筑面积的计算

7.2.1 建筑面积计算的意义

建筑面积是指建筑物外墙结构所围合的水平投影面积之和，是根据建筑平面图在统一计算规则下计算出来的一项重要经济数据。根据建筑的不同建设阶段划分，有基本建设计划面积、房屋竣工面积、在建房屋建筑面积等数据；根据建筑的功能划分，有结构面积、交通面积、使用面积。建筑面积是衡量建筑或室内的经济性能指标，也是计算某些分项工程工程量的基本数据，如综合脚手架、建筑物超高施工增加费、垂直运输等工程量都是以建筑面积为基数计算的。

建筑面积的计算不仅关系到工程量计算的准确性，而且对于控制基建投资规模、设计、施工管理方面都具有重要意义。所以，在计算建筑面积时，要认真对照定额中的计算规则，弄清楚哪些部位该计算，哪些部位不该计算，以及如何计算。

7.2.2 计算建筑面积和不计算建筑面积的范围

1. 计算建筑面积的范围

(1) 单层建筑物不论其高度如何，均按一层计算建筑面积，其建筑面积按建筑物外墙勒脚以上结构的外围水平面积计算。单层建筑物内设有部分楼层者，首层建筑面积已包括在单层建筑物内，首层以上应计算建筑面积。高低联跨的单层建筑物，需分别计算建筑面积时，应以结构外边线为界分别计算。

(2) 多层建筑物建筑面积，按各层建筑面积之和计算，首层建筑面积按外墙勒脚以上结构的外围水平面积计算，首层以上按外墙结构的外围水平面积计算。

(3) 同一建筑物的结构、层数不同时，应分别计算建筑面积。

(4) 地下室、半地下室、地下车间、仓库、商店、车站、地下指挥部等建筑物及相应的出入口的建筑面积，按其上口外墙(不包括采光井、防潮层及其保护墙)外围水平面积计算。

(5) 建于坡地的建筑物利用吊脚空间设置架空层和深基础地下架空层设计加以利用时，其层高在 2.2m 以上时，按围护结构外围水平面积计算建筑面积。

(6) 穿过建筑物的通道，建筑物内的门厅、大厅，不论其高度如何均按一层建筑面积计算。门厅、大厅内设有回廊时，按其自然层的水平投影面积计算建筑面积。

(7) 室内楼梯间、电梯井、提物井、垃圾道、管道井等均按建筑物的自然层计算建筑面积。

(8) 书库、立体仓库有结构层的，按结构层计算建筑面积，没有结构层的，按承重书架层或 2 架层计算建筑面积。

(9) 有围护结构的舞台灯光控制室，按其围护结构外围水平面积乘以层数计算建筑面积。

(10) 建筑物内设备管道层、储藏室等层高在 2.2m 以上时，应计算建筑面积。

(11) 有柱的雨篷、车棚、货棚、站台等，按柱外围水平面积计算建筑面积；独立柱的雨篷、单排柱的车棚、货棚、站台等，按其顶盖水平投影面积的一半计算建筑面积。

(12) 屋面上部有围护结构的楼梯间、水箱间、电梯机房等，按围护结构外围水平面积计算建筑面积。

(13) 建筑物外有围护结构的门斗、眺望间、观望电梯间、阳台、橱窗、挑廊、走廊等，按其围护结构外围水平面积计算建筑面积。

(14) 建筑物外有支柱和顶盖走廊、檐廊，按外围水平面积计算建筑面积；有盖天柱的走廊、檐廊挑出墙外宽度在 1m 以上时，按其顶盖投影面积的一半计算建筑面积。无围护结构的凹阳台、挑阳台，按其水平面积的一半计算建筑面积。建筑物间有顶盖的架空走廊，按其顶盖水平投影面积计算建筑面积。

(15) 室外楼梯，按自然层投影面积之和计算建筑面积。

(16) 建筑物内变形缝、沉降缝等，凡缝宽在 300mm 以内者，均依其缝宽按自然层计算建筑面积，并入建筑物建筑面积之内计算。

2. 不计算的建筑面积

不予计算的建筑面积内容如下。

(1) 突出外墙的构件、配件、附墙柱、垛、勒脚、台阶、悬挑雨篷、墙面抹灰、镶贴块材、装饰面等。

(2) 用于检修、消防等用途的室外爬梯。

(3) 层高 2.2m 以内的设备管道层、储藏室、设计不利用的深基础架空层及吊脚架空层。

(4) 建筑物内操作平台、上料平台、安装箱或罐体平台；没有围护结构的屋顶水箱、花架、凉棚等。

(5) 立烟囱、烟道、地沟、油(水)罐、气柜、水塔、储油(水)池、储仓、栈桥、地下人防通道等构筑物。

(6) 单层建筑物内分隔单层房间，舞台及后台悬挂的幕布、布景天桥、挑台。

(7) 建筑物内宽度在 300 mm 以上的变形缝、沉降缝。

7.3 楼地面工程

7.3.1 基本内容

楼地面是楼面和地面的总称，是构成楼地层的组成部分。一般来说，地层(又称为地坪)主要由垫层、找平层和面层所组成，构成地层的项目都能在楼地面工程项目中找到。楼层主要由结构层、找平层、保温隔热层和面层组成。

楼地面工程包括天然石材、人造石材、水磨石、地砖、陶瓷地砖、玻璃地砖、塑料地板、地毯、竹木地板、防静电地板等内容。

7.3.2 计算规则

1. 天然石材和人造石材

(1) 大理石楼地面工程量，按不同大理石板块周长、单色或多色，以饰面的净面积计算，不扣除 $0.3m^2$ 以内的孔洞所占面积。拼花部分按实贴面积计算。点缀(镶拼面积小于 $0.015m^2$)

工程量，按点缀个数计算。在计算主体铺贴地面面积时，不扣除点缀所占面积。

(2) 花岗岩楼地面工程量，按不同花岗岩板块周长、单色或多色，以饰面的净面积计算，不扣除 $0.3m^2$ 以内的孔洞所占面积。拼花部分按实贴面积计算。点缀工程量，按点缀个数计算。在计算主体铺贴地面面积时，不扣除点缀所占面积。

(3) 天然石材踢脚线工程量，按不同踢脚线形状(直形或弧形)、踢脚线所用石材、铺贴材料，以踢脚线实贴长度(m)或实贴面积(m^2)计算。不扣除洞口、空圈长度，洞口、空圈、垛、附墙烟窗等侧壁长度也不增加。当踢脚线按铺贴面积(m^2)计算时，按踢脚线实贴长度乘以踢脚线高度计算。

(4) 人造大理石板地面工程量，按不同铺贴材料，以饰面的净面积计算，不扣除 $0.3m^2$ 以内的孔洞所占面积。

(5) 天然石材成品踢脚线工程量，按不同踢脚线所用石材、铺贴材料，以踢脚线铺贴长度计算。

(6) 楼梯装饰面层(包括整体面层、面砖面层)均按水平投影面积计算，不扣除楼梯井宽度为 500mm 以内所占的面积。楼梯实铺石材板面层按实铺水平投影面积以 m^2 计算。弧形楼梯工程量，按楼梯的水平投影面积计算。楼梯梯段的踢脚板(含锯齿形部分)按梯段的斜长部分的水平投影长度乘以系数 1.66 计算。

(7) 天然石材台阶工程量，按不同台阶所用石材、铺贴材料，以台阶的水平投影面积计算(包括踏步及最上一层踏步沿 300mm)。弧形台阶工程量，按不同台阶所用石材，以台阶的水平投影面积计算。

(8) 天然石材零星项目工程量，按不同石材、铺贴材料，以实铺面积计算。零星项目是指楼梯侧面、台阶的牵边、小便池、蹲台、池槽，以及面积在 $1m^2$ 以内镶贴面层。

(9) 石材底面刷养护液工程量，按不同石材及其表面光平程度、颜色深浅，以石材底面面积加四个侧面面积计算。

(10) 石材表面刷保护液工程量，按保护液涂刷于石材表面面积计算。

2. 水磨石

(1) 水磨石楼地面工程量，按是否带艺术型嵌条分色，以水磨石饰面的净面积计算，不扣除 $0.3m^2$ 以内孔洞所占面积。

(2) 彩色镜面水磨石楼地面工程量，按是否带艺术型嵌条分色，以水磨石饰面的净面积计算，不扣除 $0.3m^2$ 以内的孔洞所占面积。

3. 地砖

(1) 激光玻璃地砖、陶瓷地砖、缸砖、幻影玻璃地砖和水泥花砖或广场砖的地面工程量，按是否勾缝，以饰面的净面积计算，不扣除 $0.3m^2$ 以内的孔洞所占面积。

(2) 陶瓷地砖、缸砖、激光玻璃地砖、幻影玻璃地砖和水泥花砖或广场砖楼梯工程量，按楼梯的水平投影面积计算(包括踏步、休息平台以及小于 500mm 宽楼梯井)。

(3) 陶瓷地砖、缸砖台阶工程量，按台阶的水平投影面积计算(包括踏步及最上一层踏步沿 300mm)。

(4) 陶瓷地砖、缸砖踢脚线工程量，按踢脚线实铺面积计算。

(5) 陶瓷地砖、缸砖零星项目工程量,按实铺面积计算。

4. 竹木地板

(1) 硬木不拼花地板与硬木拼花地板的工程量,按不同铺设基层、地板接缝形式,以硬木地板铺设的净面积计算,不扣除 $0.3m^2$ 以内的孔洞所占面积。

(2) 硬木地板砖工程量,按不同铺设基层、地板砖接缝形式,以硬木地板砖铺设的净面积计算,不扣除 $0.3m^2$ 以内的孔洞所占面积。

(3) 长条复合地板工程量,按不同铺设基层,以长条复合地板铺设的净面积计算,不扣除 $0.3m^2$ 以内的孔洞所占面积。

(4) 长条杉木地板、长条松木地板工程量,按不同基层、地板接缝形式,以长条地板铺设的净面积计算,不扣除 $0.3m^2$ 以内的孔洞所占面积。

(5) 软木地板工程量,按不同地板材质,以软木地板铺设的净面积计算,不扣除 $0.3m^2$ 以内的孔洞所占面积。

(6) 竹地板工程量,按竹地板铺设的净面积计算。

(7) 直线形木踢脚线、弧线形木踢脚线工程量,按不同踢脚线木材树种,以木踢脚线铺设的面积计算。

(8) 成品踢脚线工程量,按踢脚线铺设的长度计算。

5. 防静电活动地板和钛金不锈钢复合地砖

(1) 防静电活动地板安装工程量,按不同地板材质,以防静电活动地板安装的净面积计算。钛金不锈钢复合地砖工程量,按复合地砖安装的净面积计算。

(2) 防静电地毯工程量,按地毯铺设的面积计算。

(3) 踢脚线工程量,按不同踢脚线材质,以踢脚线铺设的面积计算。

6. 塑料、橡胶板

(1) 塑料、橡胶板楼地面工程量,按不同板材以及接缝形式,以饰面的净面积计算,不扣除 $0.3m^2$ 以内的孔洞所占面积。

(2) 塑料、橡胶板踢脚线工程量,按不同铺贴方法,以踢脚线实铺面积计算。

7. 地毯及附件

(1) 楼地面铺地毯工程量,按不同的地毯材质、地毯固定与否、带垫与否,以地毯的实铺展开面积计算。

(2) 楼梯地毯压棍的工程量,按不同压棍材质,以压棍安装的套数计算。

(3) 楼梯地毯压板的工程量,按不同压板材质,以压板安装的长度计算。

8. 分隔嵌条、防滑条

(1) 楼地面嵌金属分隔条工程量,按不同楼地面材质、嵌条规格,以嵌金属分隔条的长度计算。

(2) 楼梯、台阶踏步防滑条工程量,按不同防滑条材质、防滑条规格,以防滑条的长度计算。

(3) 酸洗打蜡工程量，根据不同酸洗打蜡的物体表面，以酸洗打蜡的面积计算。

9. 栏杆、栏板、扶手

(1) 栏杆、栏板工程量，按不同栏杆、栏板材质及其规格、栏杆形式、栏板形状等，以栏杆、栏板的中心线长度计算。

(2) 扶手工程量，按不同扶手材质及其规格、扶手形状等，以扶手的中心线长度计算，不扣除弯头所占长度。

(3) 弯头工程量，按不同弯头材质及其规格，以弯头的个数计算。

(4) 靠墙扶手工程量，按不同靠墙扶手材质，以靠墙扶手的中心线长度计算。

7.3.3 计算实例

【例7-1】 如图7.1所示某室内地面采用20mm厚1∶3水泥浆找平，8mm厚1∶1水泥砂浆镶贴大理石面层；其踢脚线为同质的大理石(上口磨指甲圆边)水泥砂浆镶贴，高为120mm。计算大理石地面面层和踢脚线的工程量(门宽为1 000mm，门内侧墙宽250mm)。

图7.1 某室内地面铺大理石

解：(1) 块料面层镶贴按主墙间的面积计算，应扣除凸出地面的构筑物、柱等不做面层的部分，门洞空圈开口部分也相应增加。镶贴大理石面层的工程量：

$(6.74-0.49\times2)\times(4.74-0.49\times2)-0.9\times0.5-0.4\times0.4+0.49\times1.0=21.54(m^2)$

(2) 计算块料面层踢脚线长度时，门洞扣除、侧壁另加。

大理石踢脚线的工程量：

$(6.74-0.49\times2+4.74-0.49\times2)\times2-1.0+0.25\times2=18.54(m)$

【例7-2】 某建筑物门前台阶如图7.2所示，试分别计算面层采用花岗岩(水泥砂浆粘贴)或水磨石面层的工程量(每步台阶高150mm)。

图 7.2　某建筑台阶设计图

解： 水磨石台阶按水平投影面积计算；台阶镶贴花岗岩块料面层按展开面积计算。

水磨石台阶面层的工程量：$(5+0.3\times2)\times0.3\times3+3.5\times0.3\times3=8.19(m^2)$

花岗岩台阶面层的工程量＝水磨石台阶面层的工程量 $8.19(m^2)$

【例 7-3】　如图 7.3 所示某楼梯，扶手为硬木扶手(靠墙没有扶手)，栏板为铁艺栏板，面贴贴大理石面层，楼梯踢脚板为同质大理石，试求与楼梯相关的工程量。

1—1 剖面　　　　　　　　　　　楼梯平面图

图 7.3　某楼梯贴大理石面层

解： (1) 因楼梯井的宽度超过 50cm，故楼梯装饰面层的工程量：

$$(1.6\times2+0.76)\times4.9-0.76\times3.3=16.90(m^2)$$

(2) 楼梯踢脚板的工程量：楼梯梯段踢脚板工程量乘以系数 1.66。

$$[11\times1.6\times2+(\sqrt{3.3^2+1.8^2})\times2]\times1.66+1.6\times2+(1.6+1.6+0.76)=78.08(m)$$

(3) 楼梯扶手工程量：

$$(\sqrt{3.3^2+1.8^2})\times2+0.76=8.28(m)$$

(4) 扶手弯头的工程量：2(个)。

(5) 楼梯铁艺栏板的工程量与扶手的工程量相同：8.28(m)。

7.4 墙柱面装饰工程

7.4.1 基本内容

墙柱面装饰工程包括一般抹灰、装饰抹灰、镶贴块料面层及墙柱面装饰等内容。

一般抹灰指使用石灰砂浆、水泥砂浆、混合砂浆和其他砂浆的内、外墙面和柱面粉刷，根据抹灰材料、抹灰部位、抹灰遍数和基层等分项。

装饰性抹灰和镶贴块料按面层材料、基层、粘贴材料等分项。

墙柱面装饰适用于隔墙、隔断、墙柱面的龙骨、面层、饰面、木作等工程。

墙柱面装饰内容包括单列的龙骨基层和面层，以及综合龙骨及饰面的墙柱装饰项目。龙骨材料有木龙骨、轻钢龙骨、铝合金龙骨等。

墙柱面抹灰和各项装饰项目均包括了3.6m以下简易脚手架的搭设，一些独立承包的墙面"二次装修"，如果施工高度在3.6m以下时，不应再计脚手架。

7.4.2 计算规则

1. 一般抹灰

1) 内墙面一般抹灰

(1) 无墙裙的一般抹灰，其高度按室内地面或楼面至天棚底面之间的垂直距离计算。

(2) 有墙裙的一般抹灰，其高度按墙裙顶至天棚底面之间的垂直距离计算。

(3) 有吊顶的天棚，其高度按室内地面或楼面至天棚底面的垂直距离另加100mm计算。

(4) 内墙抹灰面积，应扣除门窗及空圈所占面积，不扣除踢脚板、$0.3m^2$以内的孔洞和墙与构件交接处的面积。洞口侧壁和顶面也不增加，墙垛和附墙烟囱侧壁面积并入内墙抹灰工程量。

(5) 内墙裙抹灰面积按内墙净长乘以墙裙高度，以m^2计算，不扣除$0.3m^2$以内门窗洞口和空圈所占的面积，门窗洞口和空圈的侧壁面积不另增加，墙垛、附墙烟囱侧壁面积并入墙裙抹灰面积。

2) 外墙面一般抹灰

(1) 外墙抹灰面积，按外墙面的垂直投影面积以m^2计算。应扣除门窗洞口、外墙裙和大于$0.3m^2$孔洞所占面积，洞口侧壁面积不另增加，附墙垛、梁、柱侧面抹灰面积并入外墙抹灰工程量内计算。

(2) 外墙裙抹灰面积按其长度乘以高度计算，扣除门窗洞口和大于$0.3m^2$孔洞所占面积，门窗洞口和孔洞侧壁面积不增加。带有复杂线条(须弥作)时，以图示尺寸乘以展开系数1.32，再乘以长度以m^2计算。

(3) 窗台线、门窗套、挑檐、腰线、遮阳板等展开宽度在300mm以内者，按装饰线以延长米计算。

2. 装饰抹灰

(1) 装饰抹灰工程量，按不同抹灰浆料、抹灰物面、抹灰层厚度，以装饰抹灰的面积计算。

(2) 外墙面装饰抹灰面积,按垂直投影面积计算,扣除门窗洞口和 $0.3m^2$ 以上的孔洞所占的面积,门窗洞口及孔洞侧壁面积也不增加。附墙柱侧壁抹灰面积并入外墙抹灰面积内。

(3) 柱面装饰抹灰面积按柱结构断面周长乘以柱高计算。

(4) 女儿墙(包括泛水、挑砖)、阳台栏板(不扣除花格所占孔洞面积)内侧面装饰抹灰面积,按其垂直投影面积乘以系数 1.10(带压顶者乘以系数 1.30)计算。

(5) 零星项目(挑檐、天沟、腰线、窗台线、门窗套、压顶、扶手、雨篷周边等)装饰抹灰面积,按其展开面积计算。

装饰抹灰分格嵌缝工程量,要区别分格或玻璃嵌缝,按对应的装饰抹灰面积计算。

3. 镶贴块料面层

(1) 挂贴大理石、花岗岩的工程量,按不同材质墙柱面,以挂贴大理石、花岗岩的面积计算。

(2) 拼碎大理石、花岗岩的工程量,按不同材质墙柱面,以拼碎大理石、花岗岩的面积计算。

(3) 粘贴大理石、花岗岩的工程量,按不同粘贴材料、墙面材质,以粘贴大理石、花岗岩的面积计算。

(4) 干挂大理石、花岗岩工程量,按墙面勾缝或密缝,以干挂大理石、花岗岩的面积计算。

(5) 大理石、花岗岩包圆柱饰面工程量,区别包圆柱或方柱包圆柱,以大理石、花岗岩饰面的面积计算,饰面面积等于圆柱周长乘以柱高。

(6) 钢骨架上干挂石板工程量,按不同石材、挂设面以干挂石板的面积计算。钢骨架及不锈钢骨架工程量,均按其质量计算。

(7) 镶贴圆柱腰线、阴角线、柱墩、柱帽等零星项目工程量,均按其镶贴长度计算。

(8) 凹凸假麻石块镶贴工程量,按不同粘贴材料、镶贴物面,以镶贴陶瓷凹凸假麻石块的面积计算。

(9) 陶瓷锦砖镶贴工程量,按不同粘贴材料、镶贴物面,以镶贴陶瓷锦砖的面积计算。镶贴玻璃陶瓷锦砖的工作内容及工程量计算与陶瓷锦砖相同。

(10) 瓷板镶贴工程量,按不同瓷板规格、粘接材料以及镶贴物面,以瓷板镶贴的面积计算。

(11) 文化石镶贴工程量,按不同粘接材料、镶贴物面,以文化石镶贴的面积计算。

(12) 面砖镶贴工程量,按不同面砖规格、粘贴材料、灰缝宽度,以面砖镶贴的面积计算。全瓷墙面砖镶贴工程量,按不同面砖周长、粘贴材料,以面砖镶贴的面积计算。

(13) 面砖干挂、挂贴工程量,按不同面砖规格、干挂或挂贴方法,以面砖干挂或挂贴的面积计算。

4. 墙、柱面装饰

(1) 金属龙骨基层工程量,按不同龙骨材料、龙骨中距,以金属龙骨基层的外围面积计算。石膏龙骨基层与金属龙骨基层相同,其工程量按外围面积计算。

(2) 玻璃棉毡隔离层、石膏板基层、细木工板基层、油毡隔离层工程量,均按其铺钉面积计算。胶合板基层工程量,按不同胶合板厚度,以胶合板基层的铺贴面积计算。

(3) 面层铺设工程量，按不同面层材料、墙柱面、基层材质，以面层铺设的面积计算。

(4) 不锈钢柱嵌防弹玻璃、铝合金玻璃隔断、铝合金板条隔断工程量，均按其单面净面积计算。

(5) 花式木隔断工程量，应区别直栅镂空、井格尺寸，按花式木隔断单面净面积计算。

(6) 玻璃砖隔断工程量，应区别分格嵌缝、全砖，按玻璃砖隔断的单面净面积计算。

(7) 塑钢隔断工程量，应区别全玻、半玻、全塑钢板，按塑钢隔断单面净面积计算。

(8) 浴厕隔断工程量，按不同隔断材质，以浴厕隔断单面净面积计算。

(9) 圆柱包铜、方柱包圆铜工程量，按不同龙骨材质，以包铜板的面积计算。

(10) 包方柱镶条、包圆柱镶条工程量，按不同夹板材质、镶条材质，以包夹板的面积计算。

(11) 包圆柱、包方柱工程量，按不同衬里材质、面板材质，以包面板的面积计算。

5．幕墙

(1) 玻璃幕墙工程量，应区别全隐框、半隐框、明框，按玻璃幕墙的框外围面积计算。

(2) 铝板幕墙工程量，应区别铝塑板、铝单板，按铝板幕墙的外围面积计算。

(3) 全玻璃幕墙工程量，应区别挂式、点式，按全玻璃幕墙的外围面积计算。

7.4.3 计算实例

【例 7-4】 某工程有弧形内墙面，拟采用素水泥浆粘贴 600mm×400mm 文化石(密缝)，其中顶端弧边长 6.0m，室内净高为 3.6m，计算该弧形墙面工程量。若文化石损耗率为 10%，求它的用量。

解：弧形墙面工程量：$6.0 \times 3.6 = 21.6 (m^2)$

文化石用量：$21.6 \div (0.6 \times 0.4) \div (1 - 0.10) = 100(块)$

【例 7-5】 某会议室工程采用凹凸木墙裙(凹面：凸面=1：2)，墙裙高 1.0m；室内净面积为 6.8m×5.3m，会议室入口门的尺寸 1.2m×2.1m(全包门)，2 个窗户尺寸为 1.8m×1.5m(在墙裙上方)。工程做法：木龙骨采用 20×30@350×350。龙骨与墙面用木针固定，面板均采用普通切片三夹板，凹进部分基层板采用一层杨木芯十二厘板，凸出部分基层板采用一层杨木芯十二厘板及一层十八厘板。求木墙裙和木龙骨的工程量、木龙骨、十二厘板和十八厘板的用量(木材损耗率为 8%)。

解：根据题意：

(1) 木墙裙的工程量：$(6.8+5.3) \times 2 \times 1.0 - 1.2 \times 1.0 = 23.00(m^2)$

(2) 木龙骨的工程量：$23.00(m^2)$

(3) 木龙骨的用量。

木龙骨的净用量：$[(6.8 \div 0.35)_{(进位取整)} + 1) + (5.3 \div 0.35)_{(进位取整)} + 1)] \times 2 \times 1.0 + (6.8 + 5.3) \times 2 \times [(1.0 \div 0.35)_{(进位取整)} + 1] - (1.2 \div 0.35 + 1) \times 1.0 - (1.0 \div 0.35 + 1) \times 1.2 = 163.00(m)$

木龙骨的消耗量(m)：$163 \times (1 + 0.05) = 171.15(m)$

木龙骨材积：$163 \times (0.02 \times 0.03) \times (1 + 0.05) = 0.102(m^3)$

(4) 十二厘板的用量。

十二厘板的净用量：$[(6.8 + 5.3) \times 2 - 1.2] \times 1.0 = 23(m^2)$

十二厘板的数量：23×(1+0.05)÷(1.22×2.44)=9(块)

十二厘板的材积：23×(1+0.05)×0.012=0.290(m³)

(5) 十八厘板的用量。

十八厘板的净用量：23×(2÷3)=15.34(m²)

十八厘板的数量：23×(2÷3)×(1+0.05)÷(1.22×2.44)=6(块)

十八厘板的材积：23×(2÷3)×(1+0.05)×0.018=0.290(m³)

【例 7-6】 如图 7.4 所示为某墙面设计图，试求出该墙面工程的工程量。

图 7.4 某室内墙面设计图

解：(1) 墙面贴壁纸的工程量：6.30×2.6=16.38(m²)

(2) 贴柚木板墙裙的工程量：

$$6.30×(0.15+0.60+0.25)-1.50×0.60×2=4.5(m^2)$$

(3) 铜丝网暖气罩的工程量：1.50×0.60×2=1.8(m²)

(4) 木压条的工程量：6.3+(0.15+0.60+0.25)×8=14.3(m)

(5) 踢脚线的工程量：6.3(m)

7.5 顶棚装饰工程

7.5.1 基本内容

顶棚装饰工程包括抹灰面层、顶棚龙骨、顶棚面层、龙骨及饰面等部分。吊顶天棚包括顶棚龙骨与顶棚面层两个部分，预算中应分别列项，按相应的设计项目配套使用。

龙骨及饰面部分则综合了骨架和面层，各项目中包括了龙骨和饰面的工料。吊顶龙骨按其吊挂方式的不同分为双层龙骨和单层龙骨两种。龙骨底面不在同一水平面、下层紧贴上层的为双层龙骨；龙骨在同一水平面的为单层龙骨。造型顶棚分一级和多级天棚，顶棚面层在同一标高的为一级顶棚，顶棚面层不在同一标高且高差在 200mm 以上者，称为二级或三级顶棚。

顶棚龙骨中,对剖圆木楞、方木楞按主楞跨度 3m 以内、4m 以内划分。轻钢龙骨和铝合金龙骨按一级天棚和多级天棚分别列项,同时,按面层规格 300mm×300mm、450mm×450mm、600mm×600mm 和 600mm×600mm 四个规格划分。

定额龙骨是按常用材料及规格组合编制的,如果与设计规定的不同,可以换算,人工费不变。二级或三级以上的造型天棚,套用其面层定额时,面层人工费乘以系数 1.3。

顶棚装饰工程项目已经包括了 3.6m 以下简易脚手架的搭设及拆除。

7.5.2 计算规则

1. 平面、跌级顶棚

1) 顶棚龙骨

(1) 对剖圆木顶棚龙骨工程量,按不同龙骨的搁置或吊设方法、龙骨层数、面层规格,以剖圆木顶棚龙骨的外围面积计算。

(2) 方木顶棚龙骨工程量,按不同龙骨的搁置或吊设方法、龙骨层数、面层规格,以方木顶棚龙骨的外围面积计算。

(3) 装配式 U 型轻钢顶棚龙骨工程量,按是否上人、面层规格、平面或跌级,以 U 形轻钢顶棚龙骨的外围面积计算。

(4) 弧形轻钢顶棚龙骨工程量,按是否上人,以轻钢顶棚龙骨的外围面积计算。

(5) 装配式 T 型铝合金顶棚龙骨工程量,按是否上人、面层规格、平面或跌级,以 T 形铝合金顶棚龙骨的外围面积计算。

(6) 铝合金方板顶棚龙骨工程量,按是否上人、面层型式及面层规格,以方板顶棚龙骨的外围面积计算。

(7) 铝合金条板顶棚龙骨的工程量,要区别中型或轻型,按条板顶棚龙骨的外围面积计算。

(8) 铝合金格片式顶棚龙骨的工程量,按不同龙骨间距,以格片式顶棚龙骨的外围面积计算。

2) 顶棚基层

(1) 胶合板顶棚基层的工程量,按不同的胶合板厚度,以胶合板基层的展开面积计算。

(2) 石膏板顶棚基层的工程量,按石膏板基层的展开面积计算。

3) 顶棚面层

顶棚面层工程量,按不同的面层材料、安装位置、面层型式、接缝等,以主墙间实钉(胶)面积计算,不扣除间壁墙、检查口、附墙烟囱、垛和管道所占面积,但应扣除 $0.3m^2$ 以上的孔洞、独立柱、灯槽以及与顶棚相连的窗帘盒所占的面积。

4) 顶棚灯槽

(1) 悬挑式顶棚灯槽的工程量,按不同形式、面板材料,以悬挑式灯槽的长度计算。

(2) 附加式顶棚灯槽的工程量,按其长度计算。

2. 艺术造型顶棚

1) 顶棚龙骨

(1) 藻井顶棚轻钢龙骨、吊挂式顶棚轻钢龙骨、阶梯形顶棚轻钢龙骨、锯齿形顶棚轻钢龙骨工程量,均按不同顶棚形式,以顶棚轻钢龙骨的外围面积计算。

(2) 方木顶棚龙骨工程量,按不同顶棚形式,以方木龙骨的外围面积计算。

2) 顶棚基层

藻井顶棚基层、吊挂式顶棚基层、阶梯形顶棚基层、锯齿形顶棚基层工程量,均按不同顶棚形式、基层板材料,以顶棚基层的展开面积计算。

3) 顶棚面层

藻井顶棚面层、吊挂式顶棚面层、阶梯形顶棚面层、锯齿形顶棚面层工程量,均按不同顶棚形式、面层板材料,以顶棚面层的展开面积计算。不扣除间壁墙、检查口、附墙烟囱、垛和管道所占面积,但应扣除 $0.3m^2$ 以上的孔洞、独立柱、灯槽以及与顶棚相连的窗帘盒所占面积。

3. 其他顶棚(龙骨和面层)

(1) 复合式烤漆 T 形龙骨顶棚、矿棉吸声板 H 形轻钢龙骨顶棚工程量,均按主墙间净空面积计算,不扣除间壁墙、检查洞、附墙烟囱、柱、垛和管道所占面积。

(2) 铝合金格栅顶顶棚工程量,按不同铝格栅规格,以主墙间净空面积计算。

(3) 铝合金格栅顶棚工程量,按不同形式、格栅规格、顶棚吊设位置,以主墙间净空面积计算。

(4) 玻璃采光顶棚工程量,按不同玻璃品种、骨架材料,以玻璃采光顶棚的净面积计算。

(5) 木格栅顶棚工程量,按不同井格规格,以主墙间净空面积计算。

(6) 胶合板格栅顶棚工程量,按不同井格规格,以主墙间净空面积计算。

(7) 钢网架顶棚、不锈钢钢管网架顶棚、织物软吊顶的工程量,均按主墙间净空面积计算。

(8) 藤条造型悬挂吊顶、雨篷底部吊铝骨架铝条顶棚工程量,均按主墙间净空面积计算。

4. 其他

(1) 顶棚板面上铺放吸声材料工程量,按不同吸声材料、铺放厚度,以吸声材料实铺面积计算。

(2) 送(回)风口安装工程量,按不同送(回)风口材料、送风口或回风口,以送(回)风口安装的个数计算。

(3) 嵌石膏板缝工程量,按嵌缝的长度计算。

7.5.3 计算实例

【例 7-7】 如图 7.5 所示,天棚为不上人型轻钢龙骨石膏板吊顶。求轻钢龙骨和石膏板的工程量。

解:天棚净面积:$6.96 \times 7.16 = 49.83 (m^2)$。

凹天棚侧面面积:$(3.96+4.16) \times 2 \times 0.2 = 3.25 (m^2)$。

(1) 轻钢龙骨的工程量:$49.83 (m^2)$。

(2) 石膏板的工程量:$49.83 + 3.25 = 53.08 (m^2)$。

(a) 天棚平面图   (b) 2-2剖面

图 7.5 某顶棚设计图

【例 7-8】 某房间净尺寸为 6.6m×3.9m，采用木龙骨硅酸钙板吊平顶(吊在混凝土板下)，木吊筋为 40mm×50mm，高度为 350mm，大龙骨断面 55mm×40mm，中距 600 mm(沿3.9m 方向布置)，小龙骨断面 30mm×30mm 中距 400mm(双向布置)，硅酸钙板规格为1.22m×2.44m 厚 8mm，四周采用 50mm×50mm 红松阴角线条，板缝用自粘胶带粘贴，清油封底、满批腻子 2 遍，并刷白色乳胶漆 3 遍，求该顶棚各项目工程量和板材、线材的用量(木材损耗率和硅酸钙板损耗率均为 5%)。

解：(1) 木龙骨的工程量：$6.6×3.9=25.74(m^2)$。
吊筋的用量(m)：$[(6.6÷0.6+1)×(3.9÷0.6+1)×0.35]×(1+0.05)=35.28(m)$
吊筋的材积(m^3)：$35.28×0.04×0.05=0.0706(m^3)$
大木龙骨的用量(m)：$(3.9÷0.6+1)×3.9×(1+0.05)=32.76(m)$
大木龙骨的材积(m^3)：$32.76×0.055×0.04=0.0721(m^3)$
小木龙骨的用量(m)：$[(6.6÷0.4+1)×3.9+(3.9÷0.4+1)×6.6]×(1.0+0.05)=149.94(m)$
小木龙骨的材积(m^3)：$149.94×0.03×0.03=0.135(m^3)$
(2) 硅酸钙板的工程量：$6.6×3.9=25.74(m^2)$。
硅酸钙板的用量：$25.74×(1+0.05)÷(1.22×2.44)=10(块)$
(3) 顶棚红松阴角线的工程量：$(6.6+3.9)×2=21(m)$。
红松阴角线的用量(m)：$21×(1+0.05)=22.05(m)$
红松阴角线的材积(m^3)：$21×(1+0.05)×0.05×0.05=0.055(m^3)$
(4) 顶棚红松阴角线清漆的工程量：21(m)。
(5) 白色乳胶漆的工程量：$25.74(m^2)$。

7.6 门窗和木结构装饰工程

7.6.1 基本内容

1. 门窗装饰工程

随着社会的发展，门窗从单纯符合功能需要的普通型，向功能和美观齐备的装饰型发展，为适应这种变化，门窗项目划分为普通木门、特种门、普通木窗、铝合金门窗、塑料门窗、钢门窗、铝合金踢脚板及门锁等部分。

普通木门分为镶板门、胶合板门、半截玻璃门、自由门、连窗门五类；每一类又按带纱或不带纱、单扇或双扇、带亮或不带亮等来划分项目，将门框制作、门框安装、门扇制作、门扇安装分别列项，可单独计算，也可合并计算。

厂库房大门、特种门分为木板大门、平开钢木大门、推拉钢木大门、冷藏库门、冷藏冻结间门、防火门、保温门、变电室门、折叠门九种。按平开或推拉、带采光窗或不带采光窗、一面板或二面板(防风型、防严寒两种)、保温层厚100mm或150mm、实拼式或框架式等方法划分项目；将门扇制作和门扇安装、门樘制作安装和门扇制作安装、衬石棉板(单、双)或不衬石棉板分别列项。

普通木窗分为单层玻璃窗、一玻一纱窗、双层玻璃窗、双层带纱窗、百叶窗、天窗、推拉传递窗、圆形玻璃窗、半圆形玻璃窗、门窗扇包镀锌铁皮、门窗框包镀锌铁皮等11个部分。每一部分又可分为单扇无亮、双扇带亮、三扇带亮、四扇带亮、带木百叶片等。

铝合金门窗制作、安装分为单扇地弹门、双扇地弹门、四扇地弹门、全玻地弹门、单扇平开门、单扇平开窗、推拉窗、固定窗、不锈钢片包门框九种，每一种又按无上亮或带上亮、无侧亮或带侧亮或带顶窗等方法划分项目；铝合金、不锈钢门窗安装分为地弹门、不锈钢地弹门、平开门、推拉门、固定窗、平开窗、防盗窗、百叶窗、卷闸门九种。

彩板组角钢门窗安装分为彩板门、彩板窗、附框三个项目。

塑料门窗安装分为塑料门带亮、不带亮和塑料窗单层、带纱四个项目。

钢门窗安装分为普通钢门、普通钢窗、钢天窗、组合钢窗、防盗钢窗、钢门窗安玻璃、全钢板大门、围墙钢大门8种，共18个项目；按单层或带纱、平开式或推拉式或折叠门、钢管框铁丝网或角钢框铁丝网等方法划分项目；将钢大门的门扇制作和门扇安装分别列项。

铝合金踢脚板及门锁安装分为门扇铝合金踢脚板安装和门扇安装2个项目。

2. 木结构装饰工程

木屋架分为圆木木屋架、方木木屋架、圆木钢屋架、方木钢屋架四种；每一种又按10m以内、10m以外、15m以内、20m以内、25m以内等来划分项目。

屋面木基层分为檩条、屋面板制作、钉椽子挂瓦条、钉屋面板油毡挂瓦条、钉屋面板、钉檩条、封檐板七种；按方檩或圆檩、平口或错口、檩木斜中距1.0m以内或1.5m以内，封檐板高20cm或30cm以内划分项目。

木楼梯、木柱、木梁分为木楼梯、圆木柱、方木柱、圆木梁、方木梁五个项目。

此外，木结构工程还包括门窗木贴脸、披水板、盖口条、明式暖气罩、木隔板、木格踏板六个项目。

7.6.2 计算规则

1. 装饰木门框、门扇制作安装

(1) 实木门框制作安装工程量，按门框各组成部件的总长计算。

(2) 实木镶板门扇、实木镶板半玻门扇、实木全玻门扇制作安装工程量，均按门扇外围面积计算。

(3) 装饰板门制作工程量，区分木骨架、基层、装饰面层，以门扇外围面积计算。

(4) 装饰门安装工程量，按门扇安装的扇数计算。

(5) 门扇双面包不锈钢板工程量，按门扇单面外围面积计算。

2. 金属门窗制作安装

(1) 铝合金门窗制作、安装工程量，按不同门窗类型、门窗扇数、有无亮子，以门窗洞口面积计算。纱扇制作安装工程量，按纱扇外围面积计算。

(2) 防火门、防盗门、不锈钢防盗窗、不锈钢格栅门安装工程量，均按框外围面积计算。防火卷帘门安装工程量，按从地(楼)面至端板顶点的长度乘以设计宽度计算。

(3) 不锈钢电动伸缩门、全玻转门、电子感应自动玻璃门制作安装工程量，按自动门制作的樘数计算。

(4) 铝合金门窗(成品)、彩板组角钢门窗安装工程量，按不同类型，以门窗洞口面积计算。

(5) 铝合金卷闸门安装工程量，按其洞口的高度加600mm乘以门的实际宽度计算。安装高度以滚筒顶点为准，带卷筒罩的按展开面积增加。

(6) 不锈钢板包门框安装工程量，按不同龙骨材质，以包门框的不锈钢板展开面积计算。

(7) 无框全玻门、固定无框玻窗安装工程量，按门窗洞口面积计算。

(8) 电动装置安装工程量，按电动装置安装的套数计算。

(9) 小门安装工程量，按小门安装的个数计算。在卷闸门安装工程量中不扣除小门面积。

3. 塑钢门窗安装

(1) 塑钢门(全板)安装工程量，按是否带亮，以门洞口面积计算。

(2) 塑钢窗安装工程量，按是否带纱，以窗洞口面积计算。

4. 门窗套和门窗贴脸

(1) 门窗套安装工程量，按是否带木筋，以门窗套的展开面积计算。

(2) 不锈钢窗套安装工程量，按窗套的展开面积计算。

(3) 大理石花岗石门套(成品)工程量，按门套的展开面积计算。

(4) 门窗贴脸工程量，按不同贴脸宽度，以贴脸的长度计算。

5. 门窗筒子板和窗帘盒

(1) 门窗筒子板安装工程量，按不同木质、是否带木筋，以筒子板的展开面积计算。

(2) 窗帘盒安装工程量，按不同窗帘盒的材质，以窗帘盒的长度计算。

6. 窗台板

窗台板安装工程量，按不同窗台板材质，以窗台板的实铺面积计算。

7. 门窗附件

(1) 窗帘轨道工程量，按不同窗帘轨道材质，以轨道的长度计算。

(2) 吊装滑动门轨工程量，按门轨的长度计算。

(3) 执手杆锁、执手锁、地锁、门轧头、防盗门扣、门眼、门碰珠、高档门拉手、电子锁安装工程量，均按其安装只(副、把)数计算。

(4) 闭门器安装工程量，要区别明装或暗装，以闭门器安装的"副"数计算。

7.6.3 计算实例

【例 7-9】 某工程采用 70 系列银白色带上亮双扇铝合金推拉窗(框外围尺寸为 1 450mm×2 050mm，上亮高 650mm)，型材厚1.3mm，现场制作及安装，试确定其工程量。

解：铝合金推拉窗的工程量：$1.45\times2.05+1.45\times0.65=3.92(m^2)$。

【例7-10】 某室内装饰工程有15樘实木门框单扇无纱切片板门(洞口尺寸为900mm×2 100mm)，门扇为细木工板上双面贴花式切片板，门框设计断面尺寸为52mm×95mm，每樘门装球形锁1把，100mm厚型铜铰链1副，铜门吸1只，求该工程项目工程量。

解：(1) 实木门框工程量：$15\times(0.9+2.1\times2)=58.5(m)$。
门套工程量：$15\times(0.9+2.1\times2)=58.5(m)$
门套线工程量(外)：$15\times(0.9+2.1\times2)=58.5(m)$
门套线工程量(内)：$15\times(0.9+2.1\times2)=58.5(m)$
(2) 门扇工程量：$15\times0.9\times2.1=28.35(m^2)$。
(3) 门锁工程量：15(把)。
(4) 门铰链工程量：15(副)。
(5) 门吸工程量：15(只)。

7.7 油漆、涂料、裱糊装饰工程

7.7.1 基本内容

油漆装饰工程项目按基层不同分为木材面油漆、金属面油漆和抹灰面油漆，在此基础上，按油漆品种、刷漆部位分项。涂料、裱糊装饰工程按涂刷、裱糊和装饰部位分项。有木材面油漆、金属面油漆、抹灰面油漆、喷(刷)涂料和喷塑等；墙面、梁柱面、天棚面的墙纸、金属墙纸、织锦缎等的裱糊。

7.7.2 计算规则

1. 木材面油漆

(1) 油漆面积计算。顶棚、护墙、墙裙、窗台板、筒子板、盖板、门窗套、踢脚线、檐口、暖气罩均按其外围面积计算；间壁、隔断、玻璃间壁露明墙筋、栅栏样杆(带扶手)均按其单面外围面积计算，衣柜、壁柜、零星木装修、梁柱饰面均按其实刷展开面积计算。

(2) 工程量计算。木门刷油漆工程量，按不同木门类型、油漆品种、油漆工序、油漆遍数，以木门洞口单面面积乘以木门工程量系数计算(执行单层木门定额)。木门工程量系数见表7-1。

表7-1 木门工程量系数

项 目	木门工程量系数	计算方法
单层木门	1.00	按单面洞口面积(注：双层(单裁口)木门是指双层框厨)
双层(一玻一纱)木门	1.36	
双层(单裁口)木门	2.00	
单层全玻门	0.83	
单层半玻门	0.91	
木百叶门、木格门	1.25	
厂库大门	1.10	

(3) 木窗刷油漆工程量，按不同木窗类型、油漆品种、油漆工序、油漆遍数，以木窗洞口单面面积乘以木窗工程量系数计算(执行单层木窗定额)。木窗工程量系数见表7-2。

表7-2 木窗工程量系数

项　　目	木窗工程量系数	计算方法
单层玻璃窗	1.00	
双层(一玻一纱)木窗	1.36	
双层框扇(单裁口)木窗	2.00	
双层框三层(二玻一纱)木窗	2.60	按单面洞口面积
单层组合窗	0.83	
双层组合窗	1.13	
木百叶窗	1.50	

(4) 木扶手、窗帘盒、封檐板、顺水板、挂衣板、黑板框、单独木线条、挂镜线、窗帘棍油漆工程量，按不同类型、油漆品种、油漆工序、油漆遍数，以其长度乘以木扶手工程量系数计算[执行木扶手(不带托板)定额]。木扶手工程量系数见表7-3。

表7-3 木扶手工程量系数

项　　目	木扶手工程量系数	计算方法
木扶手(不带托板)	1.00	
木扶手(带托板)	2.60	
窗帘盒	2.04	按延长米
封檐板、顺水板	1.74	
挂衣板、黑板框、单独木线条(100mm以外)	0.52	
挂镜线、窗帘棍、单独木线条(100mm以内)	0.35	

(5) 其他木材面油漆工程量，按不同类型、油漆品种、油漆工序、油漆遍数，以其油漆计算面积乘以其他木材面工程量系数计算(执行其他木材面定额)。其他木材面工程量系数见表7-4。

(6) 竹木地板油漆工程量，按不同油漆品种、油漆遍数、油漆工序，以木地板油漆实刷面积计算，木楼梯的工程量(不包含底面)以木楼梯的水平投影面积乘以系数2.30计算。

2. 金属面油漆

(1) 金属面刷油漆工程量，按不同油漆品种、油漆遍数，以金属构件的重量计算。
(2) 顶棚金属龙骨刷防火涂料工程量，按不同龙骨间距，以防火涂料涂刷的面积计算。

3. 抹灰面油漆

(1) 油漆面积计算。楼地面、顶棚、墙、柱、梁面刷油漆，按油漆展开面积计算；混凝土楼梯底(板式)刷油漆按楼梯水平投影面积计算；混凝土楼梯底(梁式)按油漆展开面积计算；混凝土花格窗、栏杆花饰刷油漆按其单面外围面积计算。

(2) 工程量计算。抹灰面刷油漆工程量，按不同油漆品种、油漆遍数、油漆部位、施工方法，以油漆计算面积乘以抹灰面工程量系数计算。抹灰面工程量系数见表7-5。

表7-4 其他木材面工程量系数

项 目	其他木材面工程量系数	计算方法
木板、纤维板、胶合板顶棚、檐口	1.00	按实际面积
清水板条天棚、檐口	1.07	
窗台板、筒子板、盖板	0.82	
木方格吊顶顶棚	1.20	
吸声板墙面、顶棚面	0.87	
暖气罩	1.28	
鱼鳞板墙	2.48	
木间壁、木隔断	1.90	按单面外围面积
玻璃间壁露明墙筋	1.65	
木栅栏、木栏杆(带扶手)	1.82	
木制家具	1.00	按实际面积或延长米
零星木装修	0.87	按展开面积
木屋架	1.79	跨长(长)×中高×1/2
屋面板(带檩条)	1.11	斜长×宽

注：顶棚线脚和基面同时油漆，其工程量在基面基础上乘以1.05即可不再重复计算其线脚的工程量。

表7-5 抹灰面工程量系数

项 目	抹灰面工程量系数	计算方法
楼地面、顶棚、墙、柱、梁面	1.00	按水平投影面积
混凝土楼梯底(板式)	1.18	
混凝土楼梯底(梁式)	1.42	
混凝土花格窗、栏杆花饰	2.00	按外围面积
槽形底板混泥土折板		按主墙间净面积
梁高500mm以内(非墙位)底板		
梁高500mm以内(非墙位)密肋梁、井字梁底板		

4. 涂料、裱糊

(1) 喷塑工程量，按不同压花、喷点或平面，以喷塑计算面积乘以抹灰面工程量系数计算；喷(刷)刮涂料工程量，按不同涂料品种、喷(刷)刮遍数、喷(刷)刮物面，以涂料计算面积乘以抹灰面工程量系数计算。

(2) 裱糊工程量，按不同裱糊材料、裱糊物面、是否对花，以裱糊计算面积乘以抹灰面工程量系数计算。

(3) 喷塑计算面积、涂料计算面积、裱糊计算面积的计算方法与抹灰面油漆计算面积的计算方法相同。

7.7.3 计算实例

【例 7-11】 某室内装饰工程有纸面石膏板面层刷乳胶漆,石膏线脚,并知室内净尺寸 4.5m×5.4m。求该顶棚工程项目油漆工程的工程量。

解:室内顶棚净面积:$4.5 \times 5.4 = 24.3 (m^2)$。

由于纸面石膏板面层和顶棚石膏线脚乳胶漆同时油漆,因此该顶棚乳胶漆的工程量如下。

$$24.3 \times 1.0 \times 1.05 = 25.52 (m^2)$$

【例 7-12】 某室内装饰门窗工程,分别是双层木窗 $760m^2$,双层木门 $170m^2$,单层木门 $420m^2$,试计算该工程木门窗的油漆工程量。

解:由表 7-1 和表 7-2 查得,木门窗油漆工程量计算系数:单层木门为 1.00、双层木门为 2.00,双层木窗为 2.00。故该木门窗的油漆工程量如下。

$$760 \times 2.00 + 170 \times 2.00 + 420 \times 1.0 = 2\,280.00 (m^2)$$

7.8 室内装饰陈设工程

7.8.1 基本内容

室内装饰陈设工程的内容包括家具、装饰画、挂画、绿色植物和盆栽等。

7.8.2 计算规则

1. 家具

(1) 酒吧台、酒吧吊柜、吧台背柜工程量,均按其长度计算。吧台大理石台板工程量,按大理石台板面积计算。

(2) 嵌入式木壁柜、附墙矮柜、隔断木衣柜、附墙书柜、附墙衣柜、附墙酒柜工程量,均按柜的正立面高度(包括脚的高度在内)乘以宽度计算。

(3) 厨房矮橱工程量,按不同台面材质,以矮橱的正立面高度乘以宽度计算。

(4) 吊橱、壁橱工程量,均按其正立面高度乘以宽度计算。

(5) 不锈钢骨架柜台工程量,按柜台的长度计算。

(6) 木骨架柜台工程量,按不同型号,以柜台的长度计算。

(7) 货架工程量,按不同型号,以正立面的高度(包括脚的高度在内)乘以宽度计算。

(8) 收银台工程量,按不同型式,以收银台的个数计算。

(9) 展台工程量,按其长度计算。试衣间工程量,按其个数计算。

(10) 活动的家具按台或套计算。

2. 装饰画和挂画

(1) 固定在墙上的装饰画的工程量按实际所占的面积计算。

(2) 挂画的工程量一般以幅面尺寸的大小按面积或以"幅"计算。

3. 植物和盆栽

(1) 线状的装饰植物的工程量按植物的种类不同和难易程度以长度 m 计算。

(2) 能衡量面积的室内绿化带和组景的绿色植物的工程量一般按面积计算。

(3) 盆栽的植物和盆景以盆计算。

7.9 脚手架工程

7.9.1 基本内容

脚手架工程工程量，包括室内外装饰装修的内外墙面粉饰的脚手架、顶棚的满堂脚手架以及其他项目的成品保护工程的工程量。

7.9.2 计算规则

1. 脚手架

(1) 装饰装修内、外脚手架工程量，按不同檐高，以外墙的外边线长乘墙高计算，不扣除门窗洞口面积。檐高是指建筑物自设计室外地坪面至外墙顶点或构筑物顶面的高度。

(2) 满堂脚手架工程量，按实际搭设的水平投影面积计算，不扣除附墙垛、柱所占的面积。其基本层高以 3.6m～5.2m 为准。凡超过 3.6m 且在 5.2m 以内的顶棚抹灰及装饰装修，应计算脚手架基本层；层高超过 5.2m，每增加 1.0m 计算一个增加层，增加层的层数＝(层高－5.2)m÷1.0m，按四舍五入取整数。室内装饰工程中，凡计算了满堂脚手架者，其内墙面粉饰不再计算内墙面粉饰脚手架。

(3) 装修砖砌体高度在 1.2m 以上时，按砌体长度乘以高度以平方米计算；高度在 3.6m 以内者，套用里脚手架项目；高度在 3.6m 以上者，套用单排脚手架项目乘以系数 3.33。

(4) 石砌体高度在 1.2m 以上时，按砌体长度乘以高度以平方米计算；高度在 3.6m 以内者，套用单排脚手架乘以系数 3.33；高度 3.6m 以上者，套用双排脚手架项目乘以系数 3.33。

(5) 独立的砖、石、钢筋混凝土柱，按柱结构外围周长加 3.6m 乘以柱高的面积计算；高度在 3.6m 以下者，套用单排脚手架定额乘以系数 3.33；高度在 3.6m 以上者，套用相应高度的双排脚手架项目并乘以系数 3.33。

(6) 现浇钢筋混凝土墙，按墙结构长度乘以高度以平方米计算，套用相应高度的双排脚手架项目乘以系数 3.33。

(7) 现浇钢筋混凝土单梁或连续梁，按梁结构长度乘以室外设计地坪面(或楼板面)至梁顶面的高度以平方米计算，套用相应高度的双排脚手架项目乘以系数 3.33，与之相关联的框架柱不再计算脚手架。

(8) 吊篮脚手架按实际装饰垂直投影面积以平方米计算。

(9) 安装工程脚手架搭拆费按与建筑装饰相配套的电气、给排水、通风工程项目中的人工工日分别乘相应定额子目含量计算。

(10) 安全过道的脚手架工程量，按实际搭设的水平投影面积(架宽乘架长)计算。

(11) 封闭式安全脚手架工程量，按实际封闭的垂直投影面积计算。

(12) 斜挑式安全脚手架工程量，按实际搭设的斜面面积计算。

(13) 满挂安全网工程量，按实际满挂的垂直投影面积计算。

2. 项目成品保护

(1) 楼地面保护工程量,按楼地面的面积计算。

(2) 楼梯、台阶保护工程量,按楼梯、台阶的水平投影面积计算。

(3) 独立柱保护工程量,按独立柱外周面积计算。外周面积等于柱外周长乘以柱高。

(4) 内墙面保护工程量,按内墙面面积计算。

7.9.3 计算实例

【例 7-13】 某建筑物室内平面如图 7.6 所示,试计算天棚抹灰满堂脚手架工程量。

解:房间Ⅰ天棚高度 $H_{\mathrm{I}}=6.8\mathrm{m}>3.6\mathrm{m}$,房间Ⅱ天棚高度 $H_{\mathrm{II}}=3.2\mathrm{m}<3.6\mathrm{m}$,房间Ⅲ天棚高度 $H_{\mathrm{III}}=3.4\mathrm{m}<3.6\mathrm{m}$,故只有房间Ⅰ应按满堂脚手架另计算脚手架费用,且 $H_{\mathrm{I}}>5.2\mathrm{m}$ 时应有增加层。

(1) 确定增加层数。
$$N=(H_{\mathrm{I}}-5.2)/1.0=(6.8-5.2)/1.0\approx 2$$

(2) 室内净空面积。
$$(6.4-0.12\times 2)^2-(3.2+0.12\times 2)^2=26.12(\mathrm{m}^2)$$

(3) 天棚抹灰满堂脚手架工程量。

基本层的满堂脚手架工程量:$26.12(\mathrm{m}^2)$

增加层的满堂脚手架工程量:$26.12\times 2=52.24(\mathrm{m}^2)$

图 7.6 某室内平面图

7.10 其 他 工 程

7.10.1 基本内容

本节内容包括招牌、灯箱制作,美术字安装,压条和装饰线条,暖气罩,镜面玻璃和拆除清理等室内装饰工程。

7.10.2 计算规则

1. 招牌、灯箱安装

1) 骨架

(1) 平面招牌基层工程量，按不同结构材料、造型或制作安装的复杂程度，以招牌基层正立面面积计算。沿雨篷、檐口或阳台走向的立式招牌基层，按平面招牌复杂造型执行，应按展开面积计算。

(2) 箱式招牌基层工程量，按不同箱体厚度、箱体形状，以箱式招牌基层的外围面积计算。突出箱外的灯饰、店徽及其他艺术装潢等均应另行计算。

(3) 竖式标箱基层工程量，按不同标箱厚度、标箱形状，以竖式标箱基层的外围面积计算。突出箱外的灯饰、店徽及其他艺术装潢等均应另行计算。

(4) 广告牌钢骨架工程量，按钢骨架的重量计算。

2) 面层

招牌、灯箱面层工程量，按不同面层材料，以面层的展开面积计算。

2. 美术字安装

美术字安装工程量，按不同美术字材质、美术字最大外围面积、安装墙面材质，以美术字安装的个数计算。

3. 压条、装饰线条

(1) 金属装饰条安装工程量，按不同金属装饰条的类型，以金属装饰条安装长度计算。

(2) 镜面不锈钢装饰条安装工程量，按不同装饰条的宽度，以不锈钢装饰条的安装长度计算。

(3) 木质装饰线条安装工程量，按不同装饰线条宽度，以木质装饰线条的安装长度计算。

(4) 石材装饰线安装工程量，按不同装饰线宽度、安装方法，以石材装饰线安装的长度计算。

(5) 石材装饰线现场磨边工程量，按不同边线形状，以石材装饰线磨边的长度计算。

(6) 石膏条、镜面玻璃条、铝塑线条安装工程量，均按其安装的长度计算。

(7) 石膏顶角线安装工程量，按不同石膏顶角线宽度，以石膏顶角线安装的长度计算。

(8) 石膏艺术浮雕安装工程量，要区别角花或灯盘，以石膏艺术浮雕安装的只数计算。

4. 暖气罩

暖气罩安装工程量，按不同面板材质、暖气罩形式，以暖气罩边框外围尺寸垂直投影面积计算(包括脚的高度在内)。

5. 镜面玻璃

镜面玻璃安装工程量，按不同镜面玻璃面积，带框与否，以镜面玻璃的正立面面积计算。

6. 拆除清理

(1) 顶棚拆除工程量，按不同顶棚龙骨材质、顶棚面层材质，以顶棚拆除的面积计算。

(2) 墙面拆除工程量，按不同龙骨材质，有无龙骨，以墙面拆除的面积计算。

(3) 间壁墙拆除工程量，按不同间壁墙骨架材质、间壁墙面层材质，以间壁墙拆除的面积计算。

(4) 门窗拆除工程量，按不同门窗材质，以门窗拆除的面积计算。木地板拆除工程量，按是否带龙骨，以木地板拆除的面积计算。

(5) 木楼梯拆除工程量，按木楼梯水平投影面积计算。扶手及栏杆拆除工程量，按不同栏杆材质，以扶手及栏杆拆除的长度计算。

(6) 窗台板、门窗套、窗帘盒(带轨)拆除工程量，均按其拆除的长度计算。

(7) 垃圾外运工程量，按不同运输距离，以垃圾外运的体积计算。

(8) 封洞工程量，按不同封洞材料，以封洞的面积计算。凿槽工程量，按凿槽的长度计算。

(9) 楼地面拆除工程量，按不同楼地面面层材料，以楼地面拆除的面积计算。

(10) 顶棚铲灰壳工程量，按不同顶棚面层材质，以顶棚铲灰壳的面积计算。

(11) 墙面铲除工程量，按不同墙体材质、墙面材质、以墙面铲除的面积计算。

(12) 清除油皮工程量，按不同油皮所在物面，以清除油皮的面积计算。

7. 其他

(1) 毛巾环、卫生纸盒工程量，按其固定的只数计算。肥皂盒工程量，按不同肥皂盒固定型式，以肥皂盒固定的只数计算。

(2) 不锈钢旗杆安装工程量，按旗杆的重量计算。

(3) 金属帘子杆、浴缸拉手安装工程量，按其固定的副数计算。

(4) 毛巾杆安装工程量，按不同毛巾杆材质，以毛巾杆固定的副数计算。

(5) 大理石洗漱台安装工程量，按不同台面面积，以台面的水平投影面积计算。不扣除孔洞面积。

小 结

> 工程量是用来表示工程的量，即指以物理计量单位或自然计量单位所表示的各个具体分项工程和构配件的实物量，工程量的计量单位必须与定额规定的单位一致。
>
> 室内装饰工程分部分项工程量是衡量室内装饰工程项目的量，是计算室内装饰工程造价的依据。所以，室内装饰工程分部分项工程量计算原则关系到造价是否准确，预算是否科学。本章系统地介绍了室内装饰工程分部分项工程量的基本内容和基本原则。

思考与练习

1. 图 7.7 所示为某室内墙面设计图，试求该墙面工程的工程量。

2. 某工程有 308m² 水磨石砖楼面，其设计的构造为：素水泥浆一道；15mm 厚 1：3 水泥砂浆找平层；8mm 厚 1：2 水泥砂浆粘贴 500mm×500mm 镜面同质砖(预算价为 37.3 元/块)；面层进行酸洗打蜡。求水磨石的工程量和酸洗打蜡的工程量。

图 7.7 某室内墙面设计图

3. 某室内地面铺设硬木企口木地板(成品)，室内主墙间的尺寸为 $3.9×4.5m^2$，墙厚为 200mm，又已知木龙骨规格 $60×40×4\,000$，木地板的规格 $900×80×18$。试求实木地板的工程量和木龙骨的工程量，并计算木龙骨和木地板的用量。

4. 某会议室吊顶如图 7.8 所示，地坪到砼楼板底高 4.80m。吊顶采用 $400×600$ 型(上人)轻钢龙骨双层，纸面石膏板面层，暗式窗帘盒为细木工板和五夹板。天棚装饰线见图 7.8(b)1-1 剖面，石膏板满批腻子 2 遍，清油封底，面刷白色乳胶漆 3 遍(不考虑粘自粘胶带)。装饰线及窗帘盒刷聚氨酯漆 2 遍，求该顶棚工程工程量。

图 7.8 某会议吊顶设计图

5. 门大样如图 7.9 所示，采用木龙骨，三夹板基层，外贴白桦木切片板，整片开洞镶嵌红桦实木百叶风口装饰，红桦实木收边线封门边。门油硝基清漆，亚光硝基清漆罩面。求该门的工程量。

图7.9 某门设计图

第 8 章 室内装饰工程设计概算及施工图预算

教学提示：室内装饰工程预算是室内装饰工程的重要文件，是室内装饰企业进行成本核算的依据，是设计企业进行估算的重要依据，也是室内设计、室内装修技术人员、管理人员所必须掌握的一个技术性和技巧性的课程。因此，掌握室内装饰工程预算，对于提高设计水平和室内装饰工程的管理水平等都具有重要的意义。

教学目标：了解室内装饰工程预算定义、分类以及室内装饰工程预算方法；重点掌握室内装饰预算设计概算和施工图预算的编制。

8.1 室内装饰工程预算的种类与编制方法

8.1.1 预算和预算种类

1. 预算

概预算是指工程建设项目在开工前，是根据室内装饰工程的不同设计阶段的设计图样的具体内容和国家规定的定额、指标及各项取费标准，在装饰工程建设之前对所需的各种人力、物力资源及资金的预先估计和计算。其目的在于有效地确定和控制建设项目的投资和进行人力、物力、财力的准备工作，以保证工程项目的顺利建成。

概预算作为一种专业术语，实际上又存在着两种理解。广义理解应指概预算编制这样一个完整的工作过程，狭义理解则指这一过程必然产生的结果，即概预算文件。

2. 预算种类

1) 根据编制对象的不同分类

(1) 单位工程预算。单位工程预算，是根据设计文件和图样、结合施工方案和现场条件计算的工程量和套用预算费用定额，以此来确定单位工程造价。

(2) 工程建设其他费用预算。工程建设其他费用预算，是指根据有关规定应在建设投资中计取的，建筑安装工程费用、设备购置费用、工器具及生产工具购置费、预备费以外的一切费用(详见第 5 章第 2 节的内容)。装饰工程其他费用预算以独立的项目列入单项工程综合预算和总预算中。

(3) 单项工程综合预算。单项工程综合预算，是由组成该单项工程的各个单位工程预算汇编而成的，用于确定单项工程(建筑单体)工程造价的综合性文件。

(4) 建设项目总预算。建设项目总预算，是由组成该装饰工程的各个单项工程综合预算、设备购置费用、工器具及生产工具购置费、预备费加工程建设其他费用预算汇编而成的用于确定装饰工程从筹建到竣工验收全部建设费用的综合性文件。

2) 根据建设活动开展的阶段不同分类

(1) 投资估算。投资估算是指在编制建设项目建议书和可行性研究阶段，对建设项目总投资的粗略估算，它是装饰工程项目决策时的一项主要参考性经济指标。

(2) 设计概算。设计概算是指在工程项目的初步设计阶段，根据初步设计文件和图样、概算定额(或概算指标)及其有关费用定额等，对工程项目所应发生费用的概略计算。它是建设单位确定和控制基本建设投资额、编制基本建设计划、选择最优设计方案、推行限额设计的重要依据，也是计算工程设计收费、编制招标标底和投标报价、确定工程项目总承包合同价的主要依据。

(3) 施工图预算。施工图预算是指一般意义上的预算，指当装饰工程项目的施工图设计完成后，在单位工程开工前，根据施工图样和设计说明、预算定额、预算基价以及费用定额等，对工程项目所应发生费用的较详细的计算。它是确定单位工程、单项工程预算造价的依据；是确定招标工程标底和投标报价，签订工程承包合同价的依据；是建设单位与施工单位拨付工程款项和竣工决算的依据；也是施工企业编制施工组织设计、进行成本核算的不可缺少的文件。在本书中，以介绍施工图预算为主。

(4) 施工预算。施工预算是指施工单位在施工前为了确定建设工程项目发生的劳动力、材料和机械台班等编制的工程预算。它是施工单位编制施工作业进度计划，实行定额管理、班组核算的依据。

上述几种概预算文件均是在工程开工之前计算的。而在项目动工兴建过程中和竣工后还须要分阶段编制工程结算和竣工决算，以确定工程项目的实际建设费用。它们之间存在的差异，见表8-1。

表8-1 不同阶段的概预(决)算特点对比

类 别	编制阶段	编制单位	编制依据	用 途
投资估算	可行性研究	工程咨询机构	投资估算指标	投资决策
设计概算	初步设计或扩大初步设计	设计单位	概算定额	控制投资及造价
施工图预算	工程承发包	建设单位委托的工程咨询机构和施工单位	预算定额	编制标底、投标报价、确定工程合同价
施工预算	施工阶段	施工单位	施工定额	企业内部成本、施工进度控制
竣工结算	竣工验收前	施工单位	预算定额、设计及施工变更资料	确定工程项目建造价格
竣工决算	竣工验收后	建设单位	预算定额、工程建设其他费用定额、竣工结算资料	确定工程项目实际投资

3) 根据单位工程的专业项目分类

(1) 建筑工程概(预)算，含土建工程及装饰工程。

(2) 装饰工程概(预)算，专指二次装饰装修工程。

(3) 安装工程概(预)算，含建筑电气照明、给排水、暖气空调等设备安装工程。

(4) 市政工程概(预)算。
(5) 仿古及园林建筑工程概(预)算。
(6) 修缮工程预概(预)算。
(7) 煤气管网工程概(预)算。
(8) 抗震加固工程概(预)算。

8.1.2 室内装饰工程预算及其作用

1. 室内装饰工程预算

室内装饰工程预算，是指在执行室内装饰工程建设程序过程中，根据不同的设计阶段、设计文件的具体内容和国家规定的定额指标以及各种取费标准，预先计算和确定每项新建、扩建、改建和重建工程中的装饰工程所需全部投资额的经济文件。它是室内装饰工程在不同建设阶段经济上的反映，是按照国家规定的特殊计划程序，预先计算和确定装饰工程价格的计划文件。

根据我国现行的设计和预算文件编制以及管理方法，对工业与民用建设工程项目做了如下规定。

(1) 采用两阶段设计的建设项目，在扩大初步设计阶段，必须编制设计概算；在施工图设计阶段，必须编制施工图预算。

(2) 采用三阶段设计的建设项目，除在初步设计、施工图设计阶段，必须编制相应的概算和施工图预算外，还必须在技术设计阶段编制修正概算。因此，不同阶段设计的室内装饰工程，也必须编制相应的概算和预算。

室内装饰工程预算所确定的投资额，实质上就是室内装饰工程的计划价格。这种计划价格在工程建设工作中，通常又称为"概算造价"或"预算造价"。

2. 室内装饰工程预算的作用

室内装饰工程预算的作用体现在以下5点。

(1) 室内装饰工程预算是室内装饰施工单位(施工企业或称乙方)和建设单位(房主或称甲方)签订工程承包合同和办理工程结算价款的依据。经过甲、乙双方编制、审定、认可的装饰工程预算，是双方装饰工程结算的依据。单位工程完工后，根据变更工程增、减项目调整预算，进行结算。如果条件具备，根据甲、乙双方签订的工程合同，双方认可的装饰工程预算可以直接作为工程造价包干价款结算的依据。

(2) 室内装饰工程预算是银行拨付工程价款的依据。银行(建设银行或工商银行)根据双方审定的装饰工程预算，办理工程拨款，监督甲、乙双方履行合同，按工程进度拨付工程进度款和竣工结算。如施工超出预算时，由建设单位(甲方)同工程设计单位作修改设计或增加项目投资，需要编制补充预算。

(3) 室内装饰工程预算是施工企业(乙方)编制计划、统计和完成施工产值的依据。室内装饰工程预算是施工单位正确编制计划，进行装饰工程施工准备，组织施工力量，组织材料供应，统计上报完成施工产值的依据。

(4) 装饰工程预算是加强施工企业经济核算的依据。室内装饰工程预算是企业实行经济核算、考核经营成果的依据，有了工程预算，就可以进行工、料核算，对比实际消耗量，进行经济活动分析,加强企业内部管理。

(5) 室内装饰工程预算在实行招标承包制的情况下,是建设单位(甲方)确定标底和施工单位(乙方)投标、报价的依据。

8.1.3 室内装饰工程预算种类和预算编制方法

1. 室内装饰工程预算种类

按照装饰工程的基本建设阶段和编制依据的不同,室内装饰工程投资文件可分为工程投资估算、设计概算、施工图预算、施工预算和竣工决算等5种形式。

1) 工程投资估算

根据室内装饰设计任务书规划的工程项目,依照概算指标所确定的工程投资额、主要材料用量等经济指标,称为"室内工程投资估算"。

室内装饰工程投资估算的作用:室内装饰设计任务书的主要内容之一,也是审批项目、立项的主要依据之一。

2) 设计概算

设计概算是指在初步设计阶段,由设计单位根据初步设计或扩大初步设计图样、概算定额或概算指标、各项费用定额或取费标准等有关资料,预先计算和确定室内装饰工程费用的文件。在投资估算的控制下由设计单位根据初步设计(或技术设计)图样及说明、概算定额(概算指标)、各项费用定额或取费标准(指标)、设备、材料预算价格等资料,编制和确定的室内装饰工程项目从筹建至竣工交付使用所需全部建设费用的文件。设计概算文件应该包括建设项目总概算、单项工程综合概算、单位工程以及其他工程的费用概算。

设计概算的作用:室内装饰工程设计概算是控制室内装饰工程建设投资、编制工程计划的依据,也是确定工程投资最高限额和分期拨款的依据。

3) 施工图预算

室内装饰工程施工图预算是确定室内装饰工程造价的基础文件。施工图预算是指在施工图设计阶段,当工程设计完成后,在工程开工之前,由施工单位根据施工图样计算的工程量、施工组织设计和国家或地方主管部门规定的现行预算定额、单位估价表以及各项费用定额或取费标准等有关资料,预先计算确定的建筑装饰工程费用的文件。施工图预算的内容应包括单位工程总预算、分部和分项工程预算、其他项目及费用预算等三部分。

施工图预算的作用:施工图预算是确定工程施工造价、签订承建合同、实行经济核算、进行拨款决算、安排施工计划、核算工程成本的主要依据,也是工程施工阶段的法定经济文书。

4) 施工预算

施工预算是施工单位内部编制的一种预算,是指施工阶段在施工图预算的控制下,施工队根据施工图计算的工程量、施工定额、单位工程施工组织设计等资料,通过工料分析,预先计算和确定完成一个单位工程或其中的分部工程所需的人工、材料、机械台班消耗量及其相应费用的文件。施工预算的主要内容包括工料分析、构件加工、材料消耗量、机械台班等分析计算资料,适用于劳动力组织、材料储备、加工订货、机具安装、成本核算、施工调度、作业计划、下达任务、经济包干、限额领料等项管理工作。

施工预算的作用：施工预算是签发施工任务单、限额领料、开展定额经济包干、实行按劳分配的依据，也是施工企业开展经济活动分析和进行施工预算与施工图预算对比的依据。

5) 竣工决算

室内装饰工程竣工后，根据实际施工完成情况，按照施工图预算的规定和编制方法，所编制的工程施工实际造价以及各项费用的经济文书，叫做"竣工决算"。它是由施工企业编制的最终付款凭据，经建设单位和建设银行审核无误后生效。

竣工决算的作用：是施工企业和建设单位进行最终付款的依据，是分析工程施工方案的依据。

6) 施工预算和施工图预算的关系

室内装饰施工预算的作用是可以提供给施工企业准确的施工量，作为编制施工计划、劳动力使用计划、材料需用计划、机械台班使用计划、对外订货加工计划的依据。另外，它还是对班组实行经济核算、按定额下达任务单、限额领料、保证工程工期、考核施工图预算、降低工程成本的依据。施工预算确定的是装饰企业内部的工程计划成本。

室内装饰施工图预算的作用是组织施工管理，加强经济核算的基础；是签订施工承包合同、拨付工程进度款、甲乙双方办理竣工工程价款的依据。施工图预算为室内装饰工程造价，为预算成本。

确定室内装饰工程计划成本的施工预算与确定装饰工程预算成本的施工图预算之间进行对比，或者施工预算与施工图预算或工程计划成本与工程预算成本之间相比较称作"两算"对比。它是装饰施工企业为了防止工程预算成本超支而采取的一种防范措施。施工预算和施工图预算是从不同角度计算的两本经济账，通过"两算"对比分析，可以预先找出节约的途径防止超支，如若超支，可找出原因，研究解决的办法，更改方案，防患于未然。

总之，施工预算和施工图预算，虽然两者编制的依据都是施工图，但两者编制的出发点不同、方法不同、深度不同，两者的作用不同，因此两者不能混为一谈。

2. 室内装饰工程预算编制方法

室内装饰工程预算的编制方法主要有单位估价法、实物造价法和工程量清单造价法等。一般的室内装饰工程预算，按常规应采用单位估价法编制施工图预算，但由于装饰工程多使用新材料、新技术、新机械设备，在必要时需要采用实物造价法编制工程预算；而在装饰工程招投标时预算编制多采用工程量清单造价法。

1) 单位估价法

单位估价法是指利用分部分项工程单价计算工程造价的方法，即根据各分项工程的工程量、装饰预算定额或单位估价表，计算工程定额基价、其他直接费，并由此计算间接费、计划利润、税金和其他费用，最后汇总形成装饰工程预算造价的方法。

它是目前普遍采用的方法。其计算程序如下。

(1) 根据施工图计算出分部分项工程量。

(2) 根据地区装饰工程预算定额单位估价表或预算定额单价计算分部分项工程直接费，汇总为单位工程直接费。

(3) 根据取费规定，计算间接费、计划利润、直接费汇总，计算得出单位工程预算造价。

(4) 进一步汇总得出综合预算和总预算造价。

2) 实物造价法

实物造价法是指以实际用工、料数量来计算工程造价的方法，即根据实际施工中所用的人工、装饰材料和机械等数量，按现行的劳动定额、地区人工工资标准、装饰材料预算价格和机械台班价格等计算人工费、材料费和机械费，汇总后在此基础上计算其他费用，然后再按照相应的费用定额计算间接费、计划利润、税金、其他费用，最后汇总形成装饰工程预算造价的方法。它主要用于新材料、新工艺、新设备或定额的缺项。其计算程序如下。

(1) 利用施工图设计计算材料消耗数量。
(2) 按照劳动定额计算人工工日。
(3) 按照室内装饰机械台班费用定额计算施工机械使用费。
(4) 根据人工日工资标准、材料预算价格、机械台班费用单价等资料，计算单位工程直接费。
(5) 算出间接费、计划利润，并与直接费汇总成单位工程预算造价。
(6) 进一步汇总，得出综合造价和总预算造价。

3) 工程量清单计价法

工程量清单计价法是指以招标文件规定完成工程量清单来计算工程造价的方法，即根据室内装饰工程建设单位提供的工程量清单、装饰工程的地区计价规定和相关的取费标准，而编制工程项目的分部分项工程费用、措施项目费用和其他项目费用以及利润税收后再汇总装饰工程造价的方法。其计算程序如下。

(1) 编制分部分项工程量清单、措施项目清单和其他项目清单等清单内容。
(2) 计算分部分项工程量清单费用。
(3) 计算措施项目费。
(4) 计算其他措施项目费。
(5) 计算规费和税金。
(6) 汇总计算工程造价。

8.2 室内装饰工程设计概算编制与审查

8.2.1 设计概算编制

1. 室内装饰工程设计概算的作用

室内装饰工程设计概算是室内装饰工程设计文件的重要组成部分，在投资估算的控制下由设计单位对某室内装饰工程造价的粗略计算。它包括分部分项工程概算、给排水及采暖工程概算、通风及空调工程概算、电气照明工程概算和弱电工程概算等。室内装饰工程属单位工程的范畴，其设计概算为单位工程设计概算。其主要作用体现在以下几个方面。

(1) 设计概算是国家制定和控制建设投资的依据。对于国家投资项目按照规定报请有关部门或单位批准初步设计及总概算，一经上级批准，总概算就是总造价的最高限额，不得有任意突破，如有突破须报原审批部门批准。

(2) 设计概算是编制工程项目进度计划的依据。工程项目施工计划、投资需要量的确定和建设物资供应计划等，都以主管部门批准的设计概算为依据。若实际投资超过了总概算，设计单位和建设单位共同提出追加投资的申请报告，经上级计划部门批准后，方能追加投资。

(3) 设计概算是进行拨款和贷款的依据。建设银行根据批准的设计概算和项目进度计划，进行拨款和贷款，并严格实行监督控制。

(4) 设计概算是签订总承包合同的依据。对于施工期限较长的大中型室内装饰工程项目，可以根据批准的建设计划、初步设计和设计概算文件确定工程项目的总承包价，采用工程总承包的方式进行建设。

(5) 设计概算是考核设计方案的经济合理性和控制施工图预算和施工图设计的依据。

(6) 设计概算是考核和评价工程建设项目成本和投资效果的依据。工程建设项目的投资转化为建设项目法人单位的新增资产，可根据建设项目的生产能力计算建设项目的成本、回收期及投资效果系数等技术经济指标，并将以概算造价为基础计算的指标与以实际发生造价为基础计算的指标进行对比，从而对工程建设项目成本及投资效果进行评价。

2. 设计概算的编制依据

设计概算的编制依据如下。

(1) 国家和地方发布的有关法律、法规、规章、规程等。

(2) 批准的可行性研究报告及投资估算、设计图样等有关资料。

(3) 有关部门颁布的现行概算定额、概算指标、费用定额等和建设项目设计概算编制办法。

(4) 有关部门发布的人工、材料价格，有关设备原价及运杂费率，造价指数等。

(5) 建设场地自然条件和施工条件，有关合同、协议等。

(6) 其他有关资料。

3. 设计概算编制方法

室内装饰工程设计概算主要有概算定额法、概算指标法和类似工程预算法等，现分述如下。

1) 概算定额法

利用概算定额编制单位室内装饰工程设计概算的方法，同利用预算定额编制单位室内装饰工程施工图预算的方法基本相同，概算书所用表式与预算书表式也基本相同。不同之处是设计概算项目划分较施工图预算粗略，是把施工图预算中的若干个项目合并为一项，并且采用的是概算工程量计算规则。它要求设计具有一定深度，图样内容比较齐全、完善，可以较为准确算出工程量，其具体步骤如下所述。

(1) 熟悉设计图样，了解设计意图、施工条件和施工方法。

(2) 计算工程量。按照概算定额分部分项顺序，列出各分项工程的名称，并计算工程量。工程量计算应按概算定额中规定的工程量计算规则进行，并将计算所得各分项工程量按概算定额编号顺序，填入工程概算表内。

(3) 确定各分部分项工程项目的概算定额单价。工程量计算完毕后，逐项套用相应概算定额单价和人工、材料消耗指标，然后分别将其填入工程概算表和工料分析表中。如遇到设计图中的分项工程项目名称、内容与采用的概算定额手册中相应的项目有某些不相符时,则按规定对定额进行换算后方可套用。

有些地区根据地区人工工资、物价水平和概算定额编制与概算定额配合使用的扩大单位估价表,该表确定了概算定额中各扩大分项工程或扩大结构构件所需的全部人工费、材料费、机械台班使用费之和,即概算定额单价。在采用概算定额法编制概算时,可以将计算出的扩大分部分项工程的工程量,乘以扩大单位估价表中的概算定额单价进行直接工程费的计算。计算概算定额单价的计算公式如下。

$$概算定额单价 = 概算定额人工费 + 概算定额材料费 + 概算定额机械台班使用费 \quad (8-1)$$

$$= \sum(概算定额中人工消耗量 \times 人工单价) + \sum(概算定额中材料消耗量 \times 材料预算单价) + \sum(概算定额中机械台班消耗量 \times 机械台班单价) \quad (8-2)$$

(4) 计算室内装饰工程直接工程费和直接费。将已算出的各分部分项工程项目的工程量及在概算定额中已查出的相应定额单价和单位人工、材料消耗指标分别相乘,即可得出各分项工程的直接工程费和人工、材料消耗量。再汇总各分项工程的直接工程费及人工、材料消耗量,即可得到该单位工程的直接工程费和工料总消耗量。最后,再汇总措施费即可得到该单位工程的直接费。如果规定有地区的人工、材料价差调整指标,计算直接工程费时,按规定的调整系数或其他调整方法进行调整计算。

(5) 根据直接费,结合其他各项取费标准,分别计算间接费、利润和税金。

(6) 计算单位工程概算造价。

单位工程概算造价的计算公式如下:

$$单位工程概算造价 = 直接费 + 间接费 + 利润 + 税金 \quad (8-3)$$

2) 概算指标法

当室内装饰工程采用的技术比较成熟而且又有类似的工程资料可以利用时,可采用概算指标法来编制设计概算。根据类似室内装饰工程的预算或竣工结算的资料来编制拟建装饰工程的设计概算指标。采用概算指标法计算精度较低,是一种对工程造价估算的方法,但由于其编制速度快,故有一定实用价值。

在初步设计阶段编制设计概算,如已有初步设计图样,则可根据初步设计图样、设计说明和概算指标,按设计的要求、条件和结构特征(如地面、墙面、顶棚等结构及其施工工艺等),查阅概算指标中的相似类型的室内装饰工程项目的简要说明和结构特征,来编制设计概算;如无初步设计图样无法计算工程量或在可行性研究阶段只具有轮廓方案,也可用概算指标来编制设计概算。

(1) 直接套用概算指标编制概算。如果拟建室内装饰工程项目在设计上与概算指标中的某室内装饰工程项目相符,则可直接套用指标进行编制。当指标规定了装饰工程每百平方米或每平方米的人工、主要材料消耗量时。概算具体步骤及计算公式如下。

① 根据概算指标中的人工工日数及现行工资标准计算人工费。

$$每平方米建筑面积人工费 = 指标人工工日数 \times 地区日工资标准 \quad (8-4)$$

② 根据概算指标中的主要材料数量及现行材料预算价格计算材料费。

$$每平方米建筑面积主要材料费 = \sum(主要材料数量 \times 地区材料预算价格) \quad (8-5)$$

③ 按求得的主要材料费及其他材料费占主要材料费中的百分比,求出其他材料费。

每平方米建筑面积其他材料费＝每平方米建筑面积主要材料费×

其他材料费的比例 (8-6)

④ 施工机械使用费在概算指标中一般是用"元"或占直接费百分比表示,直接按概算指标规定计算。

⑤ 按求得的人工费、材料费、机械费,求出直接费。

每平方米建筑面积直接费＝人工费＋主要材料费＋其他材料费＋机械费 (8-7)

⑥ 按求得的直接费及地区现行取费标准,求出间接费、税金等其他费用及材料价差。

⑦ 将直接费和其他费用相加,得出概算单价。

每平方米建筑面积概算单价＝直接费＋间接费＋材料价差＋税金 (8-8)

⑧ 用概算单价和建筑面积相乘,得出概算价值。

设计工程概算价值＝设计工程建筑面积×每平方米建筑面积概算单价 (8-9)

(2) 概算指标的修正。随着室内装饰技术的发展,新结构、新技术、新材料的应用,设计也在不断地发展。因此,在套用概算指标时,设计的内容不可能完全符合概算指标中所规定的结构特征。此时,就不能简单地按照类似的概算指标套算,而必须根据差别的具体情况,对其中某一项或某几项不符合设计要求的内容,分别加以修正。经修正后的概算指标,方可使用。修正方法如下。

单位建筑面积造价修正概算指标＝原概算指标单价－换出结构构件单价＋

换入结构构件单价 (8-10)

其中:

换出(或换入)结构构件单价＝换出(或换入)结构构件工程量×

相应的概算定额单价 (8-11)

设计内容与概算指标规定不符时需要修正概算指标,其目的是为了保证概算价值的正确性。具体编制步骤如下。

① 根据概算指标求出每平方米室内装饰面积的直接费。

② 根据求得的直接费,算出与拟建工程不符的结构构件的价值。

③ 将换入结构构件工程量与相应概算定额单价相乘,得出拟建工程所要的结构构件价值。

④ 将每平方米建筑面积直接费,减去与拟建工程不符的结构构件价值,加上拟建工程所要的结构构件价值,即为修正后的每平方米建筑面积的直接费。

⑤ 求得修正后的每平方米建筑面积的直接费后,就可按照"直接套用概算指标法",编制出单位工程概算。

【例 8-1】 某地拟建(含中等装修)一别墅,建筑面积 1 420m²,装修结构及工艺与已装修的某别墅工程相同(层数相同为 3 层,底层面积为 500m²,层高相同)。已装修的类似工程每平方米建筑面积主要资源消耗为:人工消耗 8.92 工日,钢材 44.68kg,水泥 276.90kg。原木 0.074m²,铝合金门窗 0.17m²,其他材料费为主材费的 45%,机械费占定额直接费的 8%。拟建工程主要资源的现行预算价格分别为:人工 43 元/工日,钢材 3.4 元/kg,水泥 0.35 元/kg,原木 1 400 元/m²,铝合金门窗平均 350 元/m²,拟建工程综合费率为 20%。拟装修工程,与类似工程相比,只有地面(相似工程花岗岩地面改为复合木地板地面)装修不同,应用概算指标法,求拟建工程概算造价。

解: (1) 计算拟建工程单位平方米建筑面积的人工费、材料费和机械费。

人工费 = 8.92×43 = 383.56

材料费 = (44.68×3.4+276.90×0.35+0.074×1 400+0.17×35)×(1+45%)
     = 519.65

机械费 = 直接费×8%

直接费 = 383.56+519.65+直接费×8%

直接费 = (383.56+519.65)÷(1−8%) = 981.75

(2) 计算拟建工程概算指标。

概算指标 = 981.75×(1+20%) = 1178.10(元/m^2)

(3) 查建筑装饰工程预算定额，1-126 花岗岩地面子项目的定额单价为 272.71 元/m^2 和 1-140 复合地板的预算定额单价为 336.92 元/m^2，则：

预算结构差异额 = 500×(336.92−217.42)÷1 420 = 42.08(元/m^2)

(4) 计算拟建工程修正概算指标和概算造价。

修正概算指标 = 1 178.10+42.08×(1+20%) = 1 228.60(元/m^2)

(5) 拟建工程概算造价 = 1 420×1 228.60 = 1744612.00(元) = 174.60(万元)。

3) 相似程度系数法

通常，在同一地区的一定时期内，同类建筑物的装饰工程在层高、开间、进深等技术指标方面具有一定的相似性；在建筑物各部位装饰的做法上、采用的装饰材料及装饰质量上具有一定的可比性。即当拟建装饰工程要与类似装饰工程的结构类型基本一致；拟建装饰工程要与类似装饰工程的施工方法基本相同；拟建装饰工程采用的装饰材料与类似装饰工程采用的装饰材料基本相同；拟建装饰工程的主要指标：建筑面积、层数、层高、开间、进深等技术指标应与类似装饰工程基本相同；类似装饰工程的竣工日期越接近拟建装饰工程。这时我们可以采用已完相似室内装饰工程的结算资料，通过相似程度系数的计算来确定拟建装饰工程的造价。其计算法的计算公式如下。

$$\text{拟建装饰工程造价} = \text{拟建装饰工程建筑面积} \times \text{类似装饰工程每平米造价} \times \text{拟建装饰工程相似程度系数} \qquad (8\text{-}12)$$

式中：

$$\text{拟建装饰工程相似程度系数} = \sum \left[\frac{\text{类似装饰分部工程造价占装饰造价的百分比}}{100} \times \frac{\text{拟建装饰分部工程相似程度百分比}}{100} \right] \qquad (8\text{-}13)$$

$$\text{类似装饰分部工程造价占装饰造价的百分比} = \frac{\text{类似装饰部分工程造价}}{\text{类似装饰单位工程造价}} \times 100\% \qquad (8\text{-}14)$$

$$\text{拟建装饰分部工程相似程度百分比} = \frac{\text{拟建装饰分部工程主要材料单价}}{\text{类似装饰分部工程主要材料单价}} \times 100\% \qquad (8\text{-}15)$$

或

$$= \frac{\text{拟建装饰分部工程主要项目定额基价}}{\text{类似装饰分部工程主要项目定额基价}} \times 100\% \qquad (8\text{-}16)$$

第 8 章 室内装饰工程设计概算及施工图预算

【例 8-2】 根据表 8-2 中两个宾馆装饰工程的有关资料,用相似程度系数法估算装饰工程造价。

表 8-2 类似工程及拟建工程有关数据表

序号	有关条件	甲宾馆(类似工程)	乙宾馆(拟建工程)	类似工程分部造价占总造价百分比
1	建筑面积	4 181.68m²	4 533.63m²	
2	结构类型	框架	框架	
3	建筑地点	××市	××市	
4	竣工日期	1999 年 6 月	预计 1999 年 10 月	
5	主房间开间	3.60m	3.90m	
6	主房间进深	5.40m	5.10m	
7	层　高	3.0m	3.10m	
8	层　数	8 层	7 层	
9	每平方米装饰造价	786.48 元/m²		
10	地面装饰(国产地面砖)	56.31 元/m²	(进口地面砖)106.28 元/m²	20.5%
11	顶棚装饰(甲宾馆：石膏板,乙宾馆：矿棉板)	定额基价 34.00 元/m²	定额基价 56.50 元/m²	14%
12	内墙面装饰(进口墙纸)	10.18 元/m²	12.35 元/m²	15%
13	装饰灯具(每间费用)	985 元/间	1 104 元/间	16.5%
14	卫生设施(每间费用)	4 625 元/间	6 779 元/间	21.5%
15	外墙面装饰(面砖)	55 元/m²	68 元/m²	12.5%

解：

$$\frac{\text{地面装饰分部}}{\text{相似程度百分比}} = \frac{\text{拟建装饰工程地砖单价}}{\text{类似装饰工程地砖单价}} \times 100\% = 106.28/56.31 \times 100\% = 188.74\%$$

$$\frac{\text{顶棚装饰分部}}{\text{相似程度百分比}} = \frac{\text{拟建装饰工程矿棉板顶棚定额基价}}{\text{类似装饰工程石膏板顶棚定额基价单价}} \times 100\%$$
$$= 56.50\%/34.00 \times 100\% = 166.18\%$$

$$\frac{\text{内墙面装饰分部}}{\text{相似程度百分比}} = \frac{\text{拟建装饰工程墙纸单价}}{\text{类似装饰工程墙纸单价}} \times 100\% = 12.35\%/10.18 \times 100\% = 121.32\%$$

$$\frac{\text{外墙面装饰分部}}{\text{相似程度百分比}} = \frac{\text{拟建装饰工程外墙砖单价}}{\text{类似装饰工程外墙砖单价}} \times 100\% = 68/55 \times 100\% = 123.64\%$$

$$\frac{\text{装饰灯具分部}}{\text{相似程度百分比}} = \frac{\text{拟建装饰工程每间灯具估算费用}}{\text{类似装饰工程每间灯具估算费用}} \times 100\%$$
$$= 1104/985 \times 100\% = 112.08\%$$

所以,拟建宾馆装饰工程相似程度系数计算见表 8-3。

表 8-3 拟建宾馆装饰工程相似程度系数计算表

序号	分部工程名称	类似宾馆装饰分部工程造价占装饰总造价百分比(%)	拟建宾馆装饰分部相似程度百分比(%)	拟建宾馆装饰工程相似程度百分比
1	地面	20.5	188.74	0.386 9
2	顶棚	14.0	166.18	0.232 7
3	内墙面	15.0	121.32	0.182 0
4	外墙面	12.5	123.64	0.154 6
5	装饰灯具	16.5	112.08	0.184 9
6	卫生设施	21.5	146.57	0.315 1
	小计	100		1.456 2

根据表 8-2 和表 8-3 和公式 8-1 计算拟建宾馆装饰工程估算造价。

拟建装饰工程造价=拟建装饰工程建筑面积×类似装饰工程每平米造价×拟建装饰工程相似程度系数

$=4\,533.63 \times 786.48 \times 1.456\,2 = 529\,224.30$

4) 类似工程预算法

类似工程预算法是利用技术条件与设计对象相类似的已装修完的工程或在装修的室内装饰工程的工程造价资料来编制拟装修的室内装饰工程设计概算的方法。该方法适用于拟建工程初步设计与已装修完工程或在装修工程的设计相类似且没有可用的概算指标的情况,但必须对装修结构差异和价差进行调整。

(1) 装修结构差异的调整。调整方法与概算指标法的调整方法相同,即先确定有差别的项目,然后分别按每一项目算出结构构件的工程量和单位价格(按编制概算工程所在地区的单价),然后以类似预算中相应(有差别)的结构构件的工程数量和单价为基础,算出总差价。将类似预算的直接工程费总额减去(或加上)这部分差价,就得到结构差异换算后的直接工程费,再行取费得到结构差异换算后的造价。

(2) 价差调整。类似工程造价的价差调整方法通常有 2 种:①类似工程造价资料有具体的人工、材料、机械台班的用量时,可按类似工程造价资料中的主要材料用量、工日数量、机械台班用量乘以拟建工程所在地的主要材料预算价格、人工工日单价、机械台班单价,计算出直接工程费,再行取费即可得出所需的造价指标;②类似工程造价资料只有人工、材料、机械台班费用和其他费用时,可作如下调整。

$$D = A \cdot K \tag{8-17}$$

$$K = a\%K_1 + b\%K_2 + c\%K_3 + d\%K_4 + e\%K_5 \tag{8-18}$$

式中 D——拟建工程单方概算造价;

A——类似工程单方预算造价;

K——综合调整系数;

$a\%$、$b\%$、$c\%$、$d\%$、$e\%$——类似工程预算的人工费、材料费、机械台班费、措施费、间接费占预算造价的比重;

K_1、K_2、K_3、K_4、K_5——拟装修工程地区与类似工程地区人工费、材料费、机械台班费、措施费、间接费价差系数。

$$K_1 = \frac{拟装修工程概算的人工费(或工资标准)}{类似工程概算的人工费(或工资标准)} \tag{8-19}$$

$$K_2 = \frac{\sum 拟装修工程概算的人工费(或工资标准)}{\sum 类似地区各主要材料费} \tag{8-20}$$

类似地,可得出其他指标的表达式。

【例 8-3】 某市某室内工程拟装修,其建筑面积为 4 200m²,该工程适用现行取费标准为:间接费率 25%,计划(成本)利润率 7%,税金率 3.659%。在做该工程概算时,可利用的类似工程建筑面积 100m²。预算成本(直接工程费+间接费)为 85 000 元,其中,直接费占 63.32%,其他直接费占 1.5%,现场经费占 15.5%。经测算,新装修工程直接费修正系数为 1.35,其他直接费修正系数为 1.12,现场经费修正系数为 1.08,间接费修正系数为 1.02。应用类似工程预算资料,编制拟建装饰工程概算。

解:(1) 对应类似工程,新装修工程总的修正系数如下。

$K = a \times K_1 + b \times K_2 + c \times K_3 + d \times K_4 = 63.32\% \times 1.35 + 1.5\% \times 1.12 + 15.5\% \times 1.08 + 19.68\% \times 1.02 = 1.24$

(2) 总预算成本:$A = 85\,000 \times 1.24$ 元 $= 105\,400$(元)。

(3) 计划利润:$B = 105\,400 \times 7\% = 7\,378$(元)。

(4) 税金:$C = (A+B) \times 3.659\% = 4\,126.55$(元)。

(5) 概算单位造价 $= A + B + C = 116\,904.55$(元)。

(6) 拟装修的室内工程的概算指标为:$116\,904.55/100 = 1\,169.05$(元)。

拟装修的室内工程概算造价 $= 1\,169.05 \times 4\,200 = 4\,910\,010$(元)。

8.2.2 室内装饰设计概算审查

1. 设计概算审查的内容

设计概算编制得准确合理,才能保证投资计划的真实性。审核概算的目的就是促进编制单位严格实行国家有关概算编制规定和费用标准,提高概算编制质量;促进设计技术先进性和合理性;可以防止任意修改装饰项目和减少漏项的可能,减少投资缺口;还可以加强投资管理,编制基本装修计划,落实装修投资。设计概算的审查内容一般包括以下几个内容。

1) 设计概算的编制依据

审查编制依据的合法性、时效性和适用范围。采用的各种编制依据必须经过国家和授权机关的批准,符合国家的现行编制规定,并且在规定的适用范围之内使用。

2) 审查室内装修的规模、标准

审查设计概算的规模、标准是否和原来计划的一致,如概算总投资超过原批准投资估算的 10%以上,应进一步审查超估算的原因。

3) 审查装修构件的规格、数量和配置

审查所选用的装修构件规格、数量是否与设计图样一致,如门窗或者卫生洁具或者灯具的规格、型号是否是与设计图样所要求的一致。

4) 审查工程量

室内装饰工程投资随工程量的增加而增加，要认真审查室内装饰工程量有无多算、重算、漏算的现象。

5) 审查计价指标

审查室内装饰工程采用工程所在地区的定额、价格指数和有关人工、材料、机械台班单价是否符合现行规定；审查安装工程所采用的专业或地区定额是否符合工程所在地区的市场价格水平，概算指标调整系数，以及主材价格、人工、机械台班和辅材调整系数是否按当时最新规定执行。

6) 审查其他费用

审查费用项目是否按国家统一规定计列，具体费率或计取标准是否按国家、行业或有关部门规定计算，有无随意列项，有无多列、交叉计列和漏项等。

2. 设计概算审查的方法

1) 对比分析法

对比分析法主要是指通过建设规模、标准与立项批文对比，工程数量与设计图样对比，综合范围、内容与编制方法、规定对比，各项取费与规定标准对比，材料、人工单价与统一信息对比，引进设备、技术投资与报价要求对比，技术指标与同类工程对比等。通过以上对比分析，容易发现设计概算存在的主要问题和偏差。

2) 主要问题复核法

对审查中发现的问题，偏差大的工程进行复核，复核时尽量按照编制规定或对照图样进行详细核查，慎重、公正地纠正概算偏差。

3) 查询核实法

查询核实法是对一些关键设备和设施、重要装置、引进工程图样不全、难以核算的较大投资进行多方查询核对，逐项落实的方法。主要设备的市场价向设备供应部门或招标公司查询核实；重要生产装置、设施向同类企业(工程)查询了解；引进设备价格及有关费税向进出口公司调查落实，复杂的建安工程向同类工程的建设、承包、施工单位征求意见；深度不够或不清楚的问题直接同原概算编制人员、设计者询问清楚。

4) 联合会审法

联合会审前，可先采取多种形式分头审查，包括：设计单位自审，主管、建设、承包单位初审，工程造价咨询公司评审，邀请同行专家预审，审批部门复审等，经层层审查把关后，由有关单位和专家进行联合会审。在会审大会上，由设计单位介绍概算编制情况及有关问题，各有关单位、专家汇报初审及预审意见。然后进行认真分析、讨论，结合对各专业技术方案的审查意见所产生的投资增减，逐一核实原概算出现的问题。经过充分协商，认真听取设计单位意见后，实事求是地处理、调整。

8.3 室内装饰工程施工图预算编制

编制室内装饰工程施工图预算，就是根据经过会审的施工图样和既定的施工方案，按照现行工程量消耗定额(预算定额)和工程量计算规则，计算分部分项工程量，在此基础上根据现行的市场预算价格逐项套用相应的单价,计算直接费。再根据间接费定额和有关取费规定计算间接费、材差、税金等,最后计算单位工程总造价,填写编制说明,装订成册,并进行工料分析,汇总单位工程用工、用料数量。

8.3.1 概述

1. 施工图预算的编制依据和编制条件

1) 编制依据

室内装饰工程施工图预算是确定装饰工程造价的依据,既可以作为建设单位招标的"标底",也可以作为装饰施工企业投标时"报价"的参考;是实行装饰工程预算包干的依据;是施工单位进行施工准备、编制施工计划、计算室内装饰工作量和实物量的依据。因此,编制室内装饰工程施工图预算要认真负责、要有充分的编制依据。一般情况下,室内装饰施工图预算的编制依据以下列文件和资料为依据。

(1) 经过审定的设计图样和说明书。经过建设单位、设计单位、施工单位共同会审,并经主管部门批准后的装饰施工图样和说明,是计算装饰工程量的主要依据之一。其内容主要包括:施工图样及其文字说明、室内平面布置图、剖面图、立面图和各部位或构配件的大样构造详图(如墙柱面、门窗、楼地面、天棚、门窗套、装饰线条、装饰造型等)。

(2) 有关的标准图集。计算装饰工程量除需全套施工图样外,还必须有图样所引用的一切通用标准图集(这些通用图集一般不详细绘在施工图样上,而是将其所引用的图集名称及索引号标出),通用标准图集是计算工程量的重要依据之一。

(3) 批准的工程设计总概算文件。主管单位在批准拟装修项目的总投资概算后,将在拟装修项目投资最高限额的基础上,对各单位工程也规定了相应的投资额。因此,在编制装饰工程预算时,必须以此为依据,使其预算造价不能突破单项工程概算中规定的限额。

(4) 经审定的施工组织设计(或方案)。装饰工程施工组织设计具体规定了装饰工程中各分部分项工程的施工方法、施工机械、材料及构配件加工方式、技术组织措施和现场平面布置等内容。它直接影响到整个装饰工程的预算造价,是计算工程量、选套定额(换算调整的依据)和计算其他费用的重要依据。

(5) 现行建筑装饰工程预算定额或地区单位估价表。现行建筑装饰工程预算定额或地区单位估价表是编制装饰工程预算的基础和依据,编制预算时,分部分项工程项目的划分、工程量的计算及预算价格的确定,都必须以预算定额作为标准。

(6) 人工、材料和机械费的调整价差。由于时间的变化和工程所在地区的不同,人工、机械、材料的定额取定价必然要进行调整,以符合实际情况,因此,必须以一定时间的该地区的人工、机械、材料的市场价进行定额调整或换算,作为编制装饰工程造价的依据。

(7) 取费标准。确定装饰工程造价还必须要有工程所在地的其他直接费、间接费、计划利润及税金等费率标准,作为计算定额基价以外的其他费用,最后确定装饰工程造价的依据。

(8) 装饰工程施工合同。装饰工程施工合同是甲、乙双方在施工阶段履行各自承担的责任和分工的经济契约,也是当事人按有关法令、条例签订的权利和义务的协议。它明确了双方的责任及分工协作、互相促进、互相制约的经济关系。经双方签订的合同包括双方同意的有关修改承包合同的设计和变更文件，承包范围，结算方式，包干系数，工期和质量，奖惩措施及其他资料和图表等，这些都是编制装饰工程施工预算的主要依据。

(9) 其他资料(预算定额或预算员手册等)。预算定额或预算员手册等资料是快速、准确地计算工程量、进行工料分析、编制装饰工程预算的主要基础资料。

2) 编制条件

(1) 施工图样经过审批、交底和会审，必须由建设单位、施工单位、设计单位等共同认可。

(2) 施工单位编制的施工组织设计或施工方案必须经其主管部门批准。

(3) 建设单位和施工单位在材料、构件和半成品等加工、订货及采购方面，都必须有明确分工或按合同执行。

(4) 参加编制装饰预算的人员，必须持有相应专业的编审资格证书。

2. 室内装饰工程施工图预算编制的步骤

在满足编制条件的前提下，室内装饰工程施工图预算的编制一般分为施工图预算准备阶段、工程量计算阶段、费用计算阶段和整理审核阶段，具体步骤如下(如图 8.1 所示)。

1) 收集有关编制装饰工程预算的基础资料

基础资料主要包括：经过交底会审的施工图样；批准的设计总概算；施工组织设计或施工方案；现行的装饰工程预算定额或单位估价表；现行装饰工程取费标准；装饰造价信息；有关的预算手册、标准图集；现场勘探资料；装饰工程施工合同等。

2) 熟悉审核施工图样

装饰施工图样是计算装饰工程量的重要依据。装饰预算人员在编制预算之前，必须认真、全面地熟悉审核图样，了解设计意图，掌握工程全貌，只有这样才能正确地划分出定额子目、正确地计算出每个子目的工程量并正确地套用和调整定额。

3) 熟悉施工组织设计或方案

施工组织设计或方案具体规定了组织拟建装饰工程的施工方法、施工进度、技术组织措施和施工现场布置等内容。因此，编制装饰工程施工图预算时，必须熟悉和注意施工组织设计中影响造价的相关内容，严格按施工组织设计所确定的施工方法和技术组织措施的要求，准确计算工程量，套用或调整定额子目，使施工图预算真正反映客观实际情况。

4) 熟悉装饰预算定额或单位估价表

确定装饰工程定额基价的主要依据是装饰预算定额或单位估价表。因此，在编制预算时，必须非常熟悉装饰预算定额或单位估价表的内容、组成、工程量计算规则及相关说明，只有这样才能准确、迅速地确定定额子目及计算工程量和套用定额。

5) 确定工程量计算项目

在熟悉施工图样的基础上，结合预算定额或单位估价，列出全部所需编制预算的定额子目。预算定额或单位估价表中没有但图样上有的工程项目名称也应单独列出，以便编制补充定额或采用实物估价法进行计算。

6) 计算工程量

按装饰预算定额或单位估价表的计算规则计算所列定额子目的工程量，这是正确确定预算造价的关键。

图 8.1 室内装饰工程施工图预算步骤示意图

7) 工程量汇总

工程量计算复核无误后，根据定额的内容和定额计量单位的要求，按分部分项工程的顺序逐项汇总整理，为套用定额提供方便。

8) 套装饰定额或估价表

根据所列计算项目和汇总后的工程量，就可以进行套用装饰市场价格(预算定额)或单位估价表的工作，从而就可以确定定额基价。在定额套用时应注意实际工程内容与定额工程内容的一致性，如不一致就可能要换算。定额的套用多采用预算表格进行，即将汇总后的工程量、查定额所得数据、定额单位及计算出的数据等填入表 8-4 所示的预算表格中。

表 8-4　室内装饰工程预算表

序号	项目编号	分部分项工程名称	定额号	单位	工程量	单价	其中			总价
							材料费	人工费	机械费	
(1)	(2)	(3)	(4)	(5)	(6)	(7)	(8)	(9)	(10)	

9) 进行工料分析

根据分部分项工程量，套用装饰工程消耗量定额，计算单位工程人工需要量和各种材料消耗量。

10) 计算各项费用

总的定额基价求出后，按有关费用标准即可计算出其他直接费、间接费、材差、计划利润、税金及其他费。

11) 主管部门审核

做好各种文件资料一并交给主管部门审核，主管部门若没有疑义或提出修改意见即可送去装订部门进行装订。

12) 编制装饰工程预算书并装订成册

室内装饰工程预算书的内容和装订顺序一般为：封面、编制说明、各工程造价计算表及汇总表、材差计算表、工程预算表、工程量计算书、主要材料及机具用量表。

13) 送交有关部门审批

8.3.2　工料机的分析

1. 工料机分析的作用

工料机的分析是确定完成拟建室内装饰工程项目所需消耗的各种劳动力，各种规格、型号的材料及主要施工机械的台班数量。

人工、材料、机械消耗量的分析是室内装饰工程预算的重要组成部分。其作用主要表现在以下几个方面。

(1) 它是装饰施工企业的计划、材料供应和劳动物资部门编制装饰材料供应和劳动力调配计划的依据。

(2) 它是签发装饰施工任务单、考核工料机消耗和各项经济活动分析的依据。

(3) 它是进行"两算"对比的依据。

(4) 它是甲、乙双方进行甲供材结算的依据。

(5) 它是装饰施工企业进行成本分析、制定降低成本措施的依据。

2. 工料机分析的步骤

工料机的分析一般按一定的表格进行。其步骤如下。

(1) 以已经填好的预算表为依据，将分部分项工程名称、定额编号、工程量、定额单位以及定额所含的人工、材料、机械的消耗数量，分别填入表 8-5 各栏中。

表 8-5 工料机分析表

序号	定额编号	分部分项工程名称	单位	工程量	人工工日数		主要装饰机具		主要材料名称		…
					工 日		台 班		…（单位）		…
					定额用量	合计	定额用量	合计	定额用量	合计	…
(1)	(2)	(3)	(4)	(5)	(6)	(7)	(8)	(9)	…	…	…
											…

(2) 根据定额计算出各分项工程的人工、各种规格型号的材料、主要机械消耗量，并分别汇总得出各分部工程所需人工、材料、机械的消耗数量。

(3) 将各分部工程相应的材料、人工、机械进行同类项合并，即可计算出装饰工程所需人工、不同规格型号材料和主要机械的消耗量，并分别列于表 8-6、表 8-7 及表 8-8 中。

表 8-6 材料分析汇总表

序号	材料名称	规格	单位	数量	备注
1	龙牌纸面石膏板	1 200×3 000×12	m²		
2	镜面抛光地面砖	500×500	块		

表 8-7 人工分析汇总表

序号	工种名称	工日数	备注
1	木工		
2	油漆工		
3	泥水工		

表 8-8 主要装饰机具分析汇总表

序号	机械名称	型号	单位	数量	备注
1	灰浆拌和机	200 L	台班		
2	木工平抛机	450 mm	台班		

3．工料机分析注意事项

1) 按配合比组成的混合性材料消耗量的分析

在室内装饰工程工料机分析中，涉及按配合比给出的混合性材料的消耗量，如混凝土、砌筑砂浆和抹灰砂浆等。这些混合性材料一般均为施工现场制作，在进行工料机分析时，应将其各组成的原材料的消耗量分析出来。目前，在室内装饰工程预算定额材料一览表中，部分地区已按配合比组成的原材料直接逐一列出，但部分地区在材料一览表中给出的仍然是混合材料半成品的用量，此时，必须根据定额附录中给出的配合比表计算出各组成的原材料的消耗量。

2) 购入构件成品安装的工料机的分析

对于购入构件的成品安装,如室内装饰预算定额子目中已包括成品项目的制作和安装,则在进行工料机分析时,必须将定额中制作的部分扣除。

3) 其他说明

随着室内装饰工程的迅速发展,新材料、新工艺、新技术不断涌现,使装饰工程施工所涉及的地区及部门或单位越来越多。而室内装饰工程最显著的特点,就是各分部工程之间在材料的量和质上差别很大。因此,在进行工料机分析时,应对各分部工程所需各种材料、配件、成品及半成品按不同的品种、规格分别进行分析及汇总,以便材料采购部门能按进度计划和材料需要量提前采购,为室内装饰工程的施工达到保质、保量、按期或提前完工创造有利条件。

【例 8-4】 某工程有 180m^2 玻化砖楼面,其主要施工内容为:基层现浇板上刷素水泥砂浆一道,20mm 厚 1∶3 水泥砂浆找平,5mm 厚 1∶1 水泥砂浆粘贴 500mm×500mm 玻化砖,试确定综合单价,并进行工料机分析(只分析主要材料)。

解:查定额附录可知 500mm×500mm 玻化砖预算单价为 33.48 元/块;1∶1 水泥砂浆单价为 298.15 元/m^3,1∶3 水泥砂浆单价为 177.46 元/m^3。又查定额可知应套 1-241 子目,定额基价为 180.97 元,1∶2 水泥砂浆单价为 229.04 元/m^3,定额消耗量为 0.020 2m^3/m^2,工日消耗量为 0.32 工日/m^2,灰浆拌和机台班消耗量 0.015 1 台班/m^2,石料切割机台班消耗量 0.003 4 台班/m^2,玻化砖定额消耗量 4.1/m^2 块。其换算单位为:

$$(1\text{-}241)_{换} = 180.97 \times -0.020\ 2 \times 229.04 + 0.020\ 2 \times 177.46 + 0.005\ 1 \times 298.15$$
$$= 181.45(元)$$

(1) 综合单价=181.45×180=32 660.76(元)。

(2) 用工分析。

综合工日数=0.32×180=57.60(工日)

灰浆拌和机 0.015 1×180=2.72(台班)

石料切割机 0.003 4×180=0.61(台班)

(3) 材料分析。

500mm×500mm 玻化砖 4.1×180=738(块)

1∶1 水泥砂浆 0.005 1×180=0.918(m^3)

1∶3 水泥砂浆 0.020 2×180=3.636(m^3)

素水泥浆 0.002 0×180=0.36(m^3),

白水泥 0.1×180=18(kg)

由于水泥砂浆、素水泥浆均为混合性材料,故还应将它们进行二次分析。查附录可知,1m^3 的 1∶1 水泥砂浆含 425 号水泥 758kg,中砂 0.64t;1m^3 的 1∶3 水泥砂浆含 425 号水泥 404kg,中砂 1.02t;素水泥浆含 425 号水泥 1 517kg,则

$$425 号水泥\ 0.918 \times 758 + 3.636 \times 404 + 0.36 \times 1517 = 2\ 710.91(kg)$$
$$中砂\ 0.918 \times 0.64 + 3.636 \times 1.02 = 4.30(t)$$

综上所述,综合工日数为 57.60 工日,灰浆拌和机为 2.72 台班,石料切割机为 0.61 台班,500mm×500mm 镜面砖为 738 块,白水泥为 18kg,425 号水泥为 2 710.91kg,中砂 4.30t。

【例 8-5】 某市某室内装饰工程其地面用 1∶3 水泥砂浆找平，水泥砂浆贴供货商供应的 600×600 花岗岩板材，要求对格对缝，施工单位现场切割，要考虑切割后剩余板材应充分使用，墙边用黑色板镶边线 180mm 宽，门档处不贴花岗岩，具体分格如图 8.2 所示。

图 8.2 某地面花岗岩拼饰大样图

施工单位采购的花岗岩市场原价为：芝麻黑 280 元/m²，紫红色 600 元/m²，黑色 300 元/m²，乳白色 350 元/m²，贴好后应酸洗打蜡，进行成品保护，不考虑其他材料的调差。签订合同时已明确，工资单价为 45 元/工日，综合费率 27%，税率 3.659%，计划利润按 7% 计算。请按题意和图样要求分析该工程的工、料、机。

【知识链接】

(1) 芝麻黑套花岗岩镶贴地面定额、四周黑色镶边套花岗岩圈边地面定额，中间的圆形图案面积按方形扣除。

(2) 中间圆形图案按方形面积套多色复杂图案镶贴地面定额，弧形部分的花岗岩损耗率按实计算。

(3) 花岗岩地面酸洗打蜡未包含在定额内，应另列项目执行，成品保护套用第 13 章相应定额子目。

(4) 取费计算材料价差时，要注意施工单位采购的是材料原价，计算价差时，也要按定额原价来计算，注意限价材料价差。

解：1) 计算工程量

(1) 计算四周黑色镶边的工程量。

$$0.18 \times (7.56 + 8.76 - 0.18 \times 2) \times 2 = 5.75 (m^2)$$

(2) 计算大面积芝麻黑镶贴的工程量。

$$7.56 \times 8.76 - 4.80 \times 6.00 - 5.75 = 31.68 (m^2)$$

(3) 计算中间多色复杂图案花岗岩镶贴地面的工程量。
$$4.80 \times 6.00 = 28.80 (m^2)$$
(4) 计算花岗岩酸洗打蜡,成品保护的工程量。
$$7.56 \times 8.76 = 66.23 (m^2)$$

2) 套装饰工程预算定额

(1) 水泥砂浆花岗岩镶贴地面套定额子目 1-126。

芝麻黑花岗岩镶贴地面单价:
$$(1-126)_{换} = 217.42 + 0.42 \times (45-43) - 1.05 \times (280-155.40)$$
$$= 349.09 (元/m^2)$$

(2) 水泥砂浆花岗岩四周镶边镶贴地面套定额子目 1-129。

四周黑色花岗岩镶边单价:
$$(1-129)_{换} = 220.53 + 0.44 \times (45-43) + 1.06 \times (300-155.40)$$
$$= 374.69 (元/m^2)$$

(3) 水泥砂浆花岗岩多色复杂镶贴地面套定额子目 1-127。

按实计算弧形部分花岗岩板材的面积(2%为施工切割损耗)。

乳白色花岗岩:$0.60 \times 0.60 \times 9$ 块 $\times 4 \times 1.02 = 13.22 (m^2)$

芝麻黑花岗岩:$0.60 \times 0.60 \times 6$ 块 $\times 4 \times 1.02 = 8.81 (m^2)$

紫红色花岗岩:$0.60 \times 0.60 \times 30$ 块 $\times 1.02 = 11.02 (m^2)$

计算弧形部分花岗岩板的实际损量:$13.22 + 8.81 + 11.02 = 33.05 (m^2)$

弧形部分花岗岩板的实际损率:$33.05 \div 28.8 \times 100\% = 115\%$

定额子目 1-127 换算单价:
$$(1-127)_{换} = 272.71 + 0.86 \times (45-43) - 1.2 \times 155.40 + 33.05 \div 28.8 \times$$
$$(13.22 \div 33.05 \times 350 + 8.81 \div 33.05 \times 280 + 11.02 \div 33.05 \times 600)$$
$$= 564.85 (元/m^2)$$

(4) 楼地面花岗岩成品保护套定额子目 13-147。

单价:12.12 元/m^2

(5) 楼地面块料面层酸洗打蜡套取定额子目 1-388。

单价:4.28 元/m^2

3) 计算该工程综合价格(表 8-9)

表 8-9 某地面花岗岩拼饰定额合计价

定额编号	项目名称	单位	单价	数量	合价(元)
(1-129)换	四周黑色花岗岩镶边	m^2	377.09	5.75	2 168.26
(1-126)换	芝麻黑花岗岩贴地面	m^2	401.69	31.68	12 725.54
(1-127)换	多色复杂图案花岗岩贴地面	m^2	564.85	28.8	16 267.68
13-149	楼地面成品保护	m^2	5.12	66.23	339.10
1-388	楼地面块料面层酸洗打蜡	m^2	4.28	66.23	283.46
总 计					31 784.04

4) 进行材料分析(表8-10)

表8-10 某地面花岗岩拼饰材料分析

定额编号	项目名称	单位	数量	人工工日	机械台班	花岗岩(m²)			
						黑色	芝麻黑	乳白色	紫红色
(1-129)换	四周黑色花岗岩镶边	m²	5.75	2.53	0.01	5.87			
(1-126)换	芝麻黑花岗岩贴地面	m²	31.68	13.31	0.74		32.31		
(1-127)换	多色复杂图案花岗岩贴地面	m²	28.8	24.77	0.64		8.81	13.22	11.02
1-388	楼地面块料面层酸洗打蜡	m²	66.23	3.51	0				
13-149	楼地面成品保护	m²	66.23	0.66	0				
总 计				44.12	1.39	5.87	41.12	13.22	11.02

【例8-6】 某市一办公室内墙面装饰如图8.3所示,顶部60mm阴角线条压顶,200mm 枫木切片贴面腰线,子弹头线条收边。中间柚木夹板拼花,底部柚木切片板踢脚线120mm 高,上压15mm阴角线条。不计算油漆,求该墙面装饰的价格并进行工料机分析。

解:1) 计算工程量

(1) 计算木龙骨、九厘板基层的工程量。
$$4.80 \times 3.75 = 18.00 (m^2)$$

(2) 计算柚木切片板拼花的工程量。
$$4.80 \times (3.60 - 0.20 - 0.12) = 15.74 (m^2)$$

(3) 计算顶部腰线,踢脚线的工程量:4.80m。

(4) 计算顶部阴角线的工程量:4.80m。

图8.3 某办公室室内墙面设计图

2) 套装饰工程预算定额

(1) 30×35断面木龙骨墙面基层套定额子目2-261。

350×350 间距换间距 300×300 材料用量:
$$(300 \div 350) \times 0.010\ 7 = 0.009\ 2 (m^3)/(m^2)$$

定额子目(2-261)换单价：

$$(2\text{-}261)_{换}=24.70-0.107\times 1\ 097.42+0.009\ 2\times 1\ 097.42=23.05(元/m^2)$$

(2) 9mm 木夹板板钉在木龙骨上套取定额子目 2-287。

9mm 换 12mm 板单价：

$$(2\text{-}287)_{换}=37.37+1.05\times(21.17+23.58)=34.84(元/m^2)$$

(3) 柚木切片板粘贴在基层上套定额子目 2-360。

普通切片板斜拼花纹者，每 m^2 人工乘系数"1.37"。

定额单价：$(2\text{-}360)_{换}=66.01+(1.37-1)\times 0.48\times 43=73.65(元/m^2)$

(4) 踢脚线制安(衬板面贴切片板)套定额子目 1-415。

定额单价：

$$(1\text{-}415)_{换}=19+(120\div 150)\times 0.17\times 23.50-0.17\times 21.17+(120\div 150)\times\\0.17\times 23.44-0.17\times 22.40=17.98(元/m)$$

(5) 顶部腰线制安套定额子目 1-415。

定额单价：

$$(1\text{-}415)_{换}=19+(200\div 150)\times 0.17\times 30.52-0.17\times 21.17+(200\div 150)\times\\0.17\times 23.44-0.17\times 22.40=23.83(元/m)$$

(6) 60mm 阴角线安装套定额子目 6-26，定额单价：13.52 元/m。

3) 计算该项目综合造价(表 8-11)

表 8-11 某办公室某墙面总造价

定额编号	项目名称	单位	单价	数量	合价/元
$(2\text{-}261)_{换}$	30×35 断面木龙骨墙面基层	m^2	23.05	18	414.90
$(2\text{-}287)_{换}$	9mm 木夹板钉在木龙骨基层上	m^2	34.84	18	627.12
$(2\text{-}360)_{换}$	柚木拼贴在 9mm 木夹板上	m^2	73.65	15.74	1 159.25
$(1\text{-}415)_{换}$	踢脚线制安	m	17.98	4.8	86.30
$(1\text{-}415)_{换}$	顶部腰线制安	m	23.83	4.8	114.38
6-26	60mm 阴角线安装	m	13.52	4.8	64.90
合 计					2 466.85

4) 进行材料分析(表 8-12)

【例 8-7】 某市某室内装饰工程一方柱包圆形镜面不锈钢饰面。砼柱断面尺寸为 400×400，包圆柱后，半径为 400，柱高为 6 000。大样如图 8.4 所示，竖向龙骨断面 60×80，圆周形横向水平龙骨由 18 厚细木工板 3 层加工而成；连接方柱木筋断面 40×50@500，水平支撑断面 40×50@500，用膨胀螺栓固定在砼柱侧；五夹板圆柱面夹层，整平圆面后包定型镜面 1.2 厚不锈钢板(不锈钢面板加工成型市场价 30 元/m^2)，在其上饰镀钛不锈钢装饰条。已知：镜面不锈钢板市场价 240 元/m^2，镀钛不锈钢装饰条 12 元/m，杉木成材 1 500 元/m^3，18mm 细木工板 120 元/张，五夹板 50 元/张。辅材不调整，综合间接费率 27%，工资单价 50 元/工日，计划利润率 7%，税率 3.659%，求此包柱的造价并分析工、料、机和造价构成。

表 8-12 某办公室某墙面装饰材料分析

定额编号	项目名称	单位	数量	人工工日	机械台班	30×35 木龙骨 m³	木夹板(m²)			
							9mm	12mm	18mm	柚木板
(2-261)换	30×35 断面木龙骨墙面基层	m²	18	2.70	0.57	0.129				
(2-287)换	9mm 木夹板钉在木龙骨基层上	m²	18	2.52	4.14		19.80			
(2-360)换	柚木拼贴在 9mm 木夹板上	m²	15.74	10.35	11.83					18.89
(1-415)换	踢脚线制安	m	4.8	0.40	0.14			0.63		0.69
(1-415)换	顶部腰线制安	m	4.8	0.40	0.14				1.06	1.15
6-26	60mm 阴角线安装	m	4.8	0.19	0					
总 计				16.56		0.129	19.80	0.63	1.06	20.73

【知识链接】

(1) 不锈钢镜面板方柱包圆柱定额里有完整的项,其钢板成型加工费未包括在内,应按市场价格另行计算并进入取费基价。

(2) 柱高超过 3.6m 要按第 11 章相关子目计算脚手费。

解:1) 计算工程量

(1) 方柱包圆形不锈钢柱的工程量:$3.14\times 2\times 0.4\times 6=15.07(m^2)$。

(2) 镀钛不锈钢装饰线条的工程量:$6.00\times 4=24.00(m)$。

(3) 计算柱超过 3.60m 脚手架工程量:$(3.14\times 2\times 0.40+3.60)\times 6.00=36.67(m^2)$。

2) 套装饰工程预算定额

(1) 不锈钢方柱包圆柱饰面套定额子目 2-337。

按设计计算实需木龙骨方量(因为是木龙骨,不需加刨光系数,仅按定额规定增加 5% 损耗)。

竖向龙骨:$0.06\times 0.08\times 6.00\times 8\times (1+5\%)=0.242(m^3)$

圆弧形横向龙骨(木材损耗量为 10%):

$$(6\div 0.5+1)\times 3.14\times (0.4^2-0.32^2)\times 3\times (1+10\%)=7.76(m^2)$$

每 m² 包柱 18mm 木夹板用量:$7.76\div 15.07=0.51(m^2/m^2)$

横向水平木筋:$0.04\times 0.06\times 0.40\times (6\div 0.5+1)\times 4\times (1+5\%)=0.052(m^3)$

横向水平木支撑:$0.04\times 0.06\times 0.20\times (6\div 0.5+1)\times 8\times (1+5\%)=0.052(m^3)$

每 m² 包柱木方用量:$(0.242+0.052\times 2)\div 15.07=0.023(m^3/m^2)$

定额子目 2-337 换算单价:

$(2-337)_换=327.52+[(50-43)\times 1.31+30]$(人工费增加和不锈钢板成型)$+$
$[1.11\times (240-116.27)]$(不锈钢板材料费增加)$+$
$[0.0230\times 1\,500-0.019\,8\times 1\,097.42]$(木龙骨架材料费增加)$+[0.51\times 120\div$
$(1.22\times 2.44)-0.16\times 23.58]$(18mm 换 12mm 的木夹板的材料费增加)$+1.11\times$
$[50\div (1.22\times 2.44)-5.19]=546.47$(元/m²)(5mm 换 3mm 木夹板的材料费增加)

(2) 镀钛不锈钢装饰条安装套定额子目 6-5。
镀钛不锈钢装饰条换不锈钢镜面板的定额单价：
$$(6-5)_{换}=23.15+(50-43)\times0.137+1.06\times(12-10.29)=25.92(元/m)$$
(3) 抹灰脚手架高 3.60 m 以上套定额子目 11-3。
定额单价：3.71 元/m²

3) 计算综合计价(表 8-13)

表 8-13 某不锈钢包柱面定额合计价

定额编号	项目名称	单位	单价	数量	合价/元
(2-337)换	不锈钢镜面板方柱包圆柱	m²	546.47	15.07	8 235.30
(6-5)换	镀钛不锈钢装饰条安装	m	25.92	24	622.08
11-3	抹灰脚手架高 3.60m 以上	m²	3.71	36.67	136.05
合计					8 993.43

4) 进行材料分析(表 8-14)

表 8-14 某不锈钢包柱面材料分析

定额编号	项目名称	单位	数量	工日/个	杉木方/m³	18mm 细木工板/m²	五夹板/m²	不锈钢装饰板/m²	镀钛不锈钢装饰条/m
(2-337)换	不锈钢镜面板方柱包圆柱	m²	15.07	28.78	0.346	7.76	16.72	16.72	
(6-5)换	镀钛不锈钢装饰条安装	m	24	3.28					25.40
11-3	抹灰脚手架高 3.60m 以上	m²	36.67	0.84					
总计				32.90	0.346	7.76	16.72	16.72	25.40

5) 分析总造价(表 8-15)

表 8-15 某不锈钢包柱面造价分析

序号	费用名称	计算公式	合价/元
	综合价格		8 993.43
1	人工费	32.06×50	1 603
	人工费调增	32.06×(50.00−43.00)	224.42
	机械台班费	0.24×15.07+0.64×24+0.17×36.67	25.21
2	主要材料费	其中：不锈钢装饰板 16.72×240=4 012.80 杉木方 0.346×1 500=519 18mm 细木工板 7.76×120÷(1.22×2.44)=312.82 五夹板 16.72×50÷(1.22×2.44)=280.84 镀钛不锈钢装饰条 25.40×12=304.80	4 912.26
	其他材料费	(216.09−1.11×116.27−0.16×23.58−0.019 8×1 097.42−1.11×5.19)×15.07+(11.98−1.06×10.29)×24	866.16

续表

序号	费用名称	计 算 公 式	合价/元
3	材料费	定额材料费+材料价差	5 778.42
4	综合费	(1)×27%	432.81
5	利润	[(1)+(2)+(3)+(4)]×7%	548.76
8	项目措施费	136.05	136.05
9	其他项目费	0	0
7	税金	[综合价格÷(1+3.659%)]×3.659%	317.45

图 8.4 某不锈钢包柱结构图

【**例 8-8**】 一幼儿园练琴房吊顶尺寸如图 8.5 所示,采用木龙骨五夹板面层吊顶,木龙骨刷防火漆 2 遍,五夹板面层清油封底,满刮泥子 2 遍,刷白色亚光乳胶漆 2 遍。已知:吊顶吊在砼楼板下,建筑层高 3.30m,普通木龙骨架断面 50×40,具体的结构如图 8.5 所示;吊筋断面 50×40,吊顶与墙面用 50mm 红榉木阴角线收边油聚酯清漆。求此吊顶的综合计价并分析其工、料、机和造价构成(材料价格与人工费用均以定额为准,不做调整,其他费率也和定额相同)。

解:1) 计算工程量

(1) 天棚普通木龙骨的工程量(墙厚 0.20,窗帘盒宽 0.20)。

$$(4.50-0.20)\times(6.40-0.20-0.20)-2.50\times2.50=19.55(m^2)$$

(2) 圆弧形天棚龙骨的工程量。

$$2.50\times2.50=6.25(m^2)$$

(3) 普通天棚五夹板面层的工程量:19.55 m^2。

(4) 计算圆弧形部分天棚五夹板面层的工程量。

$$2.50\times2.50+2\times3.14\times1.05\times0.15+2\times3.14\times1.25\times0.10=8.02(m^2)$$

图 8.5 某幼儿园顶棚设计图

(5) 50mm 成品木阴角线的工程量。
$$(4.50-0.20)\times2+(6.40-0.20-0.20)\times2=20.60(m)$$
(6) 木龙骨刷防火漆 2 遍的工程量：$19.55+6.25=25.80(m^2)$。
(7) 天棚面层清油封底，批泥子 3 遍，刷乳胶漆 3 遍的工程量。
$$19.55+8.02=27.57(m^2)$$
(8) 计算 50mm 成品木阴角线油清漆的工程量：20.60(m)。
(9) 计算石膏板面开筒灯孔的工程量：26 个。
(10) 窗帘盒工程量：4.5-0.2=4.3(m)。

2) 套装饰工程预算定额

(1) 木龙骨吊在砼楼板下套定额子目 3-27。

木龙骨架的实际消耗量(木材损耗率 5%)：
$$\{6\times(6.4-0.20-0.20)+[(6.40-0.20-0.20)\div0.4+1+1]_{进位取整}\times(4.50-0.20)-$$
$$(2.5\div0.4+1)_{进位取整}\times2.5\}\times(0.04\times0.05)\times(1+5\%)=0.187(m^3)$$

木吊筋的实际消耗量(木材损耗率 5%)：
$$\{6\times[(6.40-0.20-0.20)\div0.4+1]_{进位取整}-(2.5\div0.4+1)_{进位取整}\times(2.5\div0.4+1)_{进位取整}\}\times$$
$$(0.15+0.15+0.1)\times0.04\times0.05\times(1+5\%)=0.026\ 9(m^3)$$

每 m^2 所消耗的木材的量：$(0.187+0.0269)\div19.55=0.010\ 9(m^3)$

定额子目 3-27 换算定额单价：
$$(3-27)_{换}=34.84+(0.010\ 9-0.016\ 2)\times1\ 097.42=29.02(元/m^2)$$

(2) 圆弧形天棚木龙骨套定额子目 3-28。

按图样设计调整木龙骨含量同子目 3-8，半径为 2.1m 小圆处木龙骨架用量：
$$(2.1\div0.4+1)\times2.1\times2\times0.04\times0.05\times(1+5\%)=0.052\ 9(m^3)$$

小圆跌级处仅需增加 2.5m 和 2.1m 木龙骨各 4 根，木龙骨用量：
$$(2.5×4+2.1×4)×0.04×0.05×(1+5\%)=0.038\ 6(m^3)$$
吊筋木方材用量：
$$\{(2.1÷0.4+1)×(2.1÷0.4+1)×0.15+[(2.1÷0.4+1)×4-4]×0.15\}$$
$$×(0.04×0.05)×(1+5\%)=0.017\ 6(m^3)$$
所以，每 m^2 圆弧形天棚木龙骨的用量：
$$(0.052\ 9+0.038\ 6+0.017\ 6)÷6.25=0.017\ 5(m^3)$$
套定额子目 3-28 换算单价：
$$(3\text{-}28)_{换}=37.37+(0.017\ 5-0.012\ 0)×1\ 097.42=43.41(元/m^2)$$

(3) 普通顶棚五夹板面层套定额子目 3-82。

定额单价：26.27 元/m^2

(4) 五夹板弧形面层套定额子目 3-83。

定额单价：29.34 元/m^2

(5) 50mm 成品木阴角线安装套定额子目 6-31。

定额单价：10.46 元/m

(6) 木龙骨刷防火漆 2 遍套定额子目 5-150。

定额单价：7.55 元/m^2

(7) 天棚面层清油封底，批腻子 2 遍，刷乳胶漆 3 遍套定额子目 5-281。

定额单价：11.91 元/m^2

(8) 阴角线刷聚酯清漆套定额子目 5-195。

定额单价：2.03 元/m^2

(9) 石膏板面开筒灯孔套定额子目 13-120。

定额单价：3.99 元/个

(10) 窗帘盒工程套用定额子目 4-250。

定额单价：45.17 元/m

3) 计算综合计价(表 8-16)

表 8-16 某幼儿园顶棚定综合计价

定额编号	项目名称	单位	单价	数量	合价/元
(3-27)$_{换}$	木龙骨吊在砼楼板下	m^2	29.02	19.55	567.34
(3-28)$_{换}$	圆弧形天棚木龙骨	m^2	43.41	6.25	271.31
3-82	五夹板天棚面层	m^2	26.27	19.55	513.58
3-83	五夹板弧形天棚面层	m^2	29.34	8.02	235.31
6-31	50 mm 成品木阴角线安装	m	10.46	20.60	215.48
5-150	天棚方木龙骨刷防火漆 2 遍	m^2	7.55	25.80	194.79
5-281	天棚面层清油封底，批泥子 2 遍，刷乳胶漆 3 遍	m^2	11.91	27.57	328.36
5-195	阴角线底漆 2 遍，聚酯漆 1 遍	m^2	2.03	20.60	41.82
13-120	石膏板面开筒灯孔	个	3.99	26	103.74
4-250	窗帘盒制作安装	m	45.17	4.3	194.23
总 计					2 665.96

4) 进行材料分析(表 8-17 和表 8-18)

表 8-17 某幼儿园顶棚板材工、材、机分析

定额编号	项目名称	单位	数量	工日/个	杉木方/m³	五夹板/m²	十二夹板/m²	50mm 木装饰线/m
(3-27)换	木龙骨吊在砼楼板下	m²	19.55	2.74	0.214			
(3-28)换	圆弧形天棚木龙骨	m²	6.25	1.06	0.109			
3-82	五夹板天棚面层	m²	19.55	1.76		20.53		
3-83	五夹板弧形天棚面层	m²	8.02	0.96		8.82		
6-31	50mm 成品红榉木阴角线安装	m	20.60	0.62				21.84
13-120	石膏板面开筒灯孔	个	26	1.30				
4-250	窗帘盒制作安装	m	4.3	0.77			4.3	
总计				9.21	0.323	29.35	4.3	21.84

表 8-18 某幼儿园顶棚油漆工、料、机分析

定额编号	项目名称	单位	数量	工日/个	油漆/kg	
5-150	天棚方木龙骨刷防火漆 2 遍	m²	25.80	2.19	防火漆	4.64
5-281	天棚面层清油封底, 批泥子 2 遍, 刷乳胶漆 3 遍	m²	27.57	2.23	乳胶漆	12.68
5-195	阴角线底漆 2 遍, 聚酯漆 1 遍	m²	20.60	0.47	聚酯漆	0.144
					聚酯底漆	0.206
					聚酯漆透明泥子	0.103
总 计				4.89		

5) 分析总造价(表 8-19)

表 8-19 某幼儿园顶棚造价分析

序号	费用名称	计算公式	合价/元
	综合价格		2 665.96
1	人工费	(9.21＋4.89)×43	606.30
2	机械台班费	1.66×19.55＋2.77×6.25＋0.23×19.55＋0.49×8.02＋0.11×20.60＋0＋0＋0＋0.30×26＋0.90×4.4	72.22
	木质材料费	0.323×1 097.42＋29.35×12.37＋4.3×23.58＋21.84×7.00＝971.80	971.80
	油漆材料费	4.64×8.74＋12.68×10.79＋0.144×23.50＋0.206×21.30＋0.103×12.50＝186.44	186.44

续表

序号	费用名称	计算公式	合价/元
	其他材料费	(21.31−0.0162×1097.42)×19.55+(20.69−0.012×1097.42)×6.25+(18.03−1.05×12.37)×19.55+(18.74−1.1×12.37)×8.02+(7.51−1.06×7.00)×20.60+(1.69−0.18×8.74)×25.80+(5.87−0.46×10.79)×27.57+(0.45−0.005×12.50−0.01×21.30−0.007×23.50)×20.60+0.3×26+(28.98−1.0×23.58)×4.3=316.87	316.87
3	综合材料费	杉木方材料费+油漆材料费+其他材料费	1 475.11
4	综合费	(1)×27%	163.70
5	利润	[(1)+(2)+(3)+(4)]×7%	162.21
6	项目措施费	0	0
7	其他项目费	0	0
8	税金	[综合价格÷(1+3.659%)]×3.659%	94.10

8.3.3 室内装饰工程预算审查

由于室内装饰材料品种繁多，装饰技术日益更新，装饰类型各具特色，装饰工程造价影响因素较多。因此，为了合理确定装饰工程造价，保证建设单位、施工单位合法的经济利益，必须加强装饰工程预算的审查。

合理而又准确地对装饰工程造价进行审查，不仅有利于正确确定装饰工程造价。同时也为加强装饰企业经济核算和财务管理提供依据，合理审查装饰工程预算还将有利于推动新材料、新工艺、新技术的推广和应用。审查装饰工程预算是一项严肃而细致的工作。审查人员必须坚持实事求是、清正廉洁、公平公正的原则，以定额为基准，深入现场、理论联系实际，以确保装饰工程造价的准确、合理。

1. 审查的依据和方法

1) 审查的依据

(1) 首先审查该装饰工程是否已列入年度基建计划，建筑面积、装饰等级有否提高，是否采用不适当的施工方法和不必要的施工机械。

(2) 根据编制说明书和预算书弄清所采用的定额是否符合有关规定或施工合同，对二次装修工程、高级装饰工程、家庭装饰工程、包工不包料工程、隐蔽工程等应特别注意。

(3) 审查建设单位、施工单位核准送审预算所包括的范围，如某些配套工程、管线工程、零星工程、再次装修工程的二次处理及清理等内容是否包括在送审预算中。

(4) 审查是否严格执行当地的预算、工程量计算规则、材料预算价格、取费标准等规定。

2) 审查的方法

(1) 全面审查法。全面审查法，是从工程量计算、定额套用、定额换算、工料机分析、三费调整、费用取定等方面逐项审查。其步骤类似于预算的编制。这种方法全面、细致，审查质量高，缺点是工作量大。

(2) 重点审查法。

① 对工程量大、费用高的项目进行重点审查。

② 对补充定额进行重点审查，主要审查补充定额的编制依据、编制方法是否符合规定，"三量"和"三价"的组成是否准确。

③ 对各项费用的取值进行重点审查，主要审查各项费用的编制依据、编制方法和程序是否符合规定。工程性质、承包方式、施工企业性质、开竣工时间、施工合同等都直接影响取费计算，应根据当地有关规定仔细审查。

重点审查法主要适用于审查工作量大，时间性强的情况，其特点是速度快，质量基本能保证。

(3) 经验审查法。经验审查法是指采用长期积累的经验指标对照送审预算进行审查。这种方法能加快审查速度，发现问题后可再结合其他方法审查。

2. 审查内容

装饰工程施工图预算审查内容应包含以下内容。

1) 审查定额直接费

装饰工程定额直接费是根据施工图样、消耗量定额和计价标准或预算定额等计算而得。为保证其计算结果的正确性，应注意核查以下几方面。

(1) 工程量计算。首先，在审查中首先审查所列分部分项工程的工程内容与定额项目所包括的工程内容是否相符，是否存在重复列项或漏项现象；其次，审查工程量的计算口径是否符合定额规则的要求；再次，是审查工程量的计量单位是否与相应定额项目的计量单位一致；最后，审查各分项工程的计算结果。

(2) 定额项目选套。此部分往往容易出现故意高套定额项目的问题，审查中应根据定额单价执行的有关规定，核查各分项工程所执行的价格是否恰当。

(3) 未计价材料费的计算是否符合规定，特别是所查地区材料市场价格的品种、规格与设计是否一致。

(4) 运算过程的审查，包括工程量、定额套用、汇总等运算过程的正确性核查。

2) 审查费用计算

审查费用计算主要从以下内容入手。

(1) 费用项目。按各地费用计算的规定，有的费用项目是属于有条件收取的，对此类费用项目必须核查其收取条件是否满足有关规定，如远地施工增加费等。

(2) 取费基础。一般装饰工程的取费基础是定额人工费，而税金和定额管理费是以企业收入为计算基础，在审查中必须复核其计算基础的正确性。

(3) 费用标准。当前装饰工程费用标准中，部分费用是按工程类别计取，如其他直接费、现场管理费等；部分费用是按企业性质和企业业绩计取，如计划利润等；部分费用是甲、乙双方协商计取，如远地施工增加费；其余还有国家指令性费用和按实计取的费用。这些费用的计取标准是有区别的，在审查中必须注意其是否符合规定。

3) 材料价差调整

材料价差调整包括地区材料预算价格的差价调整和材料市场价格与地区材料预算价格的差价调整，审查中必须核查价格来源是否属实，价差计算是否符合有关规定等。

3. 提高审查预算质量的办法

1) 审查单位应注意装饰预算信息资料的收集

由于装饰材料日新月异，新技术、新工艺不断涌现，因此，应不断收集、整理新的材料价格信息、新的施工工艺的用工和用料量,以适应装饰市场的发展要求,不断提高装饰预算审查的质量。

2) 建立健全审查管理制度

(1) 健全各项审查制度。

审查制度包括:建立单审和会审的登记制度;建立审查过程中的工程量计算、定额单价及各项取费标准等依据留存制度;建立审查过程中核增、核减等台账填写与留存制度;建立装饰工程审查人、复查人审查责任制度;确定各项考核指标,考核审查工作的准确性。

(2) 应用计算机建立审查档案。

建立装饰预算审查信息系统,可以加快审查速度,提高审查质量。系统可包括工程项目、审查依据、审查程序、补充单价、造价等子系统。

3) 实事求是,以理服人

审查时遇到列项或计算中的争议问题,可主动沟通,了解实际情况,及时解决;遇到疑难问题不能取得一致意见,可请示造价管理部门或其他有关部门调解、仲裁等。

小　　结

室内装饰工程预算是室内装饰工程的重要文件,是室内装饰企业进行成本核算的依据,是设计企业进行估算的重要依据,也是室内设计、室内装修技术人员、管理人员所必须掌握的一个技术性和技巧性的课程。从室内装饰工程的不同阶段看,室内装饰工程预算分为投资估算、设计概算、施工图预算。

设计概算是指在初步设计阶段,由设计单位根据初步设计或扩大初步设计图样、概算定额或概算指标、各项费用定额或取费标准等有关资料,预先计算和确定室内装饰工程费用的文件。利用指标法、相似程度系数法等是估算室内装饰工程造价的重要方法,本章通过经典实例加以剖析。

施工图预算是确定室内装饰工程造价的基础文件。施工图预算是指在施工图设计阶段,当工程设计完成后,在工程开工之前,由施工单位根据施工图样计算的工程量、施工组织设计和国家或地方主管部门规定的现行预算定额、单位估价表以及各项费用定额或取费标准等有关资料,预先计算确定建筑装饰工程费用的文件。

人工、材料、机械消耗量的分析是室内装饰工程预算的重要组成部分,即是确定完成拟建室内装饰工程项目所需消耗的各种劳动力,各种规格、型号的材料及主要施工机械的台班数量。本章也通过室内各分部分项装饰工程的经典实例作了相应的剖析。

思考与练习

1. 设计概算的作用是什么?
2. 装饰工程施工图预算编制的依据和条件是什么?
3. 装饰工程施工图预算编制的步骤是什么?

4．装饰工程工料机分析的作用是什么？

5．装饰工程工料机分析的步骤是什么？

6．某市某室内一电梯厅内墙面(图 8.6)贴进口金花米黄大理石，电梯门套贴进口大花绿大理石，150×80 异形大花绿石材线条盖缝，采用水泥砂浆挂贴工艺，成品酸洗打蜡。施工单位包工包料，且一次性结算，留尾款 5%作为保修金，求施工单位竣工后应结算的价款是多少？

已知：金花米黄大理石指导价 780 元/m²，大花绿大理石指导价 850 元/m²，150×80 异型大花绿石材线条 500 元/m。综合费率 27%，计划利润率 7%，税金 3.659%，经甲乙双方商定人工为 50 元/工日，仅计算石材价差。

图 8.6 电梯间立面和结构图

7．某市一学院舞蹈教室，室内净面积为 12m×21m，采用木地板楼面，木龙骨与现浇楼板用 M8×80 膨胀螺丝固定其间距 300mm；硬木踢脚线长，高 120mm，厚度 20mm，油聚氨酯清漆 3 遍。具体结构如图 8.7 所示，试求该木地板工程的综合计价并进行工料机和造价分析。

8．某市某室内有一混凝土矩形柱，柱高 5.60m，柱断面尺寸如图 8.8 所示大样图，求该柱子装饰的综合计价并分析工料机。

9．某市一餐营业大厅平顶如图 8.9 所示。建筑层高 4.80m，天棚面层距地面高度为 4.00m。天棚采用如钢筋做吊筋，龙骨 50×50@400，吊在砼楼板下。五夹板基层上贴双面铝塑板分格。天棚上饰格栅灯照明。木龙骨刷防火漆两遍，求此天棚工程的综合计价并进行工料机分析。

第8章 室内装饰工程设计概算及施工图预算

图 8.7 某地面实木地板结构图

图 8.8 某柱装修结构图

图 8.9 某顶棚设计图

第 9 章　室内装饰工程量清单及清单计价

教学提示： 室内装饰工程工程量计价是顺应新时期建设工程计价要求的新型工程计价模式，符合国际惯例，和国际工程计价模式相接轨。它要求建设单位编制工程量清单，施工单位根据清单要求，结合市场编制工程造价。本章主要介绍工程量清单概念、特点、意义和作用以及工程量清单和工程量清单计价格式。

教学目标： 了解工程量清单概念、特点以及工程量清单和工程量清单计价格式，熟悉《建设工程工程量清单计价规范》，重点掌握工程量清单及其计价的编制原则和方法。

我国长久以来采用"量价合一"的定额计价方式，工料机的消耗量所反映的是社会平均消耗水平，其单价和各种取费也采用的是带有指令性的价格，不能反映出企业的实际消耗水平和市场价格的灵活性，不能体现企业技术装备水平、管理水平和劳动生产率，不利于市场的竞争，是长期以来计划经济的产物。

随着改革开放的步伐进一步加快，市场经济不断完善，特别是加入 WTO 以后，我国的经济已融入全球市场，建设市场也进一步对外开放，国外的企业以及投资项目越来越多地进入我国市场，我国的建筑企业在国外投资的项目也日益增加，使我国的建筑企业不仅面临着国内同行业的竞争，而且还面临着与装备更精良、技术更先进的国外企业的竞争。

为了适应市场经济发展的要求、适应对外开放建设市场的形式，我国颁布了《建设工程工程量清单计价规范》(GB 50500—2003)(以下简称《计价规范》)。该规范是结合我国工程造价的管理现状，参照国际上有关工程量清单计价通行的做法编制的，是以"政府宏观调控、企业自主报价、市场形成价格"为指导思想，创造一个公平、公正、公开竞争的环境，既与国际惯例接轨，又考虑了我国的实际情况。这是我国工程造价计价方式适应社会主义市场经济发展的一次重大改革，不仅为建设工程招标、投标健康有序的发展提供了依据，而且规范了国内的建筑市场，促进建设市场的有序竞争和建筑施工企业的健康发展，有利于提高我国建设主体在国内以及国际上的竞争能力。

9.1　概　　述

9.1.1　基本概念

工程量清单是招标文件的组成部分，是对招标人和投标人都具有约束力的重要文件，体现了招标人要求投标人完成的工程项目及相应的工程数量，全面反映了报价的要求，也是编制标底和投标报价的依据，是由招标人或招标代理机构根据实际工程情况编写的。

工程量清单，是将拟建室内装饰工程中的实体项目和非实体项目，按照《计价规范》的要求，表现出的名称和相应数量的明细清单，由分部分项工程项目清单、措施项目清单和其他项目清单等三种清单组成，反映拟建室内装饰工程的全部工程内容和为实现这些工程内容而进行的一切工作。

工程量清单计价，是投标人完成招标人提供的工程量清单中的各个项目的内容、数量所需的全部费用，包括分部分项工程费、措施项目费、其他项目费和规费、税金。企业可根据拟建室内装饰工程的施工组织设计和具体的施工方案，结合自身的实际情况对室内装饰工程所涉及的三种清单的费用自主报价。为了简化计价程序，实现与国际接轨，采用综合单价(该单价包括人工费、材料费、机械使用费、综合费、利润，还需要考虑风险因素)，规费和税金按照国家及各行业的规定执行。

对于招标单位，清单的计算对象主要是工程实物，一般不考虑施工方法和工艺等对工程量的影响，清单编制相对简单，而且采用综合单价的计价方法，不因各种因素的变化而调整，有利于控制工程造价；对于投标单位有利于明确实体与非实体费用支出的性质，在统一工程量的基础上，考虑工程实际情况，按照所采取的施工工艺、施工方法等，充分发挥能动性，挖掘潜力，根据自己的能力报价，以形成的个别成本参加竞争。这样对同一产品在竞争中反映出了不同的价格，按市场竞争的原则，选择最低价格定价。其实质就是市场定价，即通过规范的市场竞争，得到合理的室内装饰产品的价格，体现了室内装饰工程产品生产的单件性、地域性和生产方式的多样性的特点。

9.1.2 工程量清单计价的主要内容

建设部《计价规范》的发布是为了统一常规的经营性、政策性、技术性活动，并将其纳入行政性规定范畴，属于一种衡量准则、国家标准的范畴，从而为建设工程招标投标及其计价活动健康有序的发展，提供了有效的依据。《计价规范》在政府宏观调控方面和市场竞争形成价格方面有指导意义。主要体现在以下方面。

1. 在政府宏观调控方面

(1) 规定了全部使用国有资金投资为主的大中型建设工程，必须要严格执行的有关规定，与我国招标投标法规定的政府投资要进行公开招标的规定相适应。

(2) 做到了统一分项分部工程名称、统一计量单位、统一工程量计量计算规则和统一项目编码，对建立全国统一的建设市场，规范招标投标、计价和工程造价管理行为与机制有了强有力的保障。

(3) 强化了政府职能的转变，根据中国国情和企业现状，变硬性规定的工、料、机的消耗量为指导性消耗定额，促使企业提高技术能力与管理水平，引导企业编制和创新自己的消耗量定统一额，以适应市场的不断变化，不断提高企业的生产效率。

2. 在市场竞争形成价格方面

为工程承包企业报价提供了自主空间，投标企业可以结合自身的经营管理与技术水平、生产效率，按照规定的计价原则、方法和业主制订的招标文件要求，充分发挥企业的潜力，实行自主投标报价。工程造价的最终确定，由合同双方在市场竞争中按价值规律通过合同最后约定。

《计价规范》还对推行工程量清单计价模式的编制依据、适用范围、构成内容、相关术语、指导思想与原则、合同执行与索赔、工程量清单与计价编制方法和计价标准格式等作了明确的规定和说明。

《计价规范》共分五章，包括总则、术语、工程量清单编制、工程量清单计价、工程量清单及其计价格式等。对工程量清单、项目编码、措施项目、预留金、总承包服务费、企业定额等术语作了明确的定义。对工程量清单与工程量清单计价应包括的内涵、编制方法与统一格式都作了明确规定。

9.1.3 《计价规范》的特点

1. 《计价规范》的统一性

主要表现在统一了清单的项目和组成，统一了各分部分项工程的项目名称、计量单位、项目编码和工程量计算规则，即"四统一"规则。把非实体项目统一在措施项目和其他项目中，规定了分部分项工程的项目清单和措施项目清单一律以"综合单价"报价，为建立全国统一计价方式和计价行为提供了依据。

2. 《计价规范》的强制性

工程量清单计价是由建设主管部门按照强制性国家标准的要求批准颁布，规定全部使用国有资金或国有资金投资为主的大中型建设工程应按计价规范规定执行；并明确工程量清单是招标文件的组成部分，并规定了招投标人在编制清单和投标人编制报价时，必须遵守《计价规范》的规定。

3. 《计价规范》的实用性

附录中工程量清单项目及计算规则的项目名称表现的是工程实体项目，项目名称明确清晰，工程量计算规则简洁明了；特别还列有项目特征和工程内容，易于编制工程量清单时确定具体项目名称和投标报价，投标人还可根据所描述的工程内容和项目特征，结合自身的实际情况确定报价并易于计算。

4. 《计价规范》的自主性和市场性

《计价规范》特别强调了由企业自主报价，市场形成价格。《计价规范》中的实体项目没有规定工、料、机的消耗量，由企业根据自己的实际情况确定，工、料、机的单价可根据市场行情确定；相关的措施项目，投标企业也可根据工程的实际情况和施工组织设计自行确定，视具体情况以企业的个别成本报价，最后由市场形成价格。这种方式为企业的报价提供了适用于自身生产效率的自主空间，体现出企业的实力，而且为了不断提高自身的竞争能力，还会促使施工企业总结经验，努力提高自己的管理水平和技术能力，同时引导企业积累资料，编制自己的消耗量定额，以适应市场发展的需要。但根据我国市场现状，今后还需要有全国性和地方性统一定额存在，然而其主导作用在于指导性，不是一种法定性指标，而是鼓励企业制定自己的企业定额。

5. 《计价规范》的通用性

采用工程量清单计价将与国际建设市场接轨，符合工程量计算方法标准化、工程量计算规则统一化、工程造价确定市场化的要求。

9.1.4 室内装饰工程工程量清单计价的优点

室内装饰工程工程量清单计价是投标人完成招标人提供的工程量清单中的各个项目的内容、数量所需的全部费用，包括分部分项工程费、措施项目费、其他项目费和规费、税金。它不同于传统的定额计价方式，具有以下的优点。

1. 工程量清单给投标单位提供了公平竞争的基础

由于工程量清单作为招标文件的组成部分，包括了拟建工程的分部分项工程项目、措施项目、其他项目名称和相应数量的明细清单，由招标人负责统一提供，从而有效地保证了投标单位的竞争基础的一致性，减少了由于投标单位编制投标文件时出现的偶然性技术误差而导致投标失败的可能，充分体现招标公平竞争的原则。同时，由于工程量清单的统一提供，简化了投标报价的计算过程，节省了时间，减少了不必要的重复劳动。

2. 采用工程量清单招标体现企业的自主性

工程的质量、造价、工期之间存在着必然的联系，投标企业报价时必须综合考虑工程的质量、造价、工期以及招标文件规定完成工程量清单所需的全部费用，不仅要考虑工程本身的实际情况，还要求企业将进度、质量、工艺及管理技术等方案落实到清单项目报价中，在竞争中真正体现企业的综合实力。

3. 工程量清单计价有利于风险的合理分担

由于室内装饰工程本身的特性，即工程的不确定性和变更要素较多，工程建设报价的风险较大。采用工程量清单计价模式后，投标单位只对自己所报的成本、单价等负责，而对工程量的变更或计算错误等不负责任，因此由这部分引起的风险也由业主承担，这种格局符合风险合理分担与责任权利关系对等的原则。

4. 工程量清单招标有利于室内装饰工程的管理和控制

在传统的招标投标方法中，标底一直是个关键的要素，标底的正确与否、保密程度如何一直是人们关注的焦点。采用工程量清单招标，工程量清单作为招标文件的一部分，是公开的。同时，标底的作用也在招标中淡化，只是起到一定的控制或最高限价作用，对评定标的影响越来越小，在适当的时候甚至可以不设标底。这就从根本上消除了标底泄露所带来的负面影响。

工程量清单招标有利于企业精心控制成本，促进企业建立自己的定额库。工程中标后，中标企业可以根据中标价以及投标文件中的承诺，通过对单位工程成本、利润进行分析，统筹考虑，精心选择施工方案，逐步建立企业自己的定额库，通过在施工过程中不断的调整、优化组合；合理控制现场费用和施工技术措施费用等，从而不断地促进企业自身的发展和进步。

5. 工程量清单有利于控制工程索赔

在传统的招标方式中，"低价中标、高价索赔"的现象屡见不鲜，其中，设计变更、现场签证、技术措施费用及价格是索赔的主要内容。工程量清单计价招标中，由于单项工程的综合单价不因施工数量、施工难易程度、施工技术措施差异、取费的变化而调整，大大减少了施工单位不合理索赔的可能。

9.1.5 工程量清单计价的意义

1. 工程造价管理深化改革的产物

在计划经济体制下,我国承发包计价、定价以工程预算定额作为主要依据。20世纪90年代以后,为了适应市场经济对建设市场改革的要求,提出了"控制量、指导价、竞争费"的改革措施。其中对工程预算定额改革的主要思路和原则是:将工程预算定额中的人工、材料、机械的消耗量和相应的单价分离,人、材、机的消耗量是国家根据有关规范、标准以及社会的平均水平来确定的。"控制量",目的就是保证工程质量,"指导价",就是要使工程造价逐步走向市场形成价格。

然而随着建设市场化进程的发展,这种做法仍然难以改变工程预算定额中国家指令性的状况,难以满足招标投标和评标的择优要求。因为,控制量反映的是社会平均消耗水平,特别是现行预算定额未区分施工实物性消耗和施工措施性消耗,在定额消耗量中包含了施工措施项目的消耗量。我国长期以来,施工措施费用大都考虑的是正常的施工条件和合理的施工组织,反映出来的是一个社会平均消耗量,然后以一定的摊销量或一定比例,按定额规定的统一的计算方法计算后并入工程实体项目。它不能准确地反映各个企业的实际消耗量,不能全面地体现企业技术装备水平、管理水平和劳动生产率,不利于施工企业发挥优势,也就不能充分体现市场的公平竞争。

工程量清单计价提供了一种由市场形成价格的新模式,将改革以工程预算定额为计价依据的计价模式。我国改革开放以来,工程建设成就巨大,但是资源浪费也极为严重,重复建设和"三超"现象仍较严重。其根本问题在于政府(包括制度、法律、法规)、建设行业(包括业主、监理、咨询、工程承包商和银行、保险、材料与设备配套供应和租赁行业等)与市场之间没有形成良性工程造价管理与控制的有效市场运行机制。为了改变工程建设中存在的种种问题,推行工程量清单计价是充分发挥市场价值与竞争机制的作用,形成和完善工程造价政府宏观调控,市场竞争决定价格,将工程造价管理纳入法治的轨道,是规范建设市场经济秩序的一项治本之策。这将会给我国建设市场和工程建设与行业的发展带来更大的活力。

2. 规范建设市场秩序,适应社会主义市场经济发展的需要

工程造价是工程建设的核心内容,也是建设市场运行的核心内容,建设市场上存在许多不规范行为,大多与工程造价有关。工程预算定额定价在公开、公平、公正竞争方面,缺乏合理完善的机制。实现建设市场的良性发展,除了法律法规和行政监管以外,发挥市场机制的"竞争"和"价格"作用是治本之策。工程量清单计价是市场形成工程造价的主要形式,它把报价权交给了企业,从而规范建设市场秩序。主要体现在以下几方面。

(1) 有利于人们转变传统定额依据观念,树立新的市场观,变靠政府为靠自己,运用法律法规保护企业利益,靠改善营销策略和挖掘技术潜力获得最大回报。

(2) 有利于规范业主招标盲目压价、暗箱操作等不正之风,体现公开、公平、公正的原则;同时也有利于发挥建筑企业自主报价的能力,促进企业在营销决策、技术管理和企业定额等基础工作上下工夫,在创品牌上努力攀登。

(3) 有利于实现由政府定价到市场定价，发挥政府宏观调控和行业管理作用。

总之，有利于充分发挥政府、社会公众、业主、承包商之间的协调作用，创造政府宏观调控、企业自主定价的市场环境，保障了投资、建设、施工各方的利益。

3. 促进建设市场有序竞争和企业健康发展的需要

采用工程量清单计价模式招标投标，由于工程量清单是招标文件的组成部分，招标单位必须编制出准确的工程量清单，并承担相应的风险，从而促进招标单位提高管理水平。由于工程量清单是公开的，将避免工程招标中的弄虚作假、暗箱操作等不规范行为。采用工程量清单报价，施工企业必须对单位工程成本、利润进行分析，统筹考虑、精心选择施工方案，并根据企业定额合理确定人工、材料、施工机械等要素的投入与配置，优化组合，合理控制现场人、材、机费用和施工技术措施费用，从而确定本企业具有竞争力的投标价。

工程量清单计价的实行，有利于规范建设市场计价行为，规范建设市场秩序，促进建设市场有序竞争；有利于控制建设项目投资，合理利用资源；有利于促进技术进步，提高劳动生产率。

此外，建设市场计价行为和市场秩序的规范，将有利于控制建设项目投资，合理利用资源，提高工程质量，加快工程建设周期，从根本上提高建设业整体即设计、咨询、监理、承包等的素质和企业间的协调能力，改善协作条件。

4. 有利于我国工程造价管理政府职能的转变

按照政府部门真正履行起"经济调节、市场监管、社会管理和公共服务"职能的要求，政府对工程造价管理的模式要相应改变，将推行政府宏观调控、企业自主报价、市场竞争形成价格、社会全面监督的工程造价管理思路。实行工程量清单计价，将会有利于我国工程造价管理政府职能的转变，由过去政府控制的指令性定额转变为制定适应市场经济规律需要的工程量清单计价方法，由过去行政直接干预转变为对工程造价依法监管，有效地强化政府对工程造价的宏观调控。

5. 适应我国加入世界贸易组织(WTO)，与国外建设市场相结合的需要

由于我国改革开放的进一步深化，中国经济日益融入全球市场，特别是我国加入世界贸易组织(WTO)后，建设市场将进一步对外开放。国外的企业以及投资的项目越来越多地进入国内市场，我国企业走出国门在海外投资和经营的项目也在增加。为了适应这种对外开放建设市场的形势，就必须与国际通行的计价方法相适应，为建设市场主体创造一个与国际惯例接轨的市场竞争环境。

此外，工程总承包是指从事工程总承包的企业受业主委托，按照合同约定对工程项目的勘察、设计、采购、施工、试运行(竣工验收)等实行全过程或若干阶段的承包。工程总承包企业按照合同约定对工程项目的质量、工期、造价等向业主负责。工程总承包企业可依法将所承包工程中的部分工作发包给具有相应资质的分包企业；分包企业按照分总承包企业在合同中约定。从这里可以看到，我国工程承包管理体制和计价方式改革都已经启动，是相辅相成、相互渗透的配套改革措施。实行工程量清单计价将会给我国工程总承包管理体制和总承包企业与工程项目管理企业的建立创造更有利的条件，并会起到积极的推动作用。工程量清单计价是国际通行的计价做法，在我国实行工程量清单计价，有利于提高国

内建设各方主体参与国际化竞争的能力，有利于提高工程建设的管理水平，规范国内建筑市场，形成市场有序竞争的新机制。

9.2 室内装饰工程量清单编制

9.2.1 工程量清单内容

工程量清单是工程量清单计价的重要手段和工具，也是我国实行工程量清单计价，推行新的建设工程计价制度和方法，彻底改革传统计价制度和方法以及改革招标投标程序和模式的重要标志。工程量清单计价方法和模式是一套符合市场经济规律的科学的报价体系。工程量清单的编制，是招标方(业主)进行招标之前的一项重要的准备工作，是招标文件中不可缺少的十分重要的招标文件之一，是工程造价合同管理与系统控制的一个重要依据。编制工程量清单必须符合相关原则和规定，如果出现差错，就会给招标投标与计价实施带来较多问题。

工程量清单是指表现拟建工程的分部分项工程项目、措施项目、其他项目名称和相应数量的明细清单，是招标人按照招标要求和施工设计图样规定将拟建招标工程的全部项目和内容，依据工程量清单计价规范附录中统一的项目编码、项目名称、计量单位和工程量计算规则进行编制，包括分部分项工程量清单、措施项目清单、其他项目清单，是招标文件的重要组成部分。《中华人民共和国招标投标法》规定，招标文件应当包括招标项目的技术要求和投标报价要求。工程量清单应体现招标人要求投标完成的工程项目、技术要求及相应工程数量，全面反映投标报价的要求，是投标人进行报价的依据。所以工程量清单应是招标文件不可分割的主要组成部分。

工程量清单应由具有编制招标文件能力的招标人，或受其委托具有相应资质的中介机构进行编制。编制工程量清单是一项专业性、综合性很强的工作，完整、准确的工程量清单是保证招标质量的重要条件。

工程量清单应由分部分项工程量清单、措施项目清单、其他项目清单组成。

1. 分部分项工程量清单

分部分项工程量清单为不可调整清单。投标人对招标文件提供的分部分项工程量清单经过认真复核后，必须逐一计价，对清单所列项目和内容不允许作任何更改变动。投标人如果认为清单项目和内容有遗漏或不妥，只能通过质疑的方式由清单编制人作统一的修改更正，并将修正的工程量清单项目或内容作为工程量清单的补充以招标答疑的形式发往所有投标人。

1) 工程量清单编码

工程量清单的编码，主要是指分部分项工程工程量清单的编码。由于室内装饰产品的特性，即室内装饰方法繁多、装饰工艺复杂、装饰材料多变等。以墙面装饰为例构成墙面类型、材料类型、不同操作工艺和墙体面层的不同组合等多种类型。识别不同墙面装饰没有科学的编码区分，其清单分项就无法正确地表达与描述。此外，信息技术已在工程造价软件中得到广泛运用，若无统一编码则无法让公众接受与识别并得到信息技术的支持。没有清单分项的科学编码，招标响应、企业定额的制定等就缺乏统一的依据。《计价规范》

以上述因素为前提,对分部分项工程量清单分项编码做了严格科学的规定,并作为必须遵循的规定条款。

《建设工程工程量清单计价规范》对分部分项工程量清单的编制有以下强制性规定。

(1) 规范 3.2.1 条规定:分部分项工程量清单应包括项目编码、项目名称、计量单位和工程数量。规范 3.2.2 条规定:分部分项工程量清单应根据附录 A、附录 B、附录 C、附录 D、附录 E 规定的统一项目编码、项目名称、计量单位和工程量计算规则进行编制。

(2) 规范 3.2.3 条规定:分部分项工程量清单的项目编码,一至九位应按附录 A、附录 B、附录 C、附录 D、附录 E 的规定设置;10~12 位应根据拟建工程的工程量清单项目由其编制人设置,并应自 001 起顺序编制。一个项目的编码由五级组成,如图 9.1 所示。

图 9.1　项目编码组成

(3) 规范 3.2.4 条规定:项目名称应按附录 A、附录 B、附录 C、附录 D、附录 E 的项目名称与项目特征并结合拟建工程的实际确定。工程量清单编制时,以附录中的项目名称为主体,考虑该项目的规格、型号、材质等特征要求,结合拟建工程的实际情况,使其工程量清单项目名称具体化、细化,能够反映影响工程造价的主要因素。例如,在工程量清单的项目名称栏中,除了应写明项目名称外,还应将附录中相应项目的项目特征所载明的项目特点、工程内容及拟建工程的具体要求一一写明,以便投标报价人和标底编制人对该项目工程内容有一个非常清楚的了解。

(4) 规范 3.2.5 条规定:分部分项工程量清单的计量单位应按附录 A、附录 B、附录 C、附录 D、附录 E 中规定的计量单位确定。

(5) 规范 3.2.6 条规定:工程数量应按附录 A、附录 B(表 9-1)、附录 C、附录 D 和附录 E 中规定的工程量计算规则计算。

2) 项目名称

按照《计价规范》的各附录中规定的名称列项,不得随意更改。并结合拟建工程的实际情况详细描述项目特征和工程内容,以便投标人准确报价。若出现附录中未包括的项目,编制人可作相应补充,并应报省、市、自治区工程造价管理机构备案。补充项目应列在分部分项工程项目清单项目最后,并在序号栏中注明"补"字。

3) 计量单位

按照各附录中规定的计量单位采用。《计价规范》中,计量单位均为基本计量单位,不得使用扩大单位(如 10m、100m²)。

4) 工程数量

按照附录规定的计算规则计算。工程数量的有效位数应遵守下列规定。

(1) 以"吨(t)"为单位，应保留小数点后三位数字，第四位四舍五入。

(2) 以"立方米"、"平方米"、"米"为单位，应保留小数点后两位数字，第三位四舍五入。

(3) 以"个"、"项"等为单位，应取整数。

表9-1 表B.1.2 块料面层(编码：0201102)

项目编码	项目名称	项目特征	计量单位	工程量计算规则	工程内容
020102001	石材楼地面	1. 垫层材料种类、厚度 2. 找平层厚度、砂浆配合比 3. 防水层、材料种类 4. 填充材料种类、厚度 5. 结合层厚度、砂浆配合比 6. 面层材料品种、规格、品牌、颜色	m²	按设计图示尺寸以面积计算。扣除凸出地面构筑物、设备基础、室内管道、地沟等所占面积，不扣除间壁墙和0.3m以内的柱、垛、附墙烟囱及孔洞所占面积。门洞、空圈、暖气包槽、壁龛的开口部分不增加面积	1. 基层清理、铺设垫层、抹找平层 2. 防水层铺设填充层 3. 面层铺设 4. 嵌缝 5. 刷防护材料 6. 酸洗、打蜡 7. 材料运输
020102002	块料楼地面	7. 嵌缝材料种类 8. 防护层材料种类 9. 酸洗、打蜡要求			

2. 措施项目清单

任何一个工程建设项目成本一般主要包括完成工程实体项目的费用，施工前期和过程中的施工措施费用，以及工程建设过程中发生的经营管理费用。在定额计价体系中，施工措施费用大都以一定的摊销量或一定比例，按定额规定的统一的计算方法计算后并入工程实体定额的消费量中。显然定额所含施工措施消耗量的标准是一个社会平均水平。《建设工程工程量清单计价规范》把非工程实体项目(措施项目)与工程实体项目进行了分离。工程量清单计价规范规定措施项目清单金额应根据拟建工程的施工方案或施工组织设计，由投标人自主报价。这项改革的重要意义是与国际惯例接轨，把施工措施费这一反映施工企业综合实力的费用纳入了市场竞争的范畴。这一费用的竞争将反映施工企业技术与管理的竞争、个别成本的竞争，体现公平和优胜劣汰，将极大地调动施工企业以提高施工技术、加强施工管理为手段降低工程成本的主动性和积极性。

措施项目清单为可调整清单，投标人对招标文件的工程量清单中所列项目和内容，可根据企业自身特点和施工组织设计作变更增减。投标人要对拟建工程可能发生的措施项目和措施费用作通盘考虑，清单计价一经报出，即被认为是包括了所有应该发生的措施项目的全部费用。如果报出的清单中没有列项，且施工中又必须发生的项目，业主有权认为，其已经综合在分部分项工程量清单的综合单价中。将来措施项目发生时投标人不得以任何理由提出索赔与调整。

措施项目清单是非实体项目，以"项"为计量单位，相应数量为"1"，包括通用项目和专业项目。

通用项目和专业项目中没有列出的，编制人可以补充，补充项目应列在清单项目最后，并在序号栏中注明"补"字。

3. 其他项目清单

工程建设项目的工程建设标准的高低、工程的复杂程度、工程的工期长短、工程的组成内容等直接影响其他项目清单中的具体内容。《建设工程工程量清单计价规范》提供了两部分四项作为列项的参考，即其他项目清单由招标人部分和投标人部分组成。招标人填写的内容随招标文件发至投标人或标底编制人，其项目、数量、金额等投标人或标底编制人不得随意改动。由投标人填写部分的零星工作项目表中，招标人填写的项目与数量，投标人不得随意更改，且必须进行报价。如果不报价，招标人有权认为投标人就未报价内容将无偿为自己服务。当投标人认为招标人列项不全时，投标人可自行增加列项并确定项目的工程数量及计价。若还有特殊情况的，编制人可以补充，补充项目应列在清单项目最后，并在序号栏中注明"补"字。

(1) 预留金：考虑可能发生的工程量变更而预先留出的费用。主要指工程量清单的漏项、有误引起工程量的增加，还有施工中的设计变更引起标准的变化和工程量的增加。其数量由招标人提供。

(2) 材料购置费：招标人为拟建工程采购供应的材料费用。其数量由招标人提供。

(3) 总承包服务费：为配合、协调招标人进行的工程分包和材料采购，投标人发生的费用。由投标人根据列出的费用项目，自行报价。

(4) 零星工作项目费：为完成招标人提出的、工程量暂估的零星工作所需的费用。由招标人详细列出工、料、机的名称、数量、计量单位等，投标人自行报价。工程结算时工程量按承包人实际完成的计算，单价仍按投标人中标的报价执行。

9.2.2 室内装饰工程量清单编制原则和依据

1. 编制原则

(1) 符合国家《计价规范》的原则。项目分项类别、分项名称、清单分项编码、计量单位分项项目特征、工作内容等，都必须符合《计价规范》的规定和要求。

(2) 符合工程量实物分项与描述准确的原则。工程量清单是对招标人和投标人都有很强约束力的重要文件，专业性强，内容复杂，对编制人的业务技术水平和能力要求高，能否编制出完整、严谨、准确的工程量清单，是招标成败的关键。工程量清单是传达招标人要求，便于投标人响应和完成招标工程实体、工程任务目标及相应分项工程数量，全面反映投标报价要求的直接依据。因此，招标人向投标人所提供的清单必须与设计的施工图样相符合，能充分体现设计意图，充分反映施工现场的现实施工条件，为投标人能够合理报价创造有利条件，贯彻互利互惠的原则。

(3) 工作认真审慎的原则。应当认真学习《计价规范》、相关政策法规、工程量计算规则、施工图样、工程地质与水文资料和相关的技术资料等，熟悉施工现场情况，注重现场施工条件分析。对初定的工程量清单的各个分项，按有关的规定进行认真核对、审核，避免错漏项、少算或多算工程数量等现象发生，对措施项目与其他措施工程量项目清单也应当认真反复核实，最大限度地减少人为因素的错误发生。重要的问题在于不留缺口，防止日后追加工程投资，增加工程造价。

2. 编制依据

工程量清单的编制依据是国家《计价规范》和本地区相关计价条例及相关法律、法规等。

国家《计价规范》是编制工程量清单的最重要的依据，其第 3 章内容包括编制工程量清单的一般规定、分部分项工程量清单、措施项目清单、其他措施项目清单等四个部分，相关规定共有 14 条。一般规定有 3 条，它主要规定了工程量清单的编制、性质和组成。规定工程量清单应由具有编制招标文件能力的招标人，或受其委托具有相应资质的中介机构(即工程造价咨询企业)进行编制；工程量清单应由分部分项工程量清单、措施项目清单、其他项目清单组成。其他措施条款叙述了对组成的各类清单的编制规定和要求。

施工图样、工程勘察资料及其相关技术规范、标准等技术文件，以及施工现场和周边环境及其施工条件等情况也是工程量清单的编制依据。

9.2.3 室内装饰工程量清单编制步骤和方法

1. 工程量清单编制程序和步骤(如图 9.2 所示)

图 9.2 工程量清单编制程序和步骤

2. 分部分项工程量清单编制程序和方法(如图 9.3 所示)

图 9.3 分部分项工程量清单编制程序

编制分项工程量清单应按项目编码、项目名称、计量单位和工程量计算规则统一的有关规定进行编制，具体编制可分述如下。

(1) 做好清单编制的准备工作：先学好《计价规范》及相应的工程量计价规则；熟悉工程所处的位置及相关的资源资料，熟悉设计图样和相关的设计施工规范、施工工艺和操作规程；了解工程现场及施工条件，调查施工企业情况和协作施工的条件等。

(2) 确定分部分项工程的名称：严格根据《计价规范》的相关规定进行工程分部分项的名称的确定并做好编码工作。

(3) 按规范规定的工程量计算规则计算分部分项工程工程量并严格套用单位。

(4) 进行工程量清单编制并进行反复的核对，检查无误后再进行综合的造价编制。

9.2.4 工程量清单格式

1. 工程量清单应采用统一格式

工程量清单应采用统一格式由下列内容组成。
(1) 封面。
(2) 填表须知。
(3) 总说明。
(4) 分部分项工程量清单。
(5) 措施项目清单。
(6) 其他项目清单。
(7) 零星工作项目表。
(8) 设备项目清单。
(9) 主要材料项目表。

2. 工程量清单封面

　　　　　　　　　　　＿＿＿＿＿＿＿＿＿＿＿＿＿＿＿＿工程
　　　　　　　　　　　　　　　工程量清单
招标人：＿＿＿＿＿＿＿＿＿＿＿＿＿＿＿＿(单位签字盖章)
法定代表人：＿＿＿＿＿＿＿＿＿＿＿＿＿＿＿＿＿＿(签字盖章)
中介机构
法定代表人：＿＿＿＿＿＿＿＿＿＿＿＿＿＿＿＿＿＿(签字盖章)
造价工程师
及注册证号：＿＿＿＿＿＿＿＿＿＿＿＿＿＿＿＿＿＿＿＿＿＿(签字盖执业专用章)
编制时间：＿＿＿＿＿＿＿＿＿＿＿＿＿＿＿＿＿＿

3. 填表须知

(1) 工程量清单及其计价格式中所有要求签字、盖章的地方，必须由规定的单位和人员签字、盖章。

(2) 工程量清单及其计价格式中的任何内容不得随意删除或涂改。

(3) 工程量清单计价格式中列明的所有需要填报的单价和合价，投标人均应填报，未填报的单价和合价，视为此项费用已包含在工程量清单的其他单价和合价中。

(4) 金额(价格)均应以"***"币表示。

4. 总说明

总说明应该包含的内容。

(1) 工程概况,如建设规模、工程特征、计划工期、施工现场实际情况、交通运输情况、自然地理条件、环境保护要求等。
(2) 工程招标和分包范围。
(3) 工程量清单编制依据。
(4) 工程质量、材料、施工等的特殊要求。
(5) 招标人自行采购的名称、规格型号、数量等。
(6) 其他项目清单中招标人部分(包括预留金、材料购置费等)的金额数量。
(7) 其他需说明的问题。

总说明的格式见表 9-2。

表 9-2 总说明

工程名称: 　　　　　　　　　　　　　　　　　　　　第　页共　页

5. 分部分项工程量清单

分部分项工程量清单应包括项目编码、项目名称、计量单位和工程数量四个部分。分部分项工程量清单格式见表 9-3。

表 9-3 分部分项工程量清单

工程名称: 　　　　　　　　　　　　　　　　　　　　第　页共　页

序　号	项目编码	项目名称	计量单位	工程数量

6. 措施项目清单

措施项目清单应根据拟建工程的具体情况列项。措施项目指为完成工程项目施工,发生于该工程施工前和施工过程中技术、生活、文明、安全等方面的非工程实体项目。措施项目清单格式见表 9-4。

表 9-4 措施项目清单

工程名称：　　　　　　　　　　　　　　　　　　　　　　　　第　页共　页

序　号	项目名称

7. 其他项目清单

表 9-5 为其他项目清单表格。

表 9-5 其他项目清单

工程名称：　　　　　　　　　　　　　　　　　　　　　　　　第　页共　页

序　号	项目名称

8. 零星工作项目表

表 9-6 为零星工作项目表。

表 9-6 零星工作项目

工程名称：　　　　　　　　　　　　　　　　　　　　　　　　第　页共　页

序　号	名　称	计量单位	数　量
1	人　工		
2	材　料		
3	机　械		

9. 设备项目清单表

表 9-7 为设备项目清单表格。

表 9-7 设备项目清单

工程名称：　　　　　　　　　　　　　　　　　　　　　　　　第　页共　页

序　号	设备编码	设备名称	规格、型号等特殊要求	单　位	数　量

10. 主要材料项目表

表 9-8 为主要材料项目表格。

表 9-8　主要材料项目表

工程名称：　　　　　　　　　　　　　　　　　　　　　　　　　　第　页共　页

序　号	材 料 编 码	材 料 名 称	规格、型号等特殊要求	单　位

9.3　室内装饰工程量清单计价的编制

9.3.1　综合单价及其内涵

综合单价是完成规定计量单位、合格产品所需的全部费用。即一个规定计量单位工程所需的人工费、材料费、机械台班费、管理费和利润，并考虑风险因素而对室内装饰工程做出的综合计价。综合单价不但适用于分项分部工程量清单，也适用于措施项目清单、其他项目清单。

综合单价计价法与传统定额预算法有着本质的区别，其最基本的特征表现在分项工程项目费用的综合性强。它不仅包括传统预算定额中的直接费，按照上述定义还增加了管理费和利润两部分，而且应考虑风险因素形成最终单价，因而称其为综合单价。从另一个角度看，对于某一项具体的分部分项工程而言，又具有单一性的特征。综合单价基本上能够反映一个分项工程单价再加上相应的措施项目费、其他项目费和规费、税金，就是某种意义上的"产品"(分部或分项工程)完整(或称全费用)的单价或价格，即将分部分项工程看作产品，使分部分项工程费用成为某种意义上的产品综合单价。

9.3.2　综合单价和总价的编制原则与编制依据

1. 编制原则

工程量清单各分项综合单价和总价的编制以及工程造价管理的全过程，应遵循下列原则。

1) 质量效益原则

"质量第一"对于任何产品生产和企业来说是一项永　的原则。企业在市场经济条件下既要保证产品质量，又要不断提高经济效益，是企业长期发展的基本目标和动力。长时期以来不少承包商由于种种原因，往往将质量和效益对立起来，事实上在质量、进度、成本、安全、环境、方法等因素中，必有最佳的结合点。有的企业不在如何解决矛盾，质量与效益结合上下工夫，不提高管理水平，而是想方设法地如何降低成本，甚至冒险偷工减料，这必然会导致工程质量下降和效益的降低。因此，只有运用和实施优秀的管理和科学合理的施工方案，才能有效地将质量和效益统一起来，而求得长期的发展，决策者和编制者必须坚持施工管理、施工方案的科学性，从始至终贯彻质量效益原则。

2) 优胜劣汰原则

市场竞争是市场经济一个重要的规律，有商品生产就会有竞争。建筑业市场是买方市场，队伍庞大，企业众多，市场竞争更加激烈多变，加之我国市场游 规则还不够健全和完善，整治尚需一个过程，规范的市场也少不了竞争。这里讲竞争原则，就是要求造价编制者考虑合理因素的同时使确定的清单价格具有竞争性，提高中标的可能性与可靠度。在经济合理的前提下尽量选择企业可信度高、施工质量好的企业，真正做到优胜劣汰。

3) 优势原则

具有竞争的价格从何而来，关键在于企业优势。例如品牌、诚信、管理、营销、技术、质量和价格优势等，所以编制工程价格必须善于"扬长避短"运用价值工程的观念和方法采取多种施工方案和技术措施比价，采用"合理低价"、"低报价，高索赔"和"不平衡报价"等方法，体现报价的优势，不断提高中标率，不断提高市场份额。

4) 市场风险原则

编制招投标标底或投标报价必须注重市场风险研究，充分预测市场风险，脚踏实地进行充分的市场调查研究，采取行之有效的措施与对策。

2. 编制依据

(1)《建筑工程施工发包与承包计价管理办法》(建设部第 107 号令)、《建设工程工程量清单计价规范》(GB 50500—2003)及相关政策、法规、标准、规范以及操作规程等。

(2) 招标文件和室内施工图样、地质与水文资料、施工组织设计、施工作业方案和技术，以及技术专利、质量、环保、安全措施方案及施工现场资料等。

(3) 市场劳动力、材料、设备等价格信息和造价主管部门公布的价格信息及其相应价差调整的文件规定等信息与资料。

(4) 承包商投标营销方案与投标策略意向、施工企业消耗与费用定额、企业技术与质量标准、企业"工法"资料、新技术新工艺标准，以及过去存档的同类与类似工程资料等。

(5) 省、市、地区室内装饰工程综合单价定额，或者相关消耗与费用定额，或地区综合估价表(或基价表)，省、市、地区季度室内装饰工程或劳动力以及机械台班的指导价。

9.3.3 综合单价和总价的编制程序与方法

1. 综合单价的编制程序与步骤(如图 9.4 所示)

图 9.4 综合单价的编制程序示意图

确定综合单价是承包商准备响应和承诺业主发标的核心工作,是能否中标的关键一环,要做好充分的准备工作。

2. 综合单价的编制方法

下面以分部分项工程量清单某分项墙面镶贴块料面层项目为例,介绍综合单价的编制方法。该工程系室内装饰工程,工程地点在市区内,其编制步骤如下。

(1) 首先应选用费用定额(或单价表)。以《福建省建筑装饰工程消耗量定额及统一基价表》、《2001福建省建筑装饰工程预算定额》等文件为依据进行编制,这对综合单价的编制方法没有影响。传统预算方法与工程量清单计价方法虽有本质区别,但是对定额编制方法而言,还只是在于分项划分与费用组合的区别,在制定方法上并无本质差别。该定额基价中,直接给出了分部分项综合单价,即除给出了人工、材料、机械三项直接费外,还包含了管理费和利润两项费用。

(2) 根据以上确定的工程内容,进一步查找相应的定额(单价表或基价表)分项的人工、材料、机械台班等的费用,并按定额规定调整差价。

(3) 计算管理费和利润及税收。

(4) 最后进行整理审核。

3. 工程项目总价的编制程序和步骤

工程量清单编制工程项目总价的程序和步骤如图9.5所示。其具体编制工作首先是以工程量清单规定的分项工程量、陈述的工程特征和工程内容为依据,结合设计图样的要求,以分部分项工程工程量清单和相对应的施工方案为主要依据,并结合相应的措施项目工程量清单分项综合考虑,编制分部分项综合的单价。然后考虑编制相关措施项目的综合单价。

图9.5 工程量清单计价程序与步骤示意图

在总体程序上,首先确定分部分项工程量清单分项综合单价,然后按工程量清单编码排序,依次计算清单分项费用,按规范规定的分部分项工程量清单综合单价分析表、分部分项工程量清单计价表进行填写与汇总,分别计算和确定措施项目工程量清单分项、其他措施项目工程量清单的单价和费用,再分别统计和确定三大分项的费用汇总和计算规费、税金,进行单位工程计价汇总,最后由招标人或投标人分别综合决策,形成单位工程的招标标底或投标报价。

9.3.4 工程量清单计价格式

1. 工程量清单计价格式组成

工程量清单计价应采用统一格式。工程量清单计价格式应随招标文件发至投标人。且由投标人填写，工程量清单计价格式应由下列内容组成。

(1) 封面。
(2) 投标总价。
(3) 工程项目总价表。
(4) 单项工程费汇总表。
(5) 单位工程费汇总表。
(6) 分部分项工程量清单计价表。
(7) 措施项目清单计价表。
(8) 其他项目清单计价表。
(9) 零星工作项目计价表。
(10) 设备清单计价表。
(11) 分部分项工程量清单综合单价分析计算表。
(12) 措施项目费分析计算表(一)。
(13) 措施项目费分析计算表(二)。
(14) 规费分析计算表。
(15) 主要材料价格表。

2. 封面

封面应按规定内容填写、签字、盖章。封面格式如下。

_____工程
工程量清单报价表

投 标 人：_____(单位签字盖章)
法定代表人：_____(签字盖章)
造价工程师
及注册证号：_____(签字盖执业专用章)

编制时间：_____

3. 投标总价

投标总价应按工程项目总价表合计金额填写。

投标总价

建设单位：＿＿＿＿＿＿＿＿＿＿＿＿＿＿＿＿＿

工程名称：＿＿＿＿＿＿＿＿＿＿＿＿＿＿＿＿＿

投标总价(小写)：＿＿＿＿＿＿＿＿＿＿＿

　　　　(大写)：＿＿＿＿＿＿＿＿＿＿＿

投 标 人：＿＿＿＿＿＿＿＿＿＿＿＿＿(单位签字盖章)

法定代表人：＿＿＿＿＿＿＿＿＿＿＿＿＿(签字盖章)

编制时间：＿＿＿＿＿＿＿＿＿＿＿＿＿

4. 工程项目总价表

工程项目总价表中单项工程名称应按单项工程费汇总表的工程名称填写，其金额应按单项工程费汇总表的合计金额填写，见表9-9。

表9-9　工程项目总价表

工程名称：　　　　　　　　　　　　　　　　　　　第　页　共　页

序　号	单项工程名称	金　额(元)
	合　计	

5. 单项工程费汇总表

单项工程费汇总表中单位工程名称应按单位工程费汇总表的工程名称填写，其金额应按单位工程费汇总表的合计金额填写，见表9-10。

表9-10　单项工程费汇总表

工程名称：　　　　　　　　　　　　　　　　　　　第　页　共　页

序　号	单位工程名称	金　额(元)
	合　计	

6. 单位工程费汇总表

单位工程费汇总表见表9-11中的金额应分别按照分部分项工程量清单计价表、措施项目清单计价表和其他项目清单计价表的合计金额和按有关规定计算的规费、税金填写。

第9章 室内装饰工程量清单及清单计价

表9-11 单位工程费汇总表

工程名称： 第 页 共 页

序 号	项 目 名 称	金 额(元)
1	分部分项工程量清单计价合计	
2	措施项目清单计价合计	
3	其他项目清单计价合计	
4	规费	
5	税金	
	合　　计	

7. 分部分项工程量清单计价表

分部分项工程量清单计价表中的序号、项目编码、项目名称、计量单位、工程数量必须按分部分项工程量清单中的相应内容填写，见表9-12。

表9-12 分部分项工程量清单计价表

工程名称： 第 页 共 页

序 号	项目编码	项目名称	计量单位	工程数量	金 额(元)	
					综合单价	合价
		本页小计				
		合　计				

8. 措施项目清单计价表

措施项目清单计价表中的序号、项目名称必须按措施项目清单中的相应内容填写，投标人可根据施工组织设计采取的措施增加项目，见表9-13。

表9-13 措施项目清单计价表

工程名称： 第 页 共 页

序 号	项 目 名 称	金 额(元)
	合　计	

9. 其他项目清单计价表

其他项目清单计价表中的序号、项目名称必须按其他项目清单中的相应内容填写，招标人部分的金额必须按其他项目清单中招标人提出的数额填写，见表9-14。

表 9-14 其他项目清单计价表

工程名称：   第 页共 页

序 号	项 目 名 称	金 额(元)
1	投标人部分	
	合 计	
2	投标人部分	
	小 计	
	合 计	

10. 零星工作项目计价表

零星工作项目计价表中的人工、材料、机械名称以及计量单位和相应数量应按零星工作项目表中相应的内容填写，工程竣工后零星工作费应按实际完成的工程量所需费用(其综合单价为零星工作项目所报综合单价)结算，见表 9-15。

表 9-15 零星工作项目计价表

工程名称：   第 页共 页

序 号	名 称	计量单位	数 量	金 额(元)	
				综合单价	合 价
1	人 工				
	小 计				
2	材 料				
	小 计				
3	机 械				
	小 计				
	合 计				

11. 分部分项工程量清单综合单价分析表

分部分项工程量清单综合单价分析表由招标人根据需要提出要求后填写，见表 9-16。

表 9-16 分部分项工程量清单综合单价分析表

工程名称：   第 页共 页

序号	项目编码	项目名称	计量单位	工 程 内 容				综合单价组成						综合单价
				定额编号	定额名称	定额单位	工程量	人工费	材料费	机械使用费	企业管理费	利润	小计	
				小 计										
				小 计										

第 9 章 室内装饰工程量清单及清单计价

12. 措施项目费分析表

措施项目费分析表应由招标人根据需要提出要求后填写，见表 9-17 和表 9-18。

表 9-17 措施项目费分析表(一)

工程名称： 第 页共 页

序号	措施项目名称	单位	计算式	金额(元)

表 9-18 措施项目费分析计算表(二)

工程名称： 第 页共 页

序号	措施项目名称	单位	措施内容				综合单价组成					金额(元)
			定额编号	定额名称	定额单位	工程量	人工费	材料费	机械使用费	企业管理费	利润	小计	
				小 计									
				小 计									

13. 规费分析计算表

规费分析计算表应由招标人根据需要提出要求后填写，见表 9-19。

表 9-19 规费分析计算表

工程名称： 第 页共 页

序号	项目名称	单位	计算式	金额(元)
	合 计			

14. 主要材料价格表

(1) 招标人提供的主要材料价格表应包括详细的材料编码、材料名称、规格型号和计量单位等。

(2) 投标人所填写的单价必须与工程量清单计价中采用的相应材料的单价一致，见表 9-20。

表 9-20　主要材料价格表

工程名称：　　　　　　　　　　　　　　　　　　　　　　　　　　第　页共　页

序　号	材料编码	材料名称	规格、型号等特殊要求	单　位	单　价(元)

小　结

工程量清单是工程量清单计价的重要手段和工具，也是我国实行工程量清单计价，推行新的建设工程计价制度和方法，彻底改革传统计价制度和方法以及改革招标投标程序和模式的重要标志。工程量清单计价方法和模式是一套符合市场经济规律的科学的报价体系。工程量清单的编制，是招标方(业主)进行招标之前的一项重要的准备工作，是招标文件中不可缺少的十分重要的招标文件之一，是工程造价合同管理与系统控制的一个重要依据。编制工程量清单必须符合相关原则和规定，如果出现差错，就会给招标投标与计价实施带来较多问题。

工程量清单是指表现拟建工程的分部分项工程项目、措施项目、其他项目名称和相应数量的明细清单，是招标人按照招标要求和施工设计图样规定将拟建招标工程的全部项目和内容，依据工程量清单计价规范附录中统一的项目编码、项目名称、计量单位和工程量计算规则进行编制，包括分部分项工程量清单、措施项目清单、其他项目清单，是招标文件的重要组成部分。

思考与练习

1．工程量清单的概念、内容和意义是什么？
2．工程量清单计价的特点和优点有哪些？
3．工程量清单计价的意义和作用有哪些？
4．工程量清单计价编制原则、程序、依据、方法各是什么？
5．工程量清单有哪些构成？工程量清单编码是怎么编制的？
6．工程量清单综合单价的编制原则和方法、程序有哪些？

第 10 章　室内装饰工程招投标报价实例

教学提示：室内装饰工程招投标是现代装饰工程交易的基本模式，也是规范建筑室内装饰市场的最根本做法。本章介绍室内装饰工程招投标的发展过程和基本知识；并以某经理室室内装饰工程实例来分析招投标中工程量清单和计价。

教学目标：了解室内装饰工程招投标的基本概念及其发展过程；熟悉室内装饰工程招投标的所需的文件以及工程量招投标的基本特点；重点掌握编制室内装饰工程工程量清单及其报价的基本操作技能和方法。

10.1　概　　述

10.1.1　我国招标投标体制的发展

我国建设工程招标投标制度大致经历了三个发展阶段。

1. 招投标的初步建立阶段

20 世纪 80 年代，我国招标投标经历了试行—推广—兴起的初步建立阶段。招标投标主要侧重在宣传和实践，还处于社会主义计划经济体制下的一种探索。这时期招投标主要呈现以下几个特点。

(1) 20 世纪 80 年代中期，招标管理机构在全国各地陆续成立。

(2) 有关招标投标方面的法规建设开始起步，1984 年国务院颁布暂行规定，提出改变行政手段分配建设任务，实行招标投标，大力推行工程招标承包制，同时原城乡建设环境保护部印发了建筑安装工程施工和设计招标投标的试行办法，根据这些规定，各地也相继制定了适合本地区的招标管理办法，开始探索我国的招标投标管理和操作程序。

(3) 招标方式基本以议标为主，在纳入招标管理项目当中约 90%是采用议标方式发包的，工程交易活动比较分散，没有固定场所，这种招标方式在很大程度上违背了招标投标的宗旨，不能充分体现竞争机制。

(4) 招标投标在很大程度上还流于形式，招标的公正性得不到有效监督，工程大多形成私下交易，暗箱操作，缺乏公开公平竞争。

2. 招投标的规范发展阶段

20 世纪 90 年代初期到中后期，全国各地普遍加强对招标投标的管理和规范工作，也相继出台一系列法规和规章，招标方式已经从以议标为主转变到以邀请招标为主，这一阶段是我国招标投标发展史上最重要的阶段，招标投标制度得到了长足的发展，全国的招标投标管理体系基本形成，为完善我国的招标投标制度打下了坚实的基础。这时期招投标主要呈现以下几个特点。

(1) 全国各省、自治区、直辖市、地级以上城市和大部分县级市都相继成立了招标投标监督管理机构，工程招标投标专职管理人员不断壮大，全国已初步形成招标投标监督管理网络，招标投标监督管理水平正在不断地提高。

(2) 招标投标法制建设步入正轨，从 1992 年建设部第 23 号令的发布到 1998 年正式施行《建筑法》，从部分省的《建筑市场管理条例》和《工程建设招标投标管理条例》到各市制定的有关招标投标的政府令，都对全国规范建设工程招标投标行为和制度起到极大的推动作用，特别是有关招标投标程序的管理细则也陆续出台，为招标投标在公开、公平、公正下的顺利开展提供了有力保障。

(3) 自 1995 年起，全国各地陆续开始建立建设工程交易中心，它把管理和服务有效地结合起来，初步形成以招标投标为龙头，相关职能部门相互协作的具有"一站式"管理和"一条龙"服务特点的建筑市场监督管理新模式，为招标投标制度的进一步发展和完善开辟了新的道路。工程交易活动已由无形转为有形，隐蔽转为公开，信息公开化和招标程序规范化，已有效遏制了工程建设领域的腐败行为，为在全国推行公开招标创造了有利条件。

3. 招投标的不断完善阶段

随着建设工程交易中心的有序运行和健康发展，全国各地开始推行建设工程项目的公开招标。《招标投标法》根据我国投资主体的特点已明确规定我国的招标方式不再包括议标方式，这是个重大的转变，它标志着我国的招标投标的发展进入了全新的历史阶段。这时期招投标主要呈现以下几个特点。

(1) 招标投标法律、法规和规章不断完善和细化，招标程序不断规范，必须招标和必须公开招标范围得到了明确，招标覆盖面进一步扩大和延伸，工程招标已从单一的土建安装延伸到道桥、装潢、建筑设备和工程监理等。

(2) 全国范围内开展的整顿和规范建设市场工作和加大对工程建设领域违法违纪行为的查处力度为招标投标进一步规范提供了有力保障。

(3) 工程质量和优良品率呈逐年上升态势，同时涌现出一大批优秀企业和优秀项目经理，企业正沿着围绕市场和竞争，讲究质量和信誉，突出科学管理的道路迈进。

(4) 招标投标管理全面纳入建设市场管理体系，其管理的手段和水平得到全面提高，正在逐步形成建设市场管理的"五结合"：一是专业人员监督管理与计算机辅助管理相结合；二是建筑现场管理与交易市场管理相结合；三是工程评优治劣与评标定标相结合；四是管理与服务相结合；五是规范市场与执法监督相结合。

(5) 公开招标的全面实施在节约国有资金，保障国有资金有效使用以及从源头防止腐败孳生，都起到了积极作用。目前我们的市场还存在着政企不分，行政干预多，部门和地方保护，市场和招标操作程序不规范，市场主体的守法意识较差，过度竞争，中介组织不健全等现象。《招标投标法》正是国家通过法律手段来推行招标投标制度，以达到规范招标投标活动，保护国家和公共利益，提高公共采购效益和质量的目的。它的颁布是我国工程招标投标管理逐步走上法制化轨道的重要里程碑，它必将对我们目前乃至今后的建设市场管理产生深远的影响，并指导着招标投标制度向深度和广度健康发展。

10.1.2 我国招投标的发展趋势

随着公开招标和《招标投标法》的深入实施，建设市场必将形成政府依法监督，招投标活动当事人在建设工程交易中心依据法定程序进行交易活动，各中介组织提供全方位服务的市场运行新格局，我国的招标投标制度也必将走向成熟，它是招标投标发展的必然趋势。

(1) 建设市场规则将趋于规范和完善。市场规则是有关机构制定的或沿袭下来的由法律、法规、制度所规定的市场行为准则，其内容如下。

① 市场准入规则：市场的进入需遵循一定的法规和具备相应的条件，对不具备条件或采取挂靠、出借证书、制造假证书等欺诈行为的，采取清出制度，逐步完善资质和资格管理，特别是进一步加强工程项目经理的动态管理。

② 市场竞争规则：这是保证各种市场主体在平等的条件下开展竞争的行为准则，为保证平等竞争的实现，政府制定相应的保护公平竞争的规则。《招标投标法》、《建筑法》、《反不正当竞争法》等以及与之配套的法规和规章都制定了市场公平竞争的规则，并通过不断地实施将更加具体和细化。

③ 市场交易规则：交易必须公开(涉及保密和特殊要求的工程除外)；交易必须公平；交易必须公正。

(2) 建设工程交易中心将办成"程序规范，功能齐全，手段多样，质量一流"的服务型的有形招标投标市场。除提供各种信息咨询服务外，其主要职责是能保证招标全过程的公开、公平和公正，确保进场交易各方主体的合法权益得到保护，特别是要保障法律规定的必须进行招标项目的程序规范合法。

(3) 招标代理机构将依据《招标投标法》规定设立评委专家库，而建设工程交易中心则应制定专业齐全、管理统一的评委专家名册，同时应充分发挥评委专家名册的作用，改变目前专家评委只进行评标的现状，充分利用这一有效资源为招标投标管理服务。具体作用如下。

① 可作为投标资格审查的评审专家库，提高资审的公正性和科学性。

② 可作为《工程投标名册》(指由政府组织的每年进行评审的投标免审单位名单)的评审委员库，利用他们的社会知名度和制定科学的评审制度，提高《工程投标名册》的权威性，逐步得到社会各界认可。

③ 分组设立主任委员，负责定期组织评委讨论和研究新问题及相关政策，开辟专家论坛，倡导招标投标理论研究，并可联系大专院校进行相关课题研究，以便更好地为管理和决策提供理论依据。

④ 评委专家名册内应增设法律方面的专家，开辟法律方面的咨询服务，并逐步开展招标仲裁活动。

(4) 招标管理机构是法律赋予的对招标投标活动实施监督的部门，其应成为独立的行政管理和监督机构，应将目前其具体的实物性监督管理转为程序性监督。应负责有关工程建设招标法规的制定和检查，负责招标纠纷的协调和仲裁，负责招标代理机构的认定等。

(5)《招标投标法》明确规定招标代理机构是从事招标代理业务并提供相关服务的社会中介组织，从国际上看，招标代理机构是建筑市场和招标投标活动中不可缺少的重要力量，随着我国建设市场的健康发展和招标投标制度的完善，招标代理机构必将在数量和质量上得到大力的发展，同时也将推动我国的招标投标制度尽快同国际接轨。

(6) 根据国际工程管理的通行做法，我国的工程保证担保制度将得到大力推行和发展，特别是投标保证、履约保证和支付保证在我国工程管理领域将得到广泛运用，它将是充分保障工程合同双方当事人的合法权益的有效途径，同时必将推动我国的招标投标制度逐步走向成熟。

10.2 室内装饰工程招投标基本概念

10.2.1 室内装饰工程招标

1. 基本概念

工程招标投标是建设单位和施工单位(或买卖双方)进行建设工程承发包交易的一种手段和方法。

招标即招标人(业主或建设单位)择优选择施工单位(承包方)的一种做法。在工程招标之前，将拟建的工程委托设计单位或顾问公司设计，编制概预算或估算，俗称编制标底。标底是个不公开的数字，它是工程招投标中的机密，切不可泄露。招标单位准备好一切条件，发表招标公告或邀请几家施工单位来投标，利用投标企业之间的竞争，从中择优选定承包方(施工单位)。

2. 招标方式

招标可分为三种形式，即公开招标、邀请投标、议标或指定招标。

1) 公开招标

公开招标是通过登载招标启示，公开进行的一种招标方式，凡符合规定条件的施工单位都可自愿参加投标。由于参与投标报名的装饰施工企业很多，所以它属于一种"无限竞争"的招标。公开招标有助于企业之间展开竞争，打破垄断，促使承包企业加强管理，提高工程质量，缩短工期，降低工程成本；公开招标使招标单位选择报价合理、工期短、质量好、信誉高的施工单位承包，达到招标的目的；公开招标促进装饰市场向健康方向发展，完善市场经营管理，力求公平、公正、合理的竞争。

2) 邀请招标

邀请招标是招标单位根据自己了解或他人介绍的承包企业，发出邀请信，请一些装饰施工企业参加某项工程的投标，被邀请的单位数目一般是3~7个。采用邀请招标，招标单位对被邀请的施工单位一般是较为了解的，因此被邀请的单位不宜数目过多，以免浪费投标单位的人力、物力。这种招标方式，只有被邀请的施工单位才有资格参加投标，所以它是一种"有限竞争"的投标。

3) 议标

议标是工程招标的一种形式，由建设单位挑选一个或多个施工单位，采用协商的方法来确定施工单位。一旦达成协议，就把工程发包给某一或某几个施工企业承包。

3. 招标单位应具备的条件

招标人自行组织招标，必须符合下列条件，并设立专门的招标组织，经招投标管理机构审查合格后发给招标组织资格证书。

(1) 有与招标工程相适应的技术、经济、管理人员。

(2) 有组织编制招标文件的能力。
(3) 有审查投标人投标资格的能力。
(4) 有组织开标、评标、定标的能力。
不具备上述条件的,招标人必须委托具备相应资质(资格)的招标代理人组织招标。

4. 招标工程应当具备的条件
(1) 项目已经报有关部门备案。
(2) 已经向招投标管理机构办理报建登记。
(3) 概算已经批准,招标范围内所需资金已经落实。
(4) 满足招标需要的有关文件及技术资料已经编制完成,并经过审批。
(5) 招标所需的其他条件已经具备。

5. 招标文件
招标单位在进行招标以前,必须编制招标文件。招标文件是招标单位说明招标工程要求和标准的书面文件,也是投标报价的主要依据,所以它应该尽量详细和完善,其内容如下。
(1) 投标人须知。
(2) 招标工程的综合说明。它应说明招标工程的规模、工程内容、范围和承包的方式,对投标人施工能力和技术力量的要求、工程质量和验收规范、施工现场条件和建设地点等。
(3) 图样和资料。如果是初步设计招标,应有主要结构图样、重要设备安装图样和装饰工程的技术说明。
(4) 工程量清单。
(5) 合同条件,包括计划开、竣工期限和延期罚款的决定、技术规范和采用标准。
(6) 材料供应方式和材料、设备订货情况及价格说明。
(7) 特殊工程和特殊材料的要求及说明。
(8) 辅助条款。招标文件交底时间、地点,投标的截止日期,开标日期、时间和地点,组织现场勘察的时间。投标保证的规定,不承担接受最低标的声明,投标的保密要求等。

6. 室内装饰工程合同的确定
室内装饰工程招标单位在招标前,就应根据工程难度、设计深度等因素确定合同的形式。室内装饰工程施工合同按付款方式分为以下几类。
1) 总价合同
总价合同是指在合同中明确完成项目的总价,承包单位据此完成项目全部内容的合同。总价合同又细分为以下几种。
(1) 固定总价合同。施工中若设计图样、工程质量无变更要求,工期无提前要求,则总价不变,即施工企业承担全部风险。这种合同适用于设计图样详细、全面,施工工期较短的工程。
(2) 调值总价合同。在合同中双方约定,当合同执行中因通货膨胀引起成本变化达到某一限度时,调整合同总价。这种合同由业主承担通货膨胀的风险,施工单位承担其他风险。这种合同适用于设计文件明确,但施工工期较长的工程。
(3) 固定工程量总价合同。招标单位要求投标单位按单价合同办法分别填报分项工程单价,再计算出工程总价。原定工程项目完成后,按合同总价付款,若发生设计变更,则用合同中已确定的单价来调整计算总价。这种合同适用于工程变化不大的项目。

2) 单价合同

单价合同是指投标单位按招标文件列出的各分部分项工程的工程量,分别确定各分部分项工程单价的合同类型。单价合同又细分为以下几种。

(1) 估计工程量单价合同。招标文件中列有工程量清单,投标单位填入各分部分项工程单价,并据此计算出合同总价。施工过程中,按实际完成工程量结算。竣工时按竣工图编制竣工结算。这种合同是双方共担风险,所以是比较常用的合同形式。

(2) 纯单价合同。招标单位不能准确地计算出分部分项工程量,招标文件仅列出工程范围、工作内容一览表及必要的说明,投标单位给出表中各项目的单价即可。施工时按实际完成的工程量结算。

(3) 单价与报价混合式合同。凡能用某种单位计算工程量的工程内容,均报单价;凡不能或很难计算工程量的工作内容则采用包干的方法计价。

3) 成本加酬金合同

成本加酬金合同是指业主向施工单位支付工程项目的实际成本,并按事先约定的方式支付一定的酬金。这种合同由业主承担实际发生的一切费用,施工单位对降低成本没有积极性,业主很难控制工程造价。这类合同仅适用于业主对施工单位高度信任的新型或试验性工程,或项目风险很大的工程。

4) 合同类型的选择

一般说来,选择合同类型时业主占有一定的主动权,但也应考虑施工单位的承受能力,选择双方都能认可的合同类型。影响合同类型选择的因素主要有以下几个方面。

(1) 装饰规模与工期。项目规模小,工期短,业主比较愿意选用总价合同,施工单位也较愿意接受,因为这类工程风险较小。项目规模大,工期长,不可预见因素多,这类项目不宜采用总价合同。

(2) 设计深度。若设计详细,工程量明确,则三类合同均可选用;若设计深度可以划分出分部分项工程,但不能准确计算工程量,应优先选用单价合同。

(3) 项目准备时间的长短。装饰工程招投标及签订合同,招标单位与投标单位都要做准备工作,不同的合同类型需要不同的准备时间与费用。总价合同需要的准备时间和准备费用最高,成本加酬金合同需要的准备时间和费用最低。

(4) 项目的施工难度及竞争情况。项目施工难度大,则对施工单位技术要求高,风险也较大,选择总价合同的可能性较小;项目施工难度小,且愿意施工的单位多,竞争激烈,业主拥有较大的主动权,可按总价合同、单价合同、成本加酬金合同的顺序选择。

此外,选择合同类型时,还应考虑外部环境因素。若外部环境恶劣,如通货膨胀率高、气候条件差等,则施工成本高、风险大,投标单位很难接受总价合同。

10.2.2 室内装饰工程投标

1. 基本概念

室内装饰工程施工投标,是指室内装饰施工企业根据业主或招标单位发出的招标文件的各项要求,提出满足这些要求的报价及各种与报价相关的条件。工程施工投标除单指报价外，还包括一系列建议和要求。投标是获取工程施工承包权的主要手段，也是对业主发出要约的承诺。施工企业一旦提交投标文件后，就须在规定的期限内信守自己的承诺，不得随意反悔或拒不认账。投标是一种法律行为，投标人必须承担因反悔违约可能产生的经济、法律责任。

投标是响应招标、参与竞争的一种法律行为。《中华人民共和国招标投标法》明文规定，投标人应当具备承担招标项目的能力，应当具备国家有关规定及招标文件明文提出的投标资格条件，遵守规定时间，按照招标文件规定的程序和做法，公平竞争，不得行贿，不得弄虚作假，不能凭借关系、渠道搞不正当竞争，不得以低于成本的报价竞标。施工企业根据自己的经营状况有权决定参与或拒绝投标竞争。

2. 投标时必须提交的资料

施工企业投标时或在参与资格预审时必须提供以下资料。

(1) 企业的营业执照和资质证书。

(2) 企业简历。

(3) 自有资金情况。

(4) 全员职工人数：包括技术人员、技术工人数量及平均技术等级等。

(5) 企业自有主要施工机械设备一览表。

(6) 近3年承建的主要工程及质量情况。

(7) 现有主要施工任务，包括在建和尚未开工工程一览表。

(8) 招标邀请书(指约请招标)。

(9) 工程报价清单和工程预算书等。

3. 投标文件

投标文件应包括下列内容。

(1) 综合说明。

(2) 按照工程量清单计算的标价及钢材、木材、水泥等主要材料的用量(近年来由于市场经济的逐步发展，很多工程施工投标已不要求列出钢材、木材及水泥用量，投标单位可根据统一的工程量计算规则自主报价)。

(3) 施工方案和选用的主要施工机械。

(4) 保证工程质量、进度、施工安全的主要技术组织措施。

(5) 计划开工、竣工日期和工程总进度。

(6) 对合同条款主要条件的认定。

4. 投标中应注意的问题

(1) 从计算标价开始到工程完工为止往往时间较长，在建设期内工资、材料价格、设备价格等可能上涨，这些因素在投标时应该予以充分考虑。

(2) 公开招标的工程，承包者在接到资格预审合格的通知以后，或采用邀请招标方式的投标者在收到招标者的投标邀请信后，即可按规定购买标书。

(3) 取得招标文件后，投标者首先要详细弄清全部内容，然后对现场进行实地勘察。重点要了解劳动力、水、电、材料等供应条件。这些因素对报价影响颇大，招标者有义务组织投标者参观现场,对提出的问题给予必要的介绍和解答。除对图样、工程量清单和技术规范、质量标准等要进行详细审核外,对招标文件中规定的其他事项如开标、评标、决标、保修期、保证金、保留金、竣工日期、拖期罚款等,一定要搞清楚。

(4) 投标者对工程量要认真审核,发现重大错误应通知招标单位,未经许可,投标单位无权变动和修改。投标单位可以根据实际情况提出补充说明或计算出相关费用,写成函件作为投标文件的一个组成部分。招标单位对于工程量差错而引起的投标计算错误不承担任何责任,投标单位也不能据此索赔。

(5) 估价计算完毕,可根据相关资料计算出最佳工期和可能提前完工的时间,以供决策。报出工期、费用、质量等具有竞争力的报价。

(6) 投标单位准备投标的一切费用,均由投标单位自理。

(7) 注意投标的职业道德,不得行贿,营私舞弊,更不能串通一气哄抬标价,或出卖标价,损害国家和企业的利益。如有违反,即取消投标资格,严重者给予必要的经济和法律制裁。

5. 投标报价原则

投标报价是施工企业根据招标文件和有关工程造价资料计算工程造价,并考虑投标决策以及影响工程造价的因素,而后提出投标报价,投标报价是工程施工投标的关键。投标报价应遵循以下原则。

(1) 根据承包方式做到"细算粗报"。如果是固定总价报价,要考虑到材料和人工费调整的因素以及风险系数;如果是单价合同,则工程量只需大致估算;如果总价不是一次包死,而是"调价结算",则风险系数可少考虑,甚至不考虑。报价的项目不必过细,但是在编制过程中要做到对内细、对外粗,即细算粗报,进行综合归纳。

(2) 报价的计算方法要简明。数据资料要有理有据。影响报价的因素多而复杂。应把实际可能发生的一切费用逐项来算。一个成功的报价,必然应用不同条件下的不同系数,这些系数是许多工程实际经验累积的结果。

(3) 考虑优惠条件和改进设计的影响。投标单位往往在投标竞争激烈的情况下,对建设单位提出种种优惠的条件。例如帮助串换甲供材、提供贷款或延迟付款、提前交工、免费提供一定的维修材料等优惠条件。

在投标报价时,如果发现该工程中某些设计不合理并可改进,或可利用某项新技术以降低造价时,除了按正规的报价以外,还可另附修改设计的比较方案,提出有效措施以降低造价和缩短工期。这种方式,往往会得到建设单位的赏识而大大提高中标机会。

(4) 选择合适的报价策略。对于某些专业性强、难度大、技术条件高、工种要求苛刻、工期紧,估计一般施工单位不敢轻易承揽的工程,而本企业这方面又拥有特殊的技术力量和设备的项目,往往可以略为提高利润率;如果为在某一地区打开局面,往往又可考虑低利润报价的策略。

10.2.3 室内装饰工程标底

1. 室内装饰工程标底的内容和作用

1) 室内装饰工程标底的内容

(1) 招标工程综合说明,包括招标工程名称、招标工程的设计概算、工程施工质量要求、定额工期、计划工期天数、计划开竣工日期等内容。

(2) 室内装饰招标工程一览表，包括工程名称、建筑面积、结构类型、建筑层数、灯具管线、水电工程、庭院绿化工程等内容。

(3) 标底价格和各项费用的说明，包括工程总造价和单方造价，主要材料用量和价格，工程项目分部分项单价，措施项目单价和其他项目单价，招标工程直接费、间接费、计划利润、税金及其费用的说明。

2) 室内装饰工程标底的作用

标底是评标的主要尺度，也是核实投资的依据，又是衡量投标报价的准绳。一个工程只能编制一个标底。室内装饰工程施工招标可以编制标底。标底的作用表现在以下几个方面。

(1) 标底是投资方核实投资的依据。标底是施工图预算的转化形态，它必须受概算控制，标底突破概算时，要认真分析。若标底编制正确，应修正概算，并报原审批机关调整。若属于施工图设计扩大了建设规模，就应修改施工图，并重新编制标底。

(2) 标底是衡量投标单位报价的准绳。投标单位报价若高于标底，就失去了投标单位的竞争性。投标单位的报价低于标底过多，招标单位有理由怀疑报价的合理性，并进一步分析报价低于标底的原因。若发现低价的原因是由于分项工程工料估算不切实际、技术方案片面、节减费用缺乏可靠性或故意漏项等，则可认为该报价不可信；若投标单位通过优化技术方案、节约管理费用、节约各项物质消耗而降低工程造价，这种报价则是合理可信的。

(3) 标底是评标的重要尺度。招标工程必须以严肃认真的态度和科学的方法编制标底。只有编制出科学、合理、准确的标底，定标时才能做出正确的选择，否则评标就是盲目的。

当然，报价不是选择中标单位的唯一依据，要对投标单位的报价、工期、企业信誉、协作配合条件和企业的其他资质条件进行综合评价，才能选择出合适的中标单位。

2. 标底价格编制原则和依据

1) 标底编制原则

室内装饰工程标底价是招标人控制投资，确定招标工程造价的重要手段，在计算时要求科学合理、计算准确。标底价应当参考建设行政主管部门制定的工程造价计价办法和计价依据以及其他有关规定，根据市场价格信息，由招标单位或委托有相应资质的招标代理机构和工程造价咨询单位以及监理单位等中介组织进行编制。在标底的编制过程中，应该遵循以下原则。

(1) 根据国家公布的统一工程项目编码、统一工程项目名称、统一计量单位、统一计算规则以及施工图样、招标文件，并参照国家、行业或地方批准发布的定额和国家、行业、地方规定的技术标准规范，以及要素市场价格确定的工程量编制标底价。

(2) 标底价作为建设单位的期望价格，应力求与市场的实际变化吻合，要有利于竞争和保证工程质量。

(3) 按工程项目类别计价。

(4) 标底价应由直接费、间接费、利润、税金等组成，一般应控制在批准的总概算(或修正概算)及投资包干的限额内。

(5) 标底价应考虑人工、材料、设备、机械台班等价格变化因素，还应包括不可预见费(特殊情况)、预算包干费、措施费(赶工措施费、施工技术措施费)、现场因素费用、保险以及采用固定价格的工程的风险金等。工程要求优良的还应增加相应的费用。

(6) 一个工程只能编制一个标底。

(7) 标底编制完成后，直至开标时，所有接触过标底价格的人员均负有保密责任，不得泄露。

2) 标底编制的依据

标底价格编制的依据主要有以下基本资料和文件。

(1) 国家的有关法律、法规以及国务院和省、自治区、直辖市人民政府建设行政主管部门制定的有关工程造价的文件和规定。

(2) 工程招标文件中确定的计价依据和计价办法，招标文件的商务条款，包括合同条件中规定由工程承包方承担义务而可能发生的费用，以及招标文件的澄清、答疑等补充文件和资料。在标底价格计算时，计算口径和取费内容必须与招标文件中有关取费等的要求一致。

(3) 国家、行业、地方的工程建设标准，包括建设工程施工必须执行的建设技术标准、规范和规程。

(4) 工程设计文件、图样、技术说明及招标时的设计交底，按设计图样确定的或招标人提供的工程量清单等相关基础资料。

(5) 采用的施工组织设计、施工方案、施工技术措施等。

(6) 工程施工现场地质、水文勘探资料，现场环境和条件及反映相应情况的有关资料。

(7) 招标时的人工、材料、设备及施工机械台班等要素市场价格信息，以及国家或地方有关政策性调价文件的规定。

3) 影响标底编制的因素

(1) 标底必须适应招标方的质量要求，优质优价，对高于国家施工及验收规范的质量因素有所反映。标底中对工程质量的反映，应按国家相关的施工及验收规范的要求作为合格的建筑产品，按国家规范来检查验收。但招标方往往还要提出要达到高于国家施工及验收规范的质量要求，为此，施工单位要支付比合格水平更多的费用。

(2) 标底价必须适应目标工期的要求，对提前工期因素有所反映。应将目标工期对照工期定额，按提前天数给出必要的赶工费和奖励，并列入标底。

(3) 标底必须适应建筑材料采购渠道和市场价格的变化，考虑材料差价因素，并将差价列入标底。

(4) 标底必须合理考虑招标工程的自然地理条件和招标工程范围等因素。将地下工程及"三通一平"等招标工程范围内的费用正确地计入标底价格。由于自然条件导致的施工不利因素也应考虑计入标底。

(5) 标底价格应根据招标文件或合同条件的规定；按规定的工程发承包模式，确定相应的计价方式，考虑相应的风险费用。

3. 编制标底的方法和步骤

1) 编制标底的方法

我国目前建设工程施工招标标底的编制，主要采用定额计价和工程量清单计价来进行。

(1) 以定额计价法编制标底。定额计价法编制标底采用的是分部分项工程量的直接费单价(或称为工料单价法)，仅仅包括人工、材料、机械费用。直接费单价又可以分为单价法和实物量法两种。一种是单价法，即利用消耗量定额中各分项工程相应的定额单价来编制标底价的方法。首先按施工图计算各分项工程的工程量，并乘以相应单价，汇总相加，得到单位工程的直接费；再加上按规定程序计算出来的间接费、利润和税金；最后还要加上材料调价系数和适当的不可预见费，汇总后即为标底价的基础。另一种是实物量法。即用实物量法编制标底，主要先计算出各分项工程的工程量，分别套取消耗量定额中的人工、材料、机械消耗指标，并按类相加，求出单位工程所需的各种人工、材料、施工机械台班的总消耗量即实物量，然后分别乘以当时当地的人工、材料、施工机械台班市场单价，求出人工费、材料费、施工机械使用费，再汇总求和。对于间接费、利润和税金等费用的计算则根据当时当地建筑市场的供求情况给予具体确定。

(2) 以工程量清单计价法编制标底。工程量清单计价的单价按所综合的内容不同，可以划分为两种形式。一种是 FIDIC 综合单价法，FIDIC 综合单价即分部分项工程的完全单价，综合了直接费、间接费、利润、税金以及工程的风险等全部费用。根据统一的项目划分，按照统一的工程量计算规则计算工程量，形成工程量清单。然后估算分项工程综合单价，该单价是根据具体项目分别估的。FIDIC 综合单价确定以后，再与各部分分项工程量相乘得到合价，汇总之后即可得到标底价格。另一种清单规范综合单价法，是《建设工程工程量清单计价规范》(GB 50500—2003)规定的方法。清单综合单价是除规费、税金以外的全部费用，该单价综合了完成单位工程量或完成具体措施项目的人工费、材料费、机械使用费、管理费和利润，并考虑一定的风险因素。用清单规范综合单价编制标底价格，要根据工程量清单(分部分项工程量清单、措施项目清单和其他项目清单)，然后估算各工程量清单综合单价，再与各工程量清单相乘得到合价，最后按规定计算规费和税金，汇总之后即可得到标底价格。

2) 编制标底的步骤

室内装饰工程标底的编制主要采用以施工图预算和以工程量清单为基础编制方法。以施工图预算为基础编制标底的具体做法是：根据施工图样及技术说明，按照装饰预算定额与施工图设计确定的分部分项工程项目，逐项计算出工程量，再套用装饰预算定额基价，确定直接费，然后按规定的取费标准确定施工管理费、其他间接费、计划利润和税金，再加上材差调整以及一定的不可预见费，汇总后构成工程预算，即为标底的基础。以工程量清单为基础编制标底的具体做法是：标底编制人依据招标文件中的工程量清单，依据当时当地的常用施工工艺和方法以及装饰市场价格行情，采用社会平均合理生产水平，计算各分项工程单价，估算各项措施费用及其他费用，汇总得工程标底。

标底的编制程序如图 10.1 所示，大概分为以下几个内容。

(1) 认真研究招标文件。招标文件是招标工作的大纲，编制标底必须以招标文件为准绳，尤其应注意招标文件所规定的招标范围、材料供应方式、材料价格的取定方法、构件加工、材料及施工的特殊要求等影响工程造价的内容。标底的表示方式也应符合招标文件的统一要求。

(2) 熟悉施工图样，勘察现场。编制标底前应充分熟悉施工图样、设计文件，勘察施工现场，调查现场供水、供电、交通及场地等情况。

(3) 计算工程量。在上述工作的基础上，依据工程量计算规则，分部分项计算工程量。工程量计算是标底编制工作中最重要的数据。若工程量作为招标文件的组成内容，则投标企业可依据工程量清单进行报价。

(4) 确定分部分项工程单价。分项工程单价一般依据当地现行装饰工程预算定额确定，对定额中的缺项或有特殊要求的项目，应编制补充单价表。

(5) 确定施工措施费用。正确确定施工措施费用是编制标底的十分重要的工作。例如，幕墙工程、石材饰面等施工措施的确定，必须以当地的施工技术水平为基础，正确拟定合理的施工方法、施工工期，所以标底编制人员平时要注意积累和收集相关资料，并认真分析和理解。

(6) 计算各项费用并汇总计算标底。在正确计算工程量和分项工程单价的基础上，汇总计算工程直接费；然后按当时当地文件规定计算其他直接费、间接费、材差、计划利润和税金等；最后汇总得预算总造价，即为招标工程标底。

图 10.1　标底编制程序图

10.2.4　开标、评标和定标

1. 开标

1) 开标前的准备工作

开标会是招标投标工作中的一个重要的法定程序。开标会上将公开各投标单位标书、当众宣布标底、宣布评标办法等，这表明招标投标工作进入了一个新的阶段。开标前应做好下列各项准备工作。

(1) 成立评标组织，制定评标办法。
(2) 委托公证，通过公证人的公证，从法律上确认开标是合法有效的。
(3) 按招标文件规定的投标截止日期密封标箱。

2) 开标会的程序

开标、评标、定标活动应在招标投标办事机构的有效管理下进行，由招标单位或其上级主管部门主持，公证机关当场公证。开标会的程序一般有以下内容。

(1) 宣布到会的评标专家及有关工作人员，宣布开标会议主持人。
(2) 投标单位代表向主持人及公证人员送验法人代表或授权委托书。
(3) 当众检验和启封标书。
(4) 各投标单位代表宣读标书中的投标报价、工期、质量目标、主要材料用量等内容。
(5) 招标单位公布标底。
(6) 填写装饰工程施工投标标书开标汇总表。

(7) 有关各方签字。

(8) 公证人口头发表公证。

(9) 主持人宣布评标办法(也可在启封标书前宣布)及日程安排。

3) 审查标书有效性

有下列情况之一，即为无效标书。

(1) 标书未密封，合格的密封标书，应将标书装入公文袋内，除袋口粘贴外，在封口处用白纸条贴封并加盖骑缝章。

(2) 投标书(包括标书情况汇总表、密封表)未加盖法人印章和法定代表人或其委托代理人的印鉴。

(3) 标书未按规定的时间、地点送达。

(4) 投标人未按时参加开标会。

(5) 投标书主要内容不全或与本工程无关，字迹模糊辨认不清，无法评估。

(6) 标书情况汇总表与标书相关内容不符。

(7) 标书情况汇总表经涂改后未在涂改处加盖法定代表人或其委托代理人印鉴。

2. 评标

评标是决定中标单位的重要的招投标程序，由评标组织执行。评标组织应由业主及其上级主管部门、代理招标单位、设计单位、资金提供单位(投资公司、基金会、银行)以及建设行政主管部门建立的评委成员组成。评委人数根据工程大小、复杂程度等情况确定，一般为7~11人，评标组织负责人由业主单位派员担任。

为贯彻"合法、合理、公证、择优"的评标原则，应在开标前制定评标办法，并告知各投标单位。通常应将评标办法作为招标文件的组成部分，与招标书同时发出；并组织投标单位答辩，对标书中不清楚的问题要求投标单位予以澄清和确认，按评标办法考核。

室内装饰工程评标定标常采用综合评分法和经评审的最低价中标法。

1) 综合评分法

综合评分法是将报价、施工组织设计、质量和工期、业绩、信誉等评审内容分类后赋予不同权重，分别评审打分。其中报价部分以最低报价(但低于成本的除外)得满分，其余报价按比例折减计算得分。总累计分值反映投标人的综合水平，最后以得分最高的投标人为中标。

综合评分法常采用百分比，各评价要素的权重(分值分布)可根据工程具体情况确定。常用分值分布为：报价50~60分，工期目标5分，质量等级目标5~8分，施工组织设计10~30分，施工实绩0~10分，总分100分。

综合评分法常将评委分成经济、技术两组分别打分。评分时，可由评委独自对各投标人打分。计分时，去掉一个最高分，去掉一个最低分，其余分值取平均值。

各投标得分汇总后，全体评委根据总得分和总报价综合评定，择优选择中标人。

2) 经评审的最低价中标法

经评审的最低价中标法是指投标人的投标，能够满足招标文件的实质性要求，并且经评审的报价最低者中标的评标定标方法。即投标单位根据招标人提供的工程量清单对每项内容报出单价，评标委员会先对投标单位的资格条件和投标文件进行符合性鉴定，然后对投标文件商务部分进行评审,依据工程量清单对投标单位的投标报价进行评价,并逐项分析投标报价合理性,最后是以经过评审的最低评标价中标,但不一定是最低投标价中标。一般适用于具有通用技术,性能标准或者招标人对其技术性能没有特殊要求的招标项目。

经评审的最低价中标法对技术文件的评审分为可行与不可行两个等级,只定性不做相互比较。技术文件被定为可行的投标人方可进入价格文件的评审程序。

评标委员会应对投标文件是否满足投标文件的实质性要求,投标价格是否低于其企业成本做出评审,并在此基础上评审确定最低投标价,经评审的最低投标价的投标人应当推荐为中标候选人。

3. 定标

定标,也称决标,是指评标小组对各标书按既定的评标方法和程序确定评标结论。不论采用何种评标办法,均应撰写评标综合报告,向招标(领导)小组推荐中标候选单位,再由招标(领导)小组召开定标(决标)会议,确定中标单位。

确定中标单位后,招标单位及时发出中标通知书,并在规定期限内与中标单位签订工程施工承包合同。若中标单位放弃中标,招标单位有权没收其保证金,并重新评定中标单位。招标单位应将落标消息及时告知其他投标单位,并要求他们在规定期限内退回招标文件等资料,招标单位向投标单位退回保证金和标书,约请投标的,可酌情支付投标补偿费。

10.3 工程量清单计价与室内装饰工程招投标

10.3.1 工程量清单招投标的基本方法

1. 传统的招标方式及缺点

传统的招标一般是在施工图设计完成后进行,主要的招标方式有"施工图预算招标""部分子项招标选定施工单位"和"综合费率招标"等。从运行实践看,上述的传统招标方式主要存在如下不足。

(1) 招标工作需要在施工图设计全面完成后进行,这对工程规模大、出图周期长、进度要求急的建设项目可能导致开工时间严重拖后;而采用部分子项招标确定施工单位或进行费率招标等方法,虽可解决开工时间问题,但不能有效控制工程投资,工程结算难度很大。

(2) 传统招标方式采用"量价合一"的定额计价方法作为编标根据,不能将工程实体消耗和施工技术等其他消耗分离开来,投标企业的管理水平和技术、装备优势难以体现,而且在价格和取费方面未考虑市场竞争因素。同时,评标定标受标底有效范围的限制,往往会将有竞争力的报价视为废标。即使是工程规模大、施工技术复杂、方案选择性大的项目也是如此,这会误导投标单位把注意力放在如何使投标价更靠近标底的"预算竞赛"上来,从而难以体现综合实力的竞争。此外,招、投标多家单位均要重复进行工程量的计算,浪费了大量人力和物力。

2. 工程量清单招投标的基本方法

工程量清单招标是由招标单位提供统一的工程量清单和招标文件，投标单位以此为投标报价的依据并根据现行计价定额，结合本身特点，考虑可竞争的现场费用、技术措施费用及所承担的风险，最终确定单价和总价进行投标。工程量清单招投标的基本做法如下。

1) 招标单位计算工程量清单

招标单位在工程方案、初步设计或部分施工图设计完成后，即可委托标底编制单位(或招标代理单位)按照当地统一的工程量计算规则，以单位工程为对象，计算并列出各分部分项工程的工程量清单(应附有有关的施工内容说明)，作为招标文件的组成部分发放给各投标单位。其工程量清单的粗细程度、准确程度取决于工程的设计深度及编制人员的技术水平和经验。在工程量清单招标方式中，工程量清单的作用：一是为投标者提供一个共同的投标基础，供投标者使用；二是便于评标定标，比较价格；三是进行工程进度款的支付；四是进行合同总价调整、工程结算的依据。

2) 招标单位计算工程直接费并进行工料分析

标底编制单位按工程量清单计算直接费，并进行工料分析，然后按现行定额或招标单位拟定的工、料、机价格和取费标准，取费程序及其他条件计算综合单价(含完成该项工程内容所需的所有费用，即包括直接费、间接费、材料价差、利润、税金等和综合合价)，最后汇总成标底。实际招标中，根据投标单位的报价能力和水平，对分部分项工程中每一子项的单价也可仅列直接费，而材料价差、取费等则以单项工程统一计算。但材料价格、取费标准应同时确定并明确以后不再调整；相应投标单位的报价表也应按相同办法报价。

3) 投标单位报价投标

投标单位根据工程量清单及招标文件的内容，结合自身的实力和竞争所需要采取的优惠条件，评估施工期间所要承担的价格、取费等风险，提出有竞争力的综合单价、综合合价、总报价及相关材料进行投标。

4) 招投标双方合同约定说明

在项目招标文件或施工承包合同中，规定中标单位投标的综合单价在结算时不做调整；而当实际施工的工程量与原提供的工程量相比较，出入超过一定范围时，可以按实调整，即量调价不调。对于不可预见的工程施工内容，可进行虚拟工程量招标单价或明确结算时补充综合单价的确定原则。

10.3.2 工程量清单计价模式下的投标报价

1. 投标报价编制的原则和方法

采用工程量清单招标，投标单位才真正有了报价的自主权。但施工企业在充分合理的发挥自身的优势自主定价时，还应遵守有关文件的规定。

(1)《建筑工程施工发包与承包计价管理办法》中明确指出以下内容。

① 投标报价应当满足招标文件要求。

② 应当依据企业定额和市场参考价格信息。

③ 按照国务院和省、自治区、直辖市人民政府建设行政主管部门发布的工程造价计价办法进行编制。

(2) 在《计价规范》中规定,投标报价应根据以下内容进行。

① 招标文件中的工程量清单和有关要求。

② 施工现场实际情况。

③ 拟定的施工方案或施工组织设计。

④ 依据企业定额和市场价格信息。

⑤ 参照建设行政主管部门发布的社会平均消耗量定额。

2. 编制投标报价时应注意的问题

由于《计价规范》在工程造价的计价程序、项目的划分和具体的计量规则上与传统的计价方式有较大的区别,因此,编制人要做好有关的准备工作。

(1) 首先应掌握《计价规范》的各项规定,明确各清单项目所包含的工作内容和要求、各项费用的组成等,投标时仔细研究清单项目的描述,真正把自身的管理优势、技术优势和资源优势等落实到细微的清单项目报价中。

(2) 建立企业内部定额,提高自主报价能力。企业定额是指根据本企业施工技术和管理水平以及有关工程造价资料制定的,供本企业使用的人工、材料和机械台班的消耗量标准。通过制定企业定额,施工企业可以清楚地计算出完成项目所需耗费的成本与工期,从而可准确投标报价。

(3) 在投标报价书中,没有填写单价和合价的项目将不予支付,因此投标企业应仔细填写每一单项的单价和合价,做到报价时不漏项不缺项。

(4) 若需编制技术标及相应报价。应避免技术标报价与商务标报价出现重复,尤其是技术标中已经包括的措施项目。投标时应注意区分。

(5) 掌握一定的投标报价策略和技巧,根据各种影响因素和工程具体情况灵活机动地调整报价,提高企业的市场竞争力。

10.3.3 工程量清单招标的特点和优点

1. 工程量招标的特点

工程量清单报价均采用综合单价形式。综合单价中包含了工程直接费、工程间接费、利润和应上缴的各种税费等。不像传统定额计价方式,单位工程造价由直接工程费、间接费、利润、税金构成,计价时先计算直接费,再以直接费(或其中的人工费)为基数计算各项费用、利润、税金,汇总为单位工程造价。相比之下,工程量清单报价简单明了,更适合工程的招投标。与其他行业一样,室内装饰工程的招投标,很大程度上应是工程单价的竞争,如仍采用以往的定额计价模式,竞争就不能体现,招标投标也失去了意义。

采用工程量清单计价招标,可以将各种经济、技术、质量、进度、风险等因素充分细化和量化并体现在综合单价的确定上；可以依据工程量计算规则，工程量计算单位，便于工程管理和工程计量。与传统的招标方式相比，工程量清单计价招标法具有以下特点。

(1) 符合我国招标投标法的各项规定，符合我国当前工程造价体制改革"控制量、指导价、竞争费"的大原则，真正实现通过市场机制决定工程造价。

(2) 有利于室内装饰工程项目进度控制，提高投资效益。在工程方案、初步设计完成后，施工图设计之前即可进行招投标工作，使工程开工时间提前，有利于工程项目的进度控制，及提高投资效益。

(3) 有利于业主在极限竞争状态下获得最合理的工程造价。因为投标单位不必在工程量计算上煞费苦心，可以减少投标标底的偶然性技术误差，让投标企业有足够的余地选择合理标价的下浮幅度；同时，也增加了综合实力强、社会信誉好企业的中标机会，更能体现招标投标宗旨。此外，通过极限竞争，按照工程量招标确定的中标价格，在不提高设计标准的情况下与最终结算价是基本一致的，这样可为建设单位的工程成本控制提供准确、可靠的依据。

(4) 有利于中标企业精心组织施工，控制成本。中标后，中标企业可以根据中标价及投标文件中的承诺，通过对本单位工程成本、利润进行分析，统筹考虑、精心选择施工方案；并根据企业定额或劳动定额合理确定人工、材料、施工机械要素的投入与配置，实行优化组合，合理控制现场费用和施工技术措施费用等，以便更好地履行承诺，抓好工程质量和工期。

(5) 有利于控制工程索赔，搞好合同管理。在传统的招标方式中，施工单位"低报价、高索赔"的策略屡见不鲜。设计变更、现场签证、技术措施费用及价格、取费调整是索赔的主要内容。工程量清单招标方式中，由于单项工程的综合单价不因施工数量变化、施工难易不同、施工技术措施差异、价格及取费变化而调整，这就消除了施工单位不合理索赔的可能。

2．工程量清单计价模式的工程招标投标优点

由于工程量清单明细表反映了工程的实物消耗和有关费用，因此，这种计价模式易于结合建设工程的具体情况，变现行以预算定额为基础的静态计价模式为将各种因素考虑在单价内的动态计价模式。过去的招标投标制，招投标双方针对某一建筑产品，依据同一施工图样，运用相同的预算定额和取费标准，一个编制招标标底，一个编制投标报价。由于两者角度不同，出发点不同，工程造价差异很大，而且大多数招标工程实施标底评标制度，评标定标时将报价控制在标底的一定范围内，超过者即为废标，扩大了标底的作用，不利于市场竞争。

采用工程量清单招投标，要求招投标双方严格按照规范的工程量清单标准格式填写，招标人在表格中详细、准确地描述应该完成的工程内容；投标人根据清单表格中描述的工程内容，结合工程情况、市场竞争情况和本企业实力，充分考虑各种风险因素，自主填报清单，列出包括工程直接成本、间接成本、利润和税金等项目在内的综合单价与汇总价，

并以所报综合单价作为竣工结算调整价的招标投标方式。它明确划分了招投标双方的工作，招标人计算量，投标人确定价，互不交叉、重复，不仅有利于业主控制造价，也有利于承包商自主报价；不仅提高了业主的投资效益，还促使承包商在施工中采用新技术、新工艺、新材料，努力降低成本、增加利润，在激烈的市场竞争中保持优势地位。

评标过程中，评标委员会在保证质量、工期和安全等条件下，根据《招标投标法》和有关法规，按照"合理低价中标"原则，择优选择技术能力强、管理水平高、信誉可靠的承包商承建工程，既能优化资源配置，又能提高工程建设效益。

10.3.4 室内装饰工程工程量清单计价招标的作用

室内装饰工程工程量清单计价招标的作用体现在以下几个方面。

(1) 充分引入市场竞争机制，规范招标投标行为。

1984 年 11 月，国家出台了《建筑工程招标投标暂行规定》，在工程施工发包与承包中开始实行招投标制度，但无论是业主编制标底，还是承包商编制报价，在计价规则上均未超出定额规定的范畴。这种传统的以定额为依据、施工图预算为基础、标底为中心的计价模式和招标方式，因为建筑市场发育尚不成熟，监管尚不到位，加上定额计价方式的限制，原本通过实行招标投标制度引入竞争机制，却没有完全起到竞争的作用。

对于市场主体的企业，应具有根据其自身的生产经营状况和市场供求关系自主决定其产品价格的权利，而原有工程预算由于定额项目和定额水平总是与市场相脱节，价格由政府确定，投标竞争往往蜕变为预算人员水平的较量，还容易诱导投标单位采取不正当手段去探听标底，严重阻碍了招投标市场的规范化运作。

把定价权交还给企业和市场，取消定额的法定作用，在工程招标投标程序中增加"询标"环节，让投标人对报价的合理性、低价的依据、如何确保工程质量及落实安全措施等进行详细说明。通过询标，不但可以及时发现错、漏、重等报价，保证招投标双方当事人的合法权益，而且还能将不合理报价、低于成本报价排除在中标范围之外，有利于维护公平竞争和市场秩序，又可改变过去"只看投标总价，不看价格构成"的现象，排除了"投标价格严重失真也能中标"的可能性。

(2) 实行量价分离、风险分担，强化中标价的合理性。

现阶段工程预算定额及相应的管理体系在工程发承包计价中调整双方利益和反映市场实际价格、需求方面还有许多不相适应的地方。市场供求失衡，使一些业主不顾客观条件，人为压低工程造价，导致标底不能真实反映工程价格，招标投标缺乏公平和公正，承包商的利益受到损害。还有一些业主在发包工程时就有自己的主观倾向，或因收受贿赂，或因碍于关系、情面，总是希望自己想用的承包商中标，所以标底泄漏现象时有发生，保密性差。

"量价分离、风险分担"，是指招标人只对工程内容及其计算的工程量负责，承担量的风险；投标人仅根据市场的供求关系自行确定人工、材料、机械价格和利润、管理费，只承担价的风险。由于成本是价格的最低界限，投标人减少了投标报价的偶然性技术误差，就有足够的余地选择合理标价的下浮幅度,掌握一个合理的临界点,既使报价最低,也有一定的利润空间。另外,由于制定了合理的衡量投标报价的基础标准,并把工程量清单作为招标文件的重要组成部分,既规范了投标人计价行为,又在技术上避免了招标中弄虚作假和暗箱操作。

合理低价中标是在其他条件相同的前提下,选择所有投标人中报价最低但又不低于成本的报价,力求工程价格更加符合价值基础。在评标过程中,增加询标环节,通过综合单价、工料机价格分析,对投标报价进行全面的经济评价,以确保中标价是合理低价。

(3) 增加招投标的透明度,提高评标的科学性。

当前,招标投标工作中存在着许多弊端,有些工程招标人也发布了公告,开展了登记、审查、开标、评标等一系列程序,表面上按照程序操作,实际上却存在着出卖标底、互相串标、互相陪标等现象。有的承包商为了中标,打通业主、评委,打人情牌、受贿牌;或者干脆编造假投标文件,提供假证件、假资料;甚至有的工程开标前就已暗定了承包商。

要体现招标投标的公平合理,评标定标是最关键的环节,必须有一个公正合理、科学先进、操作准确的评标办法。目前国内还缺乏这样一套评标办法,一些业主仍单纯看重报价高低,以取低标为主。评标过程中自由性、随意性大,规范性不强;评标中定性因素多,定量因素少,缺乏客观公正;开标后议标现象仍然存在,甚至把公开招标演变为透明度极低的议标。

工程量清单的公开,提高了招投标工作的透明度,为承包商竞争提供了一个共同的起点。由于淡化了标底的作用,把它仅作为评标的参考条件,设与不设均可,不再成为中标的直接依据,消除了编制标底给招标活动带来的负面影响,彻底避免了标底的跑、漏、靠现象,使招标工程真正做到了符合"公开、公平、公正和诚实信用的原则"。

承包商"报价权"的回归和"合理低价中标"的评定标原则,杜绝了建设市场可能的权钱交易,堵住了建设市场恶性竞争的漏洞,净化了建筑市场环境,确保了建设工程的质量和安全,促进了我国有形建筑市场的健康发展。

总之,工程量清单计价是建筑业发展的必然趋势,是市场经济发展的必然结果,也是适应国际国内建筑市场竞争的必然选择,它对招标投标机制的完善和发展,建立有序的建设市场公平竞争秩序都将起到非常积极的推动作用。

10.4 某经理办公室室内装饰工程招投标报价实例

10.4.1 某经理办公室室内装饰工程清单招标实例

假定该室内装饰工程是在某市市内,图样、定额依据、地理环境和施工条件以某省建设厅和某市建设局的有关文件为准;并根据国家《计价规范》而进行招标工程量清单的编制。具体编制过程如下。

某经理室室内装饰工程

工程量清单

招标人：_____(单位签字盖章)

法定代表人：_____(签字盖章)

中介机构
法定代表人：_____(签字盖章)

造价工程师
及注册证号：_____(签字盖执业专用章)

编 制 时 间：_____年 月 日

第 10 章　室内装饰工程招投标报价实例

总 说 明

工程名称：　　　　　　　　　　　　　　　　　　　　　第 1 页 共 1 页

分部分项工程量清单

工程名称：经理室室内装饰工程　　　　　　　　　　　　　　　第1页 共2页

序号	项目编码	项目名称	计量单位	工程数量
1	020102002001	块料楼地面 1. 找平层、结合层 2. 面层：600mm×600mm 冠军牌抛光砖，优质品 3. 白水泥砂浆嵌缝	m²	14.31
2	020105006001	木质踢脚线 1. 120mm 高踢脚线 2. 基层：9mm 胶合板，规格 1 220mm×2 440mm×9mm 3. 面层：樱桃木直纹饰面胶合板，规格 1 220mm×2 440mm×3mm 4. 饰面板面油漆	m²	5.88
3	020208001001	柱(梁)面装饰 1. 木结构底，饰面胶合板包方柱 2. 木龙骨规格 25mm×30mm，凹枋杉木龙骨中距 300mm×300mm 3. 基层：9mm 胶合板，规格 1 220mm×2 440mm×9mm 4. 面层：樱桃木直纹饰面胶合板，规格 1 220mm×2 440mm×3mm 5. 50mm×10mm 樱桃木装饰线条 6. 木结构基层刷防火漆二遍 7. 饰面板面油清漆	m²	12.05
4	020302001001	天棚吊顶 1. 吊顶形式：直线跌级 2. 木龙骨规格：25mm×40mm，凹枋杉木龙骨中距 300mm×300mm 3. 基层：9mm 胶合板，规格 1 220mm×2 440mm×9mm 4. 木结构基层刷防火漆二遍 5. 面层刮泥子刷白色 ICI 乳胶漆底漆二遍、面漆二遍	m²	9.90
5	020302001002	天棚吊顶 1. 吊顶形式：轻钢龙骨石膏板平面天棚 2. 木龙骨规格：U 形轻钢龙骨，中距 450mm×450mm 3. 基层：9mm 石膏板，规格 1 220mm×2 440mm×9mm 4. 面层刮泥子刷白色 ICI 乳胶漆底漆两遍、面漆两遍 5. 16mm 半圆樱桃木装饰线条 6. 木装饰线面油漆	m²	47.53
6	02040007001	实木窗帘盒 1. 300mm×20mm 胶合板窗帘盒 2. 实木刷防火漆二遍 3. 实木外刮腻泥子刷白色 ICI 乳胶漆底漆两遍、面漆两遍	m	12.02

分部分项工程量清单

工程名称：经理室室内装饰工程　　　　　　　　　　　　　　　　第 2 页 共 2 页

序号	项目编码	项目名称	计量单位	工程数量
7	020102002001	楼地面羊毛地毯 1. 砂浆配合比找平 2. 铺设填充层、面层、防护材料 3. 装订压条	m^2	41.43
8	020406001001	塑钢推拉窗 1. 海螺型材推拉窗，双扇带上亮 2. 单樘尺寸 1 960mm×2 000mm 3. 塑钢材壁厚 1.0mm 4. 5mm 平板玻璃	樘	5
9	020401003001	实木装饰门 1. 基层：杉木板结构底架 2. 面层：樱桃木直纹胶合板，规格 1 220mm×2 440mm×3mm 3. 5mm 平板玻璃，执手门锁 4. 饰面板面油漆	m^2	6.24
10	020407004001	门窗木贴脸 1. 80mm×20mm 樱桃木装饰凹线 2. 装饰线上油漆	m^2	4.20
11	020409003001	石材窗台板 1. 进口大花绿 2. 石材磨边、抛光	m	10.36
12	020509001001	墙纸裱糊 1. 墙面裱糊墙纸 2. 满刮油性腻子 3. 面层：米色玉兰墙纸	m^2	49.50
13	补 020408005001	百叶垂帘 1. 浅蓝色 PVC 垂直帘 2. 铝合金道轨	m^2	20.43
14	010302001001	实心砖隔断墙 1. 运砖、运沙粒、拌浆、砌筑 2. 刮平、压平	m^3	2.07
15	020407004001	筒子板樱桃木饰面 1. 基层：18mm 胶合板 2. 面层：樱桃木直纹饰面胶合板 3. 饰面板面油清漆	m^2	3.79

其他措施项目清单

工程名称:经理室室内装饰工程　　　　　　　　　　　　　　　　第1页 共1页

序　号	项 目 名 称
1	环境保护
2	文明施工
3	安全施工
4	临时设施
5	夜间施工
6	二次搬运
7	大型机械设备进出场及安拆
8	混凝土、钢筋混凝土模板及支架
9	脚手架
10	已完工程及设备保护
11	施工排水、降水
12	其他

其他项目清单

工程名称：经理室室内装饰工程　　　　　　　　　　　　　　　　第1页 共1页

序　号	项　目　名　称
1	招标人部分
	1.1 预留金
	1.2 材料购置费
2	投标人部分
	2.1 零星工作项目费
	2.2 总包服务费

零星工作项目清单

工程名称:经理室室内装饰工程　　　　　　　　　第1页 共1页

序号	名称	计量单位	数量
1	人工		
2	材料		
3	机械		

设备项目清单

工程名称：经理室室内装饰工程　　　　　　　　　　　　　　　　第 1 页 共 1 页

序　号	设备编码	设备名称	规格、型号等特殊要求	单　位	数　量

主要材料表

工程名称：经理室室内装饰工程　　　　　　　　　　　　　　　　　第1页 共1页

序号	材料编码	材料名称	规格、型号等特殊要求	单位	编制价
1		轻钢大龙骨 h45mm、中龙骨 h19mm、小龙骨 h19mm		m	
2		杉木板材		m^3	
3		杉木枋材		m^3	
4		松木板材		m^3	
5		松杂木枋板材(周转材、综合)		m^3	
6		硬木枋材		m^3	
7		胶合板 2 440mm×1 220mm×18mm		m^2	
8		胶合板 2 440mm×1 220mm×9mm		m^2	
9		凹枋(杉木)	25mm×40mm	m	
10		木枋(杉木)	25mm×40mm	m	
11		樱桃木胶合板		m^2	
12		樱桃木装饰直线	50mm×10mm	m	
13		樱桃木装饰直线	50mm×20mm 坑线		
14		樱桃木装饰直线	16mm 半圆线	m	
15		樱桃木装饰直线	25mm×20mm	mm	
16		樱桃木装饰直线	15mm×5mm	m	
17		32.5(R)水泥		t	
18		32.5(R)白水泥		t	
19		羊毛地毯		m^2	
20		抛光砖	冠军牌 600mm×600mm 优	m^2	
21		平板玻璃 5mm 厚		m^2	
22		饰面胶合板	3mm	m^2	
23		方钢管 25mm×25mm×2.5mm		m	
24		塑钢双扇推拉窗	海螺型材	m^2	
25		百叶窗帘		m^2	
26		石膏板 9mm 厚		m^2	
27		进口大花绿石材		m^2	
28		装饰木条 16mm×19mm		m	
29		实心砖 240mm×120mm×60mm		m^3	
30		墙纸	米玉兰墙纸	m^2	

工程量预算书(工程量清单)

工程名称：某经理室室内装修工程

项目编码	工程项目	说 明	位置	件数	计算式	清单	数量	清单计量
020102002001	600mm×600mm抛光砖楼地面		秘书室		$(4.65-0.12)\times(3.4-0.12-0.05)$ $-0.7\times(0.70-0.24)$	m²	14.13	14.13
020104001001	羊毛地毯楼地面		经理室		$(9.85-0.24)\times(6-0.24)-(6-3.2-0.05)\times(4.65+0.01)-2\times0.7\times(0.7-0.24)$	m²	41.43	41.43
010302001001	实心砖砌筑		隔墙		$(4.65+6-3.20+0.05)\times3\times0.10$ $-0.85\times2.15\times0.10$	m³	2.07	2.07
020105006001	木质踢脚线	120mm高	秘书室和经理室		$[(9.85-0.24)+(6.00-0.24)+$ $(5.20-0.12-0.10)+(4.65-0.12)$ $+(6.60-0.24-0.10)+6\times(0.70$ $-0.24)+2\times(4.65-0.12)+(3.40$ $-0.12-0.05)-(6.00-3.20+$ $0.05)]\times0.12$	m²	5.88	5.88
020208001001	柱面装饰		Z1, Z2, Z3柱		$[(0.7-0.24)\times3\times2+0.7\times3]$ $\times(2.6-0.12)$	m²	12.05	12.05
	天棚吊顶(木结构天棚)		1剖面		$(4.6+0.08\times4)\times(3.6+0.08\times4)-$ $3.6\times4.6+(3.0+0.08\times4)\times(3.6$ $+0.08\times4)-3.6\times3.0+(2.0+0.08$ $\times4)\times(3.6+0.08\times4)-3.6\times2.0$	m²	6.84	
	天棚吊顶(木结构天棚)		2剖面		$(0.5+0.1\times2+0.14\times2)\times(0.3+$ $0.1\times2+0.14\times2)\times4$	m²	3.06	
020302001001	天棚吊顶(木结构天棚)		合计		$3.06+6.84$	m²	9.90	9.90
020302001002	天棚吊顶(轻钢龙骨石膏板天棚)	450×450			$(9.85-0.24)\times(6.00-0.24)-$ $(4.65-0.12)\times(0.70-0.24)-1$ 剖面 -2剖面	m²	47.54	47.54
020408002001	实木窗帘盒	300mm宽, 300mm高	B, D立面		$6.00-0.24+3.40-0.12-0.05+$ $3.20-0.12-0.05$	m	12.02	12.02

第1页 共2页

工程量预算书(工程量清单)

工程名称：某经理室室内装修工程　　　　　　　　　　　　第2页 共2页

项目编码	工程项目	说明	位置	件数	计算式	清单计量单位	数量	清单计量
020406001001	塑钢推拉窗制作与安装(2 000mm×1 960mm,带上亮)		B,D立面	5		樘	5	5
020401003001	实木装饰门		M4、M9		0.85×2.15×2+2.15×1.2	m²	6.24	6.24
020407004001	筒子板樱桃木		M4、		(2.15×6 + 1.2 + 0.85 +	m²	3.79	3.79
020407004001	门套贴脸	80×20	M4、M9、C		[(0.85+0.16)×4+2.15×12+(1.2+0.16)×2+(6.00−0.24)+1.7×6+4.00]×0.08	m²	4.20	4.20
020409003001	石材窗台板	130mm以内	B,D立面		6.60−0.24+4	m	10.36	10.36
	墙面贴墙纸		A立面		(1.85−0.12+2.1)×(2.6−0.12)−(1.20+0.08×2)×(2.15+0.08)+(5.1−0.24)×(2.6−0.12)	m²	18.52	
	墙面贴墙纸		B立面		(6.6−0.24−0.1)×(2.6−0.12)−2×(2+0.08×2)×1.7	m²	8.18	
	墙面贴墙纸		C立面		(9.85−0.7−0.7−0.24)×(2.6−0.12) −(0.85+0.08×2)×2.15+(0.85+0.08×2)×0.12	m²	18.31	
	墙面贴墙纸		D立面		(6−0.24)×(0.9−0.12)	m²	4.49	
020509001001	墙面贴墙纸		合计		18.52+8.18+18.31+4.49	m²	49.50	49.50
011401000	块料地面成品保护		旧地毯		(抛光砖+地毯)工程量	m²	55.74	55.74
020405012001补	百叶窗帘安装		B,D立面		(6−0.24+3.4−0.12−0.05+3.2−0.12−0.05)×(2.6−1.2)	m²	20.43	20.43

10.4.2　某经理办公室室内装饰工程投标报价实例

<u>某经理室室内装饰</u>工程

工程量清单报价表

投　标　人：_____(单位签字盖章)

法定代表人：_____(签字盖章)

造价工程师
及注册证号：_____(签字盖执业专用章)

编制时间：_____年____月____日

投标总价

建设单位：_____

工程名称：___某经理室室内装饰工程___

投标总价(小写)：___37 402.75 元___
　　　　(大写)：___叁万柒千四百零贰元柒角伍分___

投　标　人：_____(单位签字盖章)
法定代表人：_____(签字盖章)

编制时间：___年___月___日

工程项目总价

工程名称:经理室室内装饰工程　　　　　　　　　　　　　第1页 共1页

序号	单项工程名称	金 额(元)
1	室内装饰装修工程	37 402.75
	合　计	37 402.75

单项工程费汇总表

工程名称：经理室室内装饰工程　　　　　　　　　　　第1页 共1页

序号	单位工程名称	金额(元)
1	室内装饰装修工程	37 402.75
	合　计	37 402.75

单位工程费汇总计算表

工程名称：经理室室内装饰工程　　　　　　　　　　　　　　　　　　　第1页 共1页

序号	项目名称	计算公式	费率(%)	金额(元)
1	分部分项工程量清单计价合计		100	34 437.11
2	措施项目清单计价合计		100	1 243.78
3	其他项目清单计价合计		100	1 721.86
	合　计	1+2+3	100	37 402.75

分部分项工程量清单计价表

工程名称：经理室室内装饰工程　　　　　　　　　　　　　　　第1页 共3页

序号	项目编码	项目名称	计量单位	工程数量	综合单价	合价
1	020102002001	块料楼地面 (1) 结合层 (2) 面层：600mm×600mm 冠军牌抛光砖、优质品 (3) 白水泥砂浆嵌缝	m²	14.31	190.57	2 727.06
2	020104001001	楼地面羊毛地毯 (1) 砂浆配合比找平 (2) 铺设填充层、面层、防护材料 (3) 装订压条	m²	41.43	200.67	8 313.76
3	020105006001	木质踢脚线 (1) 120mm 高踢脚线 (2) 基层：9mm 胶合板，规格 1 220mm×2 440mm×9mm (3) 面层：樱桃木直纹饰面胶合板，规格 1 220mm×2 440mm×3mm (4) 饰面板面油清漆	m²	5.88	169.48	996.54
4	020208001001	柱(梁)面装饰 (1) 木结构底，饰面胶合板包方柱 (2) 木龙骨规格 25mm×30mm，凹枋杉木龙骨中距 300mm×300mm (3) 基层：9mm 胶合板，规格 1 220mm×2 440mm×9mm (4) 面层：樱桃木直纹饰面胶合板，规格 1 220mm×2 440mm×3mm (5) 50mm×10mm 樱桃木装饰线条 (6) 木结构基层刷防火漆二遍 (7) 饰面板面油清漆	m²	12.05	115.00	1 385.75
5	020302001001	天棚吊顶 (1) 吊顶形式：直线跌级 (2) 木龙骨规格 25mm×40mm，凹枋杉木龙骨中距 300mm×300mm (3) 基层：9mm 胶合板，规格 1 220mm×2 440mm×9mm (4) 木结构基层刷防火漆二遍 (5) 面层刮泥子刷白色 ICI 乳胶漆底漆二遍、面漆二遍	m²	9.90	80.93	801.21

分部分项工程量清单计价表

工程名称：经理室室内装饰工程　　　　　　　　　　　　　　　　　　第2页 共3页

序号	项目编码	项目名称	计量单位	工程数量	金额（元） 综合单价	金额（元） 合价
6	020302001002	天棚吊顶 (1) 吊顶形式：轻钢龙骨石膏板平面天棚 (2) 龙骨特征：U 形轻钢龙骨，中距 450mm×450mm (3) 基层：9mm 石膏板，规格 1 220mm×2 440mm×9mm (4) 面层：刮泥子刷白色 ICI 乳胶漆底漆二遍、面漆二遍 (5) 16mm 半圆榉木装饰线条 (6) 木装饰线面油清漆	m²	47.54	116.97	5 560.76
7	020408002001	木窗帘盒 (1) 木窗帘盒 (2) 实木内刷防火漆二遍 (3) 实木外刮泥子刷白色 ICI 乳胶漆底漆二遍、面漆二遍	m²	12.02	61.66	741.15
8	020406007001	塑钢推拉窗 (1) 海螺型材推拉窗，双扇带上亮 (2) 单樘尺寸 1 960mm×2 000mm (3) 铝材壁厚 1.0mm、4.5mm 平板玻璃	樘	5	904.27	4 521.35
9	0204010030001	实木装饰门 (1) 基层：杉木条结构底架 (2) 面层：樱桃木直纹胶合板，规格 1 220mm×2 440mm (3) 5mm 平板玻璃，执手门锁 (4) 饰面板面油清漆	m²	6.24	321.42	2 005.66
10	020407004001	门窗木贴脸 (1) 80mm×20mm 榉木装饰凹线 (2) 装饰线油清漆	m²	4.20	335.52	1 409.18
11	020409003001	石材窗台板 (1) 进口大花绿窗台板 (2) 石材磨边、抛光	m²	10.36	177.16	1 835.38
12	020509001001	墙纸裱糊 (1) 墙面裱糊墙纸 (2) 满刮油性泥子 (3) 面层：米黄色玉兰墙纸	m²	49.50	30.24	1 496.88

分部分项工程量清单计价表

工程名称：经理室室内装饰工程　　　　　　　　　　　　　　　第3页　共3页

序号	项目编码	项目名称	计量单位	工程数量	金额（元）	
					综合单价	合价
13	补020408005001	百叶垂帘 (1) 浅蓝色PVC垂直帘 (2) 铝合金道轨	m^2	20.43	89.30	1 824.40
14	010302001001	实心砖隔断墙 (1) 运砖、运沙粒、拌浆、砌筑 (2) 刮平、压平	m^3	2.07	222.80	461.20
15	020407004001	筒子板樱桃木饰面 (1) 基层：18mm胶合板 (2) 面层：樱桃木直纹饰面胶合板 (3) 饰面板面油清漆	m^2	3.79	94.15	356.83
		合　　计				34 437.11

措施项目清单计价表

工程名称:经理室室内装饰工程　　　　　　　　　　　　　　第1页 共1页

序　号	项目名称	金　额(元)
1	环境保护	0.00
2	文明施工	120.53
3	安全施工	0.00
4	临时设施	447.68
5	夜间施工	0.00
6	二次搬运	0.00
7	大型机械设备进出场及其安装拆卸	0.00
8	混凝土、钢筋混凝土模板及支架	0.00
9	脚手架	0.00
10	已完工程及设备保护	675.57
11	施工排水、降水	0.00
12	其他	0.00
	合　计	1 243.78

措施项目清单计算表

工程名称：经理室室内装饰工程　　　　　　　　　　　　　　　第1页 共1页

序 号	项 目 名 称	计 算 基 础	费 率(%)	金 额(元)
1	临时设施费	分部分项工程费	1.30	447.67
2	文明施工措施费	分部分项工程费	0.35	120.53
3	脚手架	见措施项目费分析表	100.00	0.00
4	已完工程及设备保护	见措施项目费分析表	100.00	675.57
	合　　计	1＋2＋3＋4	100.00	1 243.78

其他项目清单计价表

工程名称:经理室室内装饰工程　　　　　　　　　　　　　　第1页 共1页

序号	项目名称	金额(元)
1	招标人部分	
	1.1 预留金	1 721.86
	1.2 材料购置费	0.00
2	投标人部分	
	2.1 零星工作项目费	0.00
	2.2 总包服务费	0.00
	合　　计	1 721.86

零星工作项目计价表

工程名称：经理室室内装饰工程　　　　　　　　　　　　　　　　第1页 共1页

序　号	名　　称	计量单位	数　量
1	人工		
2	材料		
3	机械		

分部分项工程量清单综合计价分析表

工程名称：经理室室内装饰工程

第 1 页 共 4 页

序号	项目编码	项目名称	工程内容			综合单价组成（元）							综合单价
			定额号	定额名称	定额单位	工程量	人工费	材料费	机械使用费	综合费	利润	劳动保险费	规费	税金	
1	20102002001	块料楼地面 (1) 结合层 (2) 面层：600mm×600mm 牌抛光砖、优质品 冠军 (3) 白水泥砂浆嵌缝	1-242(换)	面层铺设	m²	14.31	13.76	153.70	0.46	3.48	11.29	1.74	0.2	6.34	190.57 元/m²
		小 计					13.36	153.70	0.46	3.48	11.29	1.74	0.2	6.34	
2	020105006001	木质踢脚线 (1) 120mm 高踢脚线 (2) 基层：9mm 胶合板，规格 1 220mm×2 440mm×9mm (3) 面层：樱桃木直纹饰面胶板，规格 1 220mm×2 440mm×3mm (4) 饰面板面油清漆	1-415(换)	面层铺贴 刷 防 护 料、装饰 线条	m²	5.88	30.07	100.29	0.25	8.08	9.75	4.81	0.17	5.58	169.48 元/m²
			5-148	油漆	m²	5.88	5.29	2.55	0.00	1.51	0.68	0.75	0.01	0.41	
		小 计					35.36	102.84	0.25	9.59	9.71	5.56	0.18	5.99	
3	20208001001	柱(梁)面装饰 (1) 木结构底，饰面胶合板包方柱 (2) 木龙骨规格 25mm×30mm，间纺杉木龙骨中距 300mm×300mm (3) 基层：9mm 胶合板，规格 1 220mm×2 440mm×x9mm (4) 面层：樱桃木直纹饰面胶合板，规格 1 220mm×2 440mm×3mm (5) 50mm×10mm樱桃木装饰线条 (6) 木结构基层刷防火漆二遍 (7) 饰面板面油清漆	2-301(换)	饰面板	m²	12.05	8.6	26.86	0.65	2.32	2.69	1.16	0.05	1.55	115 元/m²
			2-262	木龙骨	m²	12.05	5.59	10.35	0.32	1.51	1.24	0.75	0.02	0.72	
			2-287	基层板	m²	12.05	6.02	25.02	0.23	1.63	2.30	0.81	0.04	1.32	
			5-1	饰面油漆	m²	12.05	6.02	3.53	0.00	1.63	0.35 0.64	0.81	0.01	0.47	
		小 计					26.23	65.76	1.20	7.09	7.01	3.53	0.12	4.06	

分部分项工程量清单综合计价分析表

工程名称：经理室室内装修工程

第 2 页 共 4 页

序号	项目编码	项目名称	工程内容				工程量	综合单价组成（元）							综合单价
			定额号	定额名称	定额单位			人工费	材料费	机械使用费	综合费	利润	劳动保险费	规费	税金	
4	020302001001	天棚吊顶 (1) 吊顶形式：直线跌级 (2) 木龙骨规格 25mm×40mm，凹纺杉木龙骨中距 300mm×300mm (3) 基层：9mm 胶合板，规格 1 220mm×2 440mm×9mm (4) 木结构基层刷泥子刷白色 ICI 乳胶漆底漆二遍、面漆二遍 (5) 面层刮泥子刷白色 ICI 乳胶漆底漆二遍、面漆二遍	3-26	龙骨	m²	9.90	8.17	22.22	3.66	2.21	2.54	1.10	0.05	1.46	
			3-82	基层	m²	9.90	3.87	18.03	0.23	1.04	1.62	0.52	0.03	0.93	
			5-4	饰面油漆	m²	9.90	6.02	3.53	0.00	1.63	0.78	0.81	0.01	0.47	
				小计			18.06	43.78	3.89	4.88	4.94	2.43	0.09	2.86	80.93 元/m²
5	020302001002	天棚吊顶 (1) 吊顶形式：轻钢龙骨白膏板平面天棚 (2) 龙骨特征：U形轻钢龙骨，中距 400mm×400mm (3) 基层：9mm 石膏板，规格 1220mm×2440mm×9mm (4) 面层刮泥子刷白色 ICI 乳胶漆底漆二遍、面漆二遍 (5) 16mm 半圆樱桃木装饰线条 (6) 木装饰线面油清漆	3-41	轻钢龙骨	m²	47.53	8.17	52.96	0.10	2.21	4.44	1.10	0.08	0.09	
			3-117	饰面	m²		5.59	9.85	0.00	1.51	1.19	0.75	0.02	0.69	
			6-31(换)	装饰线条	m		1.29	7.51	0.11	0.35	0.65	0.17	0.01	0.37	
			5-4	饰面油漆	m²	47.53	6.02	3.53	0.00	1.63	0.78	0.81	0.01	0.47	
			5-183	线条油漆			0.92	0.14	0.00	0.25	0.09	0.12	0.00	0.06	
				小计			21.99	76.92	0.21	5.95	7.15	2.95	0.12	1.68	116.90 元/m²
6	020408002001	木窗帘盒 (1) 实木内刷防火漆二遍 (2) 实木外刮泥子刷白色 ICI 乳胶漆底漆、面漆二遍	4-252	制作安装	m	12.02	9.03	29.94	1.05	2.44	2.97	1.22	0.05	1.71	
			5-4	饰面油漆	m²	12.02	6.02	3.53	0.00	1.63	0.78	0.81	0.01	0.47	
				小计			15.05	33.47	1.05	4.07	3.75	2.03	0.06	2.18	61.66 元/m²

分部分项工程量清单综合计价分析表

工程名称：经理室室内装修工程　　　　　　　　　　　　　　　　　　　　　　　　　　　第 3 页　共 4 页

序号	项目编码	项目名称	工程内容				综合单价组成（元）							综合单价
			定额号	定额名称	定额单位	工程量	人工费	材料费	机械使用费	综合费	利润	劳动保险费	规费	税金	
7	02040601001	塑钢推拉窗 (1) 海螺型材推拉窗，双扇带上亮 (2) 单樘尺寸 1 960mm×2 000mm (3) 铝材壁厚 1.2mm (4) 5mm 平板玻璃	4-241	制作和安装	樘	5	75.82	705.65	2.94	20.46	56.33	10.19	0.98	31.90	904.27 元/樘
			小　计				75.82	705.65	2.94	20.46	56.33	10.19	0.98	31.90	
8	02040103001	实木装饰门 (1) 基层：杉木条结构底架 (2) 面层：樱桃木直纹胶合板，规格 1 220mm×2 440mm×3mm (3) 5mm 平板玻璃，执手门锁 (4) 饰面板面油清漆	4-49	实木门扇制作和安装	m²	6.24	48.16	143.04	16.82	13.00	15.47	6.48	0.28	8.90	321.42 元/m²
			6-31(换)	樱桃木装饰线条	m	15.8	1.29	10.52	0.11	0.35	0.65	0.17	0.01	0.37	
			5-1	饰面油漆	m²	6.24	8.60	6.96	0.00	2.32	1.25	1.16	0.02	0.74	
			小　计				58.05	195.27	16.93	15.67	17.37	7.81	0.31	10.01	
9	02040704001	门窗木贴脸凹线 (1) 80mm×20mm 樱桃木装饰线 (2) 装饰线油清漆	4-10(换)	木贴脸	m²	4.20	69.61	191.57	13.38	18.81	20.52	9.38	0.38	11.86	335.52 元/m²
			小　计				69.61	191.57	13.38	18.81	20.52	9.38	0.38	11.86	
10	20104001001	楼地面羊毛地毯 (1) 砂浆配合比找平 (2) 铺设填充层、面层、防护材料、装钉压条	1-80	羊毛地毯	m²	41.43	16.77	157.31	0.00	4.53	12.50	2.26	0.22	7.08	200.67 元/m²
			小　计				16.77	157.31	0.00	4.53	12.50	2.26	0.22	7.08	

分部分项工程量清单综合计价分析表

工程名称：经理室室内装修工程

第 4 页 共 4 页

序号	项目编码	项目名称	工程内容		定额号	定额名称	定额单位	工程量	综合单价组成（元）							综合单价
									人工费	材料费	机械使用费	综合费	利润	劳动保险费	规费	税金	
11	020407006001	简子板饰面			2-301(换)	饰面板	m²	3.79	8.6	26.86	0.65	2.32	2.69	1.16	0.05	1.55	
		(1) 基层：18mm胶合板			2-287	基层板	m²	3.79	6.02	25.02	0.23	1.63	2.30	0.81	0.04	1.32	94.15
		(2) 面层：樱桃木直纹饰面胶板，规格1 220mm×2 440mm×3mm			5-4	饰面油漆	m²	3.79	6.02	3.53	0.00	1.63	0.78	0.81	0.01	0.47	元/m²
		小 计							20.64	55.06	0.88	5.58	5.77	2.78	0.10	3.34	
12	020409003001	石材窗台板			4-105	制作安装	m	10.36	49.88	76.64	1.28	13.47	10.10	6.71	0.18	5.90	177.16
		(1) 进口大花绿窗台板			估	磨边	m	10.36	6.2	0.00	0.28	0.72	0.63	0.64	0.08	1.45	元/m
		(2) 石材磨边、抛光															
		小 计							56.08	79.64	1.56	14.19	10.73	7.35	0.26	7.35	
13	020509001001	墙纸裱糊			5-325	贴墙纸	m²	49.50	9.89	13.43	0.00	2.67	1.82	1.33	0.03	1.07	30.24
		(1) 墙面裱糊墙纸															元/m²
		(2) 满刮油性泥子															
		(3) 面层：米黄色玉兰墙纸															
		小 计							9.89	13.43	0.00	2.67	1.82	1.33	0.03	1.07	
14	020408005001	百叶垂帘			4-265	制作安装	m²	20.43	4.30	74.22	0.20	1.16	5.59	0.58	0.10	3.15	89.30
		(1) 浅蓝色PVC垂直帘															元/m²
		(2) 铝合金道机															
补		小 计							4.30	74.22	0.20	1.16	5.59	0.58	0.10	3.15	
15	010103001001	实心砖隔断墙			13-76	实心墙砌筑	m³	2.07	59.40	115.84	1.90	16.04	13.52	8.00	0.24	7.86	222.80
		实心砖、运沙粒、拌浆、砌筑、刮平、压光															元/m³
		小 计							59.40	115.84	1.90	16.04	13.52	8.00	0.24	7.86	

措施项目费分析表

工程名称：经理室室内装饰工程

第 1 页 共 1 页

序号	项目名称	单位	措施内容			工程量	综合单价组成（元）							综合单价
			定额号	定额名称	定额单位		人工费	材料费	机械使用	综合费	利润	劳动保险费	规费	税金	
1	脚手架	0项													
2	已完工程及设备保护	1项													
2.1	楼地面成品保护编织布	m²	13-147	楼地面成品保护旧地毯	m²	55.37	0.3	10.50	0.00	0.08	0.76	0.04	0.01	0.43	12.12 元/平方米
	费用小计	55.74×12.12＝675.57(元)													
3	措施项目费														
	合 计	675.57(元)													

主要材料价格表

工程名称：经理室室内装饰工程　　　　　　　　　　　　　　　　　　　　　　　　　　第 1 页 共 1 页

序号	材料编码	材料名称	规格、型号等特殊要求	单位	单价
1		轻钢大龙骨 h60mm		m	4.57
2		轻钢中龙骨 h19mm		m	2.22
3		轻钢小龙骨 h19mm		m	3.71
4		杉木板材		m³	1 109.66
5		杉木枋材		m³	1 633.64
6		松木板材		m³	976.95
7		松杂木枋板材(周转材，综合)		m³	1 040.84
8		杉木门窗套料		m³	1 512.94
9		硬木枋材		m³	2 201.17
10		胶合板 2440mm1×220mm×18mm		m²	55.55
11		凹枋(杉木)	25mm×40mm	m	0.89
12		木枋(杉木)	25mm×40mm	m	0.72
13		胶合板	9mm	m²	29.43
14		樱桃胶合板		m²	26.86
15		樱桃木装饰直线	50mm×10mm	m	7.51
16		樱桃木装饰直线	50mm×20mm 坑线	m	13.20
17		樱桃木装饰直线	16mm 半圆线	m	2.30
18		樱桃木装饰直线	25mm×20mm	m	7.60
19		樱桃木装饰直线	15mm×5mm	m	2.30
20		32.5(R)水泥		t	278.15
21		32.5(R)白水泥		t	576.91
22		抛光砖	冠军牌 600mm×600mm 优	m²	154.13
23		平板玻璃 5mm 厚		m²	26.17
24		饰面胶合板	3mm	m²	27.77
25		方钢管 25mm×25mm×2.5mm		kg	3.71
26		塑钢双扇推拉窗	海螺型材带上亮	m²	230.68
27		百叶窗帘		m²	74.22
28		石膏板 9mm 厚		m²	8.79
29		进口大花绿大理石		m²	523.45
30		装饰木条 16mm×19mm		m	0.75
31		墙纸		m²	13.43
32		羊毛地毯		m²	157.31

工程量计算书(工程量清单计价)

工程名称：经理室室内装饰工程

第1页 共4页

定额编号	工程项目	说明	位置	件数	计算式	单位	数量	累计数量	定额计量单位	定额计量数量
1. 室内地面装饰										
1-242(换)	600mm×600mm 抛光砖楼地面	冠军牌	秘书室		$(4.65-0.12)\times(3.40-0.12-0.05)-0.70\times(0.70-0.24)$	m²	14.31			
1-80	楼地面羊毛地毯		经理室		$(9.85-0.24)\times(6.00-0.24)-(6.00-3.20-0.05)\times(4.65+0.01)-2\times0.70\times(0.70-0.24)$	m²	41.43			
1-415	樱桃木饰面板踢脚线	120mm高			$[(9.85-0.24)+(6.00-0.24)+(5.20-0.12-0.10)+(4.65-0.12)+(6.6-0.24-0.10)+6\times(0.70-0.24)+2\times(4.65-0.12)+(3.4-0.12-0.05)+(6.00-3.20+0.05)]\times0.12$	m²	5.88			
5-148	樱桃木饰面板踢脚线刷清漆					m²	5.88			
2. 顶棚室内装饰										
3-26	天棚木龙骨(直线跌级)		1剖面		$(4.6+0.08\times4)\times(3.6+0.08\times4)-3.6\times4.6+(3.0+0.08\times4)\times(3.6+0.08\times4)-3.6\times3.0+(2.0+0.08\times4)\times(3.6+0.08\times4)-3.6\times2.0$	m²	6.84			
3-26	天棚木龙骨(直线跌级)		2剖面		$(0.5+0.1\times2+0.14\times2)\times(0.3+0.1\times2+0.14\times2)\times4$	m²	3.06			
3-82	胶合板基层(直线跌级)	9mm胶合板			$3.06+6.84$	m²	9.90			
5-280	胶合板天棚面刷乳胶漆				$3.06+6.84$	m²	9.90			
3-41	上人型一级轻钢龙骨	600×600			$(9.85-0.24)\times(6.00-0.24)+(4.65-0.12)\times(0.7-0.24)$	m²	47.54			

工程量计算书(工程量清单计价)

工程名称：经理室室内装饰工程

第2页 共4页

定额编号	工程项目	说明	位置	件数	计算式	单位	数量	累计数量	定额计量单位	定额计量数量
3-117	石膏板(安装在U形轻钢龙骨)				$(9.85-0.24)\times(6.00-0.24)+(4.65-0.12)\times(0.7-0.24)$	m^2	47.54			
2-281	石膏板天棚面油乳胶漆				$(9.85-0.24)\times(6.00-0.24)+(4.65-0.12)\times(0.7-0.24)$	m^2	47.54			
6-31(换)	石膏板面樱桃木装饰线	16mm宽			$9.85-0.24+6.0-0.24+5.2-0.36+4.65-0.12+6.6-0.24-0.12+(1.2+0.7)\times 3$	m	36.68			
5-183	樱桃木装饰线刷清漆				$[9.85-0.24+6.0-0.24+5.2-0.36+4.65-0.12+6.6-0.24-0.12+(1.2+0.7)\times 3]\times 0.016$	m^2	0.59			

3. 室内墙柱面装饰

定额编号	工程项目	说明	位置	件数	计算式	单位	数量	累计数量	定额计量单位	定额计量数量
	墙面贴墙纸		A立面		$(1.85-0.12+2.1)\times(2.6-0.12)-(1.20+0.08\times 2)\times(2.15+0.08)+(5.10-0.24)\times(2.6-0.12)$	m^2	18.52			
	墙面贴墙纸		B立面		$(6.60-0.24-0.10)\times(2.60-0.12)-2\times(2.00+0.16)\times 1.7$	m^2	8.18			
	墙面贴墙纸		C立面		$(9.85-0.7-0.24)\times(2.6-0.12)-(0.85+0.08\times 2)\times 2.15+(0.85+0.08\times 2)\times 0.12$	m^2	18.31			
	墙面贴墙纸		D立面		$(6.00-0.24)\times(0.9-0.12)$	m^2	4.49			
5-325	墙面贴墙纸		合计		$18.52+8.18+18.31+4.49$	m^2	49.50	49.50		

工程量计算书(工程量清单计价)

工程名称：经理室室内装饰工程

第3页 共4页

定额编号	工程项目	说明	位置	件数	计算式	单位	数量	累计数量	定额计量单位	定额计量数量
2-301(换)	樱桃木柱饰面		Z1、Z2、Z3柱		$[(0.7-0.24)\times 3\times 2+0.7\times 3]\times(2.6-0.12)$	m^2	12.05	12.05	m^2	12.05
2-262	柱木龙骨制作与安装		Z1、Z2、Z3柱		$[(0.7-0.24)\times 3\times 2+0.7\times 3]\times(2.6-0.12)$	m^2	12.05	12.05	m^2	12.05
2-287	柱9mm胶合板基层		Z1、Z2、Z3柱		$[(0.7-0.24)\times 3\times 2+0.7\times 3]\times(2.6-0.12)$	m^2	12.05	12.05	m^2	12.05
5-1	饰面板刷清漆		Z1、Z2、Z3柱		$[(0.7-0.24)\times 3\times 2+0.7\times 3]\times(2.6-0.12)$	m^2	12.05	12.05	m^2	12.05
4. 室内门窗装饰										
4-105	进口大花绿石材窗台板		B、D立面		$6.60-0.24+4$	m	10.36	10.36		
13-124	石材现场磨边、抛光		B、D立面		$6-0.12+4$	m	10.36	10.36		
4-265	百叶窗帘	海螺型材	B、D立面		$(6-0.24+3.4-0.12-0.05+3.2-0.12-0.05)\times(2.6-0.9)$	m^2	20.43	20.43		
4-241	塑钢推拉窗安装 (1 960×2 000 带上亮)	300mm宽，300mm高	B、D立面		5	樘	5	5		
4-252	实木窗帘盒制作和安装		B、D立面		$6.60-0.24+4$	m	10.36	10.36		
5-4	胶合板窗帘盒刷乳胶漆		B、D立面		$6.60-0.24+4$	m	10.36	10.36		
4-49	实木装饰门制作与安装		M4、M9		$0.85\times 2.15\times 2+2.15\times 1.2$	m^2	6.24	6.24		

工程量计算书(工程量清单计价)

工程名称：经理室室内装饰工程

第4页 共4页

定额编号	工程项目	说明	位置	件数	计算式	单位	数量	累计数量	定额计量单位	定额计量数量
4-109(换)	门窗贴脸		M4、M9 B、D立面		[(0.85+0.16)×4+2.15×12+(1.2+0.16)×2+(6.00−0.24)+1.7×6+4]×0.08	m²	4.20			
5-277	门窗贴脸油清漆		M4、M9 B、D立面		[(0.85+0.16)×4+2.15×12+(1.2+0.16)×2+(6.00−0.24)+1.7×6+4]×0.08	m²	4.20			
2-301(换)	樱桃木筒子板		M4、M9		(2.15×6.00+1.20+0.85)×0.24	m²	3.79			

5. 室内拆建项目

定额编号	工程项目	说明	位置	件数	计算式	单位	数量	累计数量	定额计量单位	定额计量数量
13-76	实心砖隔断墙		隔断墙		(4.65+6.00−3.20+0.05)×3.00×0.10−0.85×2.15×0.10	m³	2.07			

6. 措施项目工程量

定额编号	工程项目	说明	位置	件数	计算式	单位	数量	累计数量	定额计量单位	定额计量数量
13-147	块料地面成品保护	旧地毯			(抛光砖+地毯)工程量	m²	55.74			

10.4.3 某经理室室内装饰施工图

(a) 经理室室内平面图 1∶100

(b) 经理室顶棚平面图 1∶100

(c) 经理室A立面1∶50

(d) 经理室C立面1∶50

(e) 经理室B立面1∶50   (f) 经理室 D立面1∶10

(g) ①顶棚剖面图 1∶10

(h) ②顶棚剖面图 1∶10

(i) M4门大样图 1∶20   (j) ⓑ门套大样图 1∶1   (k) ⓑ木线大样图 1∶1

小　结

> 　　工程招标投标是建设单位和施工单位(或买卖双方)交易的一种手段和方法。
> 　　招标即招标人(业主或建设单位)择优选择施工单位(承包方)的一种做法。在工程招标之前,将拟建的工程委托设计单位或顾问公司设计,编制概预算或估算,俗称编制标底。标底是个不公开的数字,它是工程招投标中的机密,切不可泄露。招标单位准备好一切条件,发表招标公告或邀请几家施工单位来投标,利用投标企业之间的竞争,从中择优选定承包方(施工单位)。
> 　　结合我国室内装饰工程招标投标特点和建设工程工程量清单计价编制的方法,对某经理室室内装饰工程进行了招投标清单编制。

思考与练习

1. 我国建设工程招投标发展经历了怎样的过程？
2. 室内装饰工程招投标的内容、文件组成有哪些？
3. 室内装饰工程招标包括哪些？什么叫公开招标、邀请招标和议标？
4. 室内装饰工程标底的确定有哪些方法？标底确定的步骤包括哪些内容？
5. 简述装饰工程施工公开招标的程序。
6. 装饰工程施工合同价的类型有几种？
7. 工程量清单计价与装饰工程招投标的关系如何？
8. 工程量清单计价编制应注意哪些问题？
9. 以某品牌店工程为例编制招投标清单。

第 11 章　室内装饰工程预算软件的应用

教学提示：以信息技术为背景的经济时代，计算机技术的辅助就显得尤为必要和重要。计算机技术在工程造价方面的应用，主要包括算价软件、算量软件、定额管理软件、项目管理软件、投资评审软件、已完工程数据库软件和工程造价信息网等。同时，工程量清单规范的执行与应用，使得工程造价业务的整体趋势向清单计价模式转变。因此，必然要开发与工程量清单计价相配套的工程造价软件。

教学目标：了解计算机在装饰工程造价管理领域的应用，熟悉关于工程造价的相关软件，掌握某一室内装饰工程计价软件。

11.1　概　　述

随着计算机和网络技术的迅速发展，计算机开始较多地参与工程设计、定额编制和工程预算等各项工作。计算机应用到工程造价的编制工作中，从录入工程量清单到输出概预算结果及各种报表只需要几个小时就能完成，大大提高了劳动生产率，而且概预算的结果表现形式多种多样，可从不同的角度进行造价的分析和组合，从不同角度反映工程概预算的结果。同时，由于 Internet 技术具有快捷、迅速、方便地传递信息的特点，通过 Internet 可以更及时、更多地采集和发布材料价格，积累的已完工程数据、标准等均可通过 Internet 得到更广泛的利用，扩大资源共享的范围。因此工程造价管理的发展进入到当今以信息技术为背景的经济时代以后，计算机技术的辅助就显得尤为必要和重要。

1. 我国室内装饰工程造价软件发展概况

我国长期以来一直是使用"量价合一"的定额报价方式，在计算造价的过程中，存在大量的计算和分析工作(如工程量计算和材料分析等)，工程造价和信息管理方面只是定额套价和计算的简单功能。随着我国工程造价行业的不断发展，2003 年国家颁布了《建设工程工程量清单计价规范》(GB 50500—2003)，工程造价方面实行"量价分离"的清单计价模式，全国出现了很多造价管理软件，基本上解决了工程造价的系统化、全方位管理。

随着计算机应用技术和信息技术的飞速发展，以计算工程造价为核心目的的软件也迅速发展起来，软件的计算机技术含量不断提高，语言从最早的 FoxPro 发展到现在的 Delphi、C++Builder 等，软件结构也从单机版，逐步过渡到局域网网络版(C/S 结构：客户端/服务器结构)。以 C/S 技术实现工程造价概预算、图形算量、投资评审，用数据仓库技术对已完工程数据进行积累，运用数据挖掘技术对现有工程进行评价和建立指标体系；运用 Internet 技术作为内外联系的平台，对造价信息进行发布和收集。

面对未来的 IT 技术应用应该建立在网络化(基于 Internet 的 B/S 结构)的基础上，功能结构平台化，由多模块构成。它能够充分收集各方面的相关信息，把握造价的各个关键环节,并且能不断利用"数据挖掘、分析技术"对历史数据和新的工程数据形成经验性的积累,从而形成一个"工程造价计算—分析—积累—形成指标—运用于新的造价工作中"不断循环积累的平台性全过程造价管理软件系统。

近年来,随着计算机辅助和网络信息系统的广泛引入,使工程造价的确定和控制更加科学、可靠,更趋现代化、系统化。国际建筑业提出了计算机集成施工(CZC)的设想,它是把计算机辅助设计(CAD)、计算机辅助施工(CAC)及企业管理信息系统(MIS)和决策支持系统(DSS)形成有机整体,以实现建筑产品从规划设计、施工管理到运营全过程的自动化。而工程造价管理作为贯穿建筑产品的过程各层面的管理,也应该通过培训计算机及支撑软件形成一个完整的系统,实现整体的集成化和建筑施工系统的自动化。造价管理信息系统应开发出运算模型,和其他尚待开发的人工智能、专家系统等适合更加庞杂的工程造价管理的处理分析软件,完成经济评价、仿真模拟和风险预测等工程造价管理的分析预测工作,帮助管理者进行科学决策。计算机技术与决策科学结合,应上升到DSS辅助决策系统。为决策提供准确的依据,实现对造价的动态管理。因此,计算机辅助和网络系统将会成为工程造价管理的一个必不可少的技术手段和操作平台。

2. 工程造价软件的类型

1) 算量软件

工程量计算是定额计量、工程量清单编制等各项工作的基础,工作量也比较大,算量软件可使工程量计算简单、便利。目前,国内使用较广的软件一般采用作图法,要求工作人员在识图的基础上用该软件重新输入图纸中各种构件及其尺寸,然后由系统自动计算工程量,得到准确的工程量清单,但必须重新输入图样,工作量仍然很大。另一种方法是直接将工程图样扫描形成光栅文件,由软件处理矢量化后,抽取特征,用模式识别的技术识别构件类型和几何参数,进而计算工程量;或由设计单位制作的施工图的CAD文件在CAD环境下作模式识别。这种方法要求在图样的特征表示和建模上作大量的研究工作,抽取各种构件的特征参数,采用人工智能技术,最终能代替人完成识图的过程,这是较有前途的方法,但根据汉字识别技术的发展过程,必须对图样的特征进行深入的分析研究,该软件要能真正代替人识图还有一段路要走。第三种方法是在建筑设计所使用的CAD软件中直接加入构件特征参数的属性,定义各种构件对象,在进行结构和建筑设计时使用这些对象设计建筑物,而不用直接使用线条作图。这种方法使设计的结果中包括丰富的构件和参数而不是线条,经过一个语法分析器就能分离出所有构件和参数,避免了模式识别这个难关。由于预算软件名目繁多,功能差别很大,一般说来,采用16位数据库、VB等软件开发使得周期短、见效快;如采用C++开发,难度很大,对软件人员的要求很高。

三维算量软件是基于AutoCAD平台的工程量计算软件,通过三维图形建模,直接识别利用设计单位电子文档的方式,把电子文档转化为面向工程量及套价计算的图形构件对象,以真正面向图形的方法,非常直观地解决了工程量的计算及套价,提高了建设工程量计算速度与精确度,把算量工作人员从繁重的计算中解放出来,彻底改变了算量的工作方法。

2) 计价软件

工程预决算软件也称为"套价软件",该软件的功能主要用于套算定额。工程套价软件一般包括"消耗定额管理子系统"、"预算价格管理子系统"、"计价管理子系统"、

"取费定额管理子系统"共四个子系统,由工程项目管理、预算编制书、汇总输出、基础数据维护、当前工程审核、编辑、系统管理、帮助八个主题组成。其中,当前工程审核为用户可选配置功能,主要适用于审计部门及预(结)算审查部门审查工程预(结)算及招标标底。此类软件要求工程量的计算基本由人工完成,在软件中输入工程量的结果值或输入工程量的表达式,由软件完成对该表达式的计算功能,然后利用软件来处理工程造价的汇总并做工料分析。目前国内工程预决算软件使用已经很普遍,功能也从单一的套价、出预算书向多方扩展,主要有以下五个方面的优点。

(1) 向上扩展,增加了工程管理功能,可以同时处理多个工程和一个工程的各阶段数据,贯穿从估算、概算、预算、阶段结算和竣工决算的全过程的造价管理。

(2) 功能进一步细化,加强了对计算结果的分析和精细度的调整,以方便投标单位的造价调整和控制。

(3) 预算方式的改变,从传统手工算法使用的二级动态调整计算价差方式过渡到支持综合单价计算方式,以适应国际招投标的需要。

(4) 与互联网的连接,将预算软件所需的材料价格等数据通过互联网提供给用户,方便了材料价格数据的维护,提高了工作效率。

(5) 对已完工程资料的积累方面功能的加强。

但是套价软件的地方特色比较明显,使得同一套套价软件不可能在所有地区适用,适应性强的软件必须设置的参数就多,使用较复杂,用户接受较困难;适应性弱的软件遇到不同情况时经常需要通过修改源程序重新编译来解决,不利于维护;套价软件的使用必须依赖于材料价格,地方造价部门的政策性调整也会引起软件功能的修改,软件的售后服务要求比较高。该类软件使用简便,目前已得到广泛应用。

3) 定额管理软件

虽然工程招投标逐渐采用工程量清单的方法,但定额依然是不可缺少的,定额是在一定的社会生产力发展水平的条件下,完成工程建设中的某项产品与各种生产消费之间的特定的数量关系,它主要体现的是在工程建设中单位产品的人工、材料、机械消耗的额度,它主要体现的是量。

定额一般是由各个省市的定额站组织编制和发布的,这种定额反映的是社会平均水平,不能体现某个个体的水平,企业为了提高市场竞争力,根据企业自身的技术能力、管理水平和装备来编制企业定额。市场经济条件下存在两种定额,即行业定额和企业定额,这类软件主要采用数据技术协助定额管理人员维护定额库,并在编制定额时直接生成所需的排版格式,以减轻编制定额的工作量,缩短排版时间,减少人为错误,属于管理信息系统的范畴。尤其在工程量清单计价方法大力推广的今天,这一需求显得更为明显。

4) 项目管理软件

项目管理软件根据使用对象的不同分为施工企业的项目管理软件和建设单位(业主)的项目管理软件。施工企业的项目管理软件以缩短工期、提高效率、节约劳力、降低消耗为目标。采用这种技术,不仅在计划制定期间求得工期、资源、成本的优化,更重要的是在计划的执行过程中,通过信息反馈,进行有效的监督、控制和调整,能够保证项目预定目标的实现。面向建设单位(业主)的项目管理软件主要体现在从宏观上掌握工程的进度、工程的计划和资金的控制,业主根据施工企业完成工程的情况来拨付相应的工程款,根据施工企业上报的工程计划来进行备款，通过对资金的有效控制来控制项目的质量和工程的进度。

5) 工程造价信息网

当前信息技术的最热点——互联网技术在工程造价领域的应用诞生了工程造价信息网。该技术以分布范围广、技术一致性强和使用简便、表现形式丰富多彩的特点极大地推动了信息的流通速度，从而推动社会经济的发展。以造价行业为例，通过信息网可以更及时、更广泛地采集、发布材料价格，积累的已完工程数据、标准等均可通过信息网得到更广泛的利用，扩大资源共享的范围。目前国内造价行业逐渐掀起一股建设信息网的浪潮。如果说以上所述的软件是工厂，数据是产品，那么 Internet 是高速公路，网站则是信息的集散地即市场。

目前，国内以工程造价信息为主的站点有上海、南京、温州、福州、厦门、湖南、广西等地的工程造价信息网，由于地域因素、信息来源、投资和技术水平的差异各具特点。信息网的内容通常有价格信息、指数信息、造价指标、政策法规、标准、单位概况、综合信息、公告和新闻、工程报建和招投标等，实现方式分为文本和规范化的数据两类，前者为文件、法规等的描述性信息，后者为经过分类整理的数据，如材料价格、指数指标、定额等；前者一般以网页的形式存储和维护，后者通常采用数据库技术来录入、加工和发布。

信息网的信息来源有来自造价管理部门的内部信息和来自其他相关部门的外部信息两类。外部信息如信息员采集来的材料价格、行情消息等，经过手工整理、录入到系统中；内部信息可通过建立内部网和相应的管理信息系统支持日常工作，由管理信息系统与信息网的接口自动有选择地将信息系统产生的数据传输到信息网中形成信息，形成内、外一体化集成的造价信息系统。另外，信息技术在办公自动化、工程项目的管理上也发挥了很大作用，通过这些系统将单位业务和管理整合成一体，提高单位内部的运作效率，节省了管理成本。

3. 工程造价软件的基本要求和特点

工程造价软件必须满足以下基本要求。

(1) 软件提供的数据输入项目，必须满足国家、省颁发的现行工程造价管理制度的规定。

(2) 软件提供给用户的材料、设备价格编码方案，必须符合省造价管理总站审核批准的编码方案的规定。

(3) 软件具有必要的规范基础数据输入差错的控制功能。

(4) 软件的定额调整、价差、工程造价计算程序等功能必须符合各省、市、自治区建设工程造价管理部门的现行规定。

(5) 软件系统内部的定额及基础数据在需要更正时，软件必须提供更正痕迹。

(6) 软件具有按规定打印输出各种工程造价文件规范格式及必要的查询功能。

(7) 对计算机根据计算生成的各种工程造价历史数据必须保存，软件不得修改。

(8) 软件具有防止非指定人员擅自使用的使用权限控制功能。

(9) 对存储的磁性介质或其他介质上的程序文件和相应数据文件，软件有必要的保护措施；

(10) 软件具有在计算机发生故障或其他原因而引起数据损坏的情况下，利用现有数据恢复到最近状态的功能。

(11) 计价包含两种计价模式，即全国统一清单计价模式和定额计价模式，可以满足不同工程项目对计价模式的要求。

(12) 兼容多个专业、实现在同一工程文件中各专业计价标准并行，可以建立多个不同专业类别的单项工程；系统对不同的专业将采用不同的专业计价标准。

(13) 采用地区统一的人、材、机编码，即软件中人工、材料、机械库统一采用地区统一的人材机编码，对于用户自行修改的材料，系统将自动生成新编码，有效地防止了由于材料名称相同引起的材料混淆。

11.2 造价软件在室内装饰工程预算中的应用

本节以福建省晨曦软件开发有限公司开发的"清单计价2005"造价软件来说明造价软件在室内装饰工程预算中的应用情况。

晨曦"清单计价 2005"造价软件根据《建设工程工程量清单计价规范》(GB 50500—2003)、《福建省建筑安装工程费用定额》(2003版)以及闽建筑[2004]15号、闽建筑[2004]25号等文件编制，可配合福建省建筑、装饰、市政(2005版)消耗量定额及其他相配套的规定使用。软件有以下特点。

(1) 包含两种计价模式，使用方便。软件中包含全国统一清单计价和定额计价的两种计价模式，可以满足用户在不同工程项目中对不同计价模式的需要。

(2) 兼容多个专业、实现各专业计价标准并行。在同一工程文件中，可以建立多个不同专业类别的单项工程，系统对不同的专业将采用不同的专业计价标准。

(3) 采用全省统一的人材机编码，真正实现人工、材料、机械库统一。软件中采用全省统一的人材机编码。对于用户自行修改的材料，系统将自动生成新编码，有效地防止了由于材料名称相同引起的材料混淆。

(4) 清单可自动归属，大幅提高输入速度。在工程输入过程中，系统会根据名称的不同，将清单项目自动归属为措施项目、零星项目、分部分项工程项目，大大提高清单的输入速度，而且降低了错误率。

(5) 对材料、定额单价可以进行批量调整。在工程量的输入界面，可以通过右键菜单中的块换算对定额单价进行批量修改。在材料汇总页面中，可以通过右键菜单对材料单价、规格等进行批量修改。

(6) 专业报表设计器，制作报表简单方便。软件的报表修改采用了功能强大的专业报表设计器，界面简单，操作方便。用户可以通过报表设计器随意制作所需的表格。

(7) 省标准文件导入导出，自动和控制价对比，避免废标，提高效率。工程文件可以导出为《福建省建设工程造价电子数据交换导则》，也可以直接导入标准《导则》文件；在调价过程中出现项目单价低于控制价15%或20%以上时，软件自动提醒，大大降低废标的概率。

11.2.1 新建预算文件

1. 工程台账

用鼠标左键直接双击桌面的快捷图标，软件启动后进入【工程台账】界面(图 11.1)。工程台账是选择建设项目专业类别的软件对话框，按工程类型分类显示工程，选择一个类型后系统在工程列表里只显示属于该类型的工程。台账界面包括建筑、安装、装饰、市政、园林和修缮专业的清单计价内容,可进行【打开工程】、【新建工程】、【更名复制】、【删除工程】、【工程导入】和【工程导出】等操作。

图 11.1 【工程台账】界面

2. 新建预算文件

要新建工程则单击【新建工程】按钮可建立一个新的工程,界面如图 11.2 所示。输入新建工程的工程名称、工程编号,并在工程类型(报价、清单或审核)、计价模式(定额计价或工程量清单计价)、地区选择(市、区或县)、编制类别、造价模板、信息价期和机械台班的下拉列表中选择各自需要的选项,工程信息输入完成后,单击【确定新建】按钮即可建立一个新的工程。系统将关闭新建工程设置对话框,打开工程窗口(图 11.3)。如果将所设置的工程信息存为默认,则下次新建自动调用默认的信息。

图 11.2 【新建工程】界面

第 11 章 室内装饰工程预算软件的应用

图 11.3 新建装饰工程文件界面

11.2.2 单位工程与分项工程设置

1. 单位工程设置

1) 工程概况

单击【工程概况】标签，按如图 11.4 所示内容填写工程信息。

图 11.4 【工程概况】界面

2) 计价依据

选择单位工程节点，单击【计价依据】标签(图11.5)，计价依据分为信息价设置和文件调整两部分。单击【增加】按钮，弹出【信息价选择】对话框(图11.6)，在【地区选择】中选择信息价所在地区或县市，并在【信息价列表】中选择所要增加的信息价文件；从【机械台班列表】中选择需要的机械台班文件。选择完成后单击【确定】按钮即可将所选择的信息价增加到列表中，单击【取消】按钮取消操作并退出此对话框。也可进行【删除】、【更换信息价】、【存信息价】和【查阅】等的相应操作。

图 11.5 【计价依据】界面

图 11.6 【信息价选择】界面

2. 分项工程设置

单击分项工程节点进入分项工程界面,如图 11.7 所示。

图 11.7 分部分项工程界面

1) 增加或删除分项工程

单击单位工程节点或分项工程节点,单击右键,选择【增加分项工程】命令,出现【选择分项子工程】对话框(图11.8)选择相应的分项工程后单击【确定】按钮,系统自动生成新的分项工程。单击分项工程节点,单击右键,选择【删除】命令,出现操作确认提示对话框(图 11.9),单击【是】按钮即可删除选择的分项工程,单击【否】按钮取消操作。还可相应执行【重命名】、【复制】、【粘贴】、【重置】等操作。

图 11.8 【选择分项子工程】对话框

图 11.9 操作确认对话框

2) 取费设置

取费程序的设置直接关系到每条定额子目的综合单价,要想正确地体现综合单价,必须正确编辑子目取费程序。选择相应的分项工程,单击【取费设置】标签,系统根据所选择的专业,自动生成相应的取费程序(图 11.10)。通用取费里所体现的为定额项目的综合单价计算程序,综合单价是由人工费、材料费、机械费、企业管理费、风险费、利润组成的,可以使用造价程序编辑功能来修改造价程序,使之能满足不同的要求。通用取费栏目中可相应执行【增加】、【插入】、【重置】和【删除】等操作。

图 11.10 取费设置界面

在取费条件设置里选择工程类别、劳保等级等取费条件后，系统将把相应的费率应用于该分项工程中。

在完成费用条件设置、通用取费和费率设置的设置和修改后，单击【统一费用设置】按钮，弹出【统一取费】对话框(图11.11)，选择需要统一设置的项目后，单击【确定】按钮即可按所选择的项目应用于整个单位工程中。单击【取消】按钮退出本次操作。

图11.11　【统一取费】对话框

在费率设置里可以修改企业管理费和利润的费率，根据所选的工程类别系统自动将相应的管理费和利润设为默认，在费率一列中可以修改相应的费率，而系统费率显示的是费用定额里的费率，供用户对比。在默认一列中可以修改某个分部工程的类别，在默认一列中单击即可。

11.2.3　项目输入

工程量由分项项目、措施项目和零星项目三部分组成。三个部分分别为实体项目、措施项目和零星项目的输入窗口。在此窗口中分为上下两个界面，上面为工程子目表，清单项目、定额子目在这里输入；下面为子目材料明细表，体现相应子目详细的人材机组成、清单指引、特征、导航和综合价组成等内容。

1. 项目输入

1) 直接输入

在编号一栏中输入清单编号并回车，如输入"010402001"，将在定额名称一栏中显示该清单项目的名称，在单位一栏中显示该清单项目的单位。在清单项目的类别列中可以选择清单的组价方式(单价和合价)，如图11.12所示。

输入子项目的工程量后，再对应地查找定额系统自动计算出子定额项目的合价和清单项的合价，如图11.13所示。

2) 使用导航功能

不用输入清单项和定额编号，就可以输入项目；可以连续调用，增强了本功能的可操作性；可以脱离清单(定额)本，通过模糊查询功能调用清单项目和定额项目，提高了项目调用的效率。

通过清单导航调用清单项目。导航中的目录是依照清单规范上的章节目录编制的，选择相应的目录，在导航目录的右边会出现相应的清单项目。调用时，将鼠标移到所需的项目处，双击该项目，系统自动将其调入工程子目表。

第 11 章 室内装饰工程预算软件的应用

图 11.12 工程量输入界面(一)

图 11.13 工程量输入界面(二)

2. 换算

选择项目，单击【换算】按钮进入【换算】窗口，乘除系数：在相应的费用下面的框中输入带乘除符号的系数。例如，定额基价乘 1.2，在人工费的乘除系数框内输入"*1.2"后回车。系统将自动算出换算后的各项费用，并将换算过程记录在右上角的换算记录窗口中，如图 11.14 所示。

图 11.14 工程量换算界面

如果选择通过块选择多条项目或选择含有多条子项目的清单项，执行此功能将进入【块换算】界面。在【块换算】界面内按照需要对项目进行各种组合的乘除系数换算，在右边窗口里可以选择需要换算的项目，如果该清单项下有三个定额项目，但只要换算其中的两条定额项目时，则可以取消选中的其中一个项目，这样所进行的换算将对取消选择的项目无效，如图 11.15 所示。

图 11.15 【块换算】界面

在工程量清单综合计价所涉及的定额号有时多于两个，晨曦"清单计价 2005"提供定额叠加运算，即将当前定额与其他的定额进行四则运算。如计算"多层板榉木饰面板"项目的单价就需要【叠加】功能来实现。输入 20102264 "多层板钉在木龙骨上"项目并选择该项目，单击【叠加】按钮，进入【定额叠加】界面(图11.16)，在第二栏中输入 20102278，"榉木胶合板钉在木夹板上"项目即可确定"多层板榉木饰面板"项目费用。

图 11.16 【定额叠加】界面

3. 计算式

在项目的工程量输入时可以利用此功能来实现计算，并能记录计算过程，方便以后修改和查看。单击【计算式】按钮，弹出【计算式编辑】界面(图 11.17)，该界面分为上下两部分，上部分为计算式记录窗口，下部分为计算式修改窗口。

4. 材料修改

在消耗量中，可直接在表中数量一栏中修改材料名称、材料单位、同材料名称和材料数量，或是在原来数量的基础上输入加减乘除的表达式，系统可根据表达式自动重新计算该材料的小计和定额项目的综合单价修改；材料单价修改后回车，弹出提示单价设定窗口，如：将 20102264"多层板基层钉在木龙骨"中的胶合板单价改为"18"，如图 11.18 所示。

图 11.17 工程量计算式界面

图 11.18 【更改材料单价设定】对话框

单击【仅在本单项中单独使用】按钮，系统将该子目下的这个材料单价修改了，但其他子目中的相同的材料的单价不变；单击【在本工程所有项目中使用】按钮，系统将该工程中所有相同的材料单价都修改。材料单价修改后，综合价也自动重新计算。

进行定额换算时，可能会遇到需要往定额中增加一些原来定额中没有的材料，这时可从以下几个方面操作以增加材料。

1) 从材料库直接调用

单击工具栏的【增加】按钮，打开【材料查寻】界面，如图 11.19 所示。用万能模糊查询功能找到要增加的材料，单击【确定】按钮即可将选定的材料增加到定额的材料组成中，然后输入该材料的数量即可。

图 11.19 【材料查寻】窗口

2) 从用户补充材料库里调用

在【材料查寻】窗口里单击【更新补充材料】按钮，系统自动将用户补充材料库里的材料更新到本工程材料库的补充材料分类里(图 11.20)。选中材料后单击【确定】按钮即可将选定的材料增加到定额的材料组成中，然后输入该材料的数量即可。

图 11.20 更新补充材料

3) 新增加补充材料

当所需要调用的材料在材料库和用户补充材料库里都没有的情况下，可以通过补充材料自行设置。在【材料查寻】窗口里单击【补充材料】按钮，弹出如图 11.21 所示界面。输入材料的信息后单击【新增材料】按钮即可完成。

第 11 章 室内装饰工程预算软件的应用

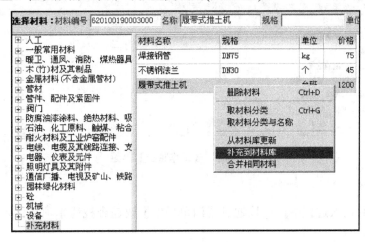

图 11.21 补充材料界面

4) 保存至补充材料库

选择需要保存的材料，右击选择【补充到材料库】命令，即可将所选的材料保存至用户补充材料库里。在以后的工程中可以重复调用(图 11.22)。

图 11.22 补充到材料库

5. 清单指引

选择清单项目后，单击【清单指引】标签进入该项目的清单指引。系统自动按清单规范将该清单项目所对应的定额项目列出，直接双击需要的定额项目即可将该定额增加为清单项目的子项目，如图 11.23 所示。

图 11.23 清单指引窗口

6. 工作特征

选择清单项目后，单击【工作特征】标签进入该项目的工作特征编辑窗口，如图11.24所示。用户可以通过【特征描述】的下拉菜单选择需要的工作特征或在特征描述一栏中直接输入，也可以在右边的文本框中输入特征。

图11.24 【工作特征】界面

7. 清单导航

在清单项目输入过程中，可以通过【清单导航】快速查找清单项目，找到清单项目后双击即可调用。

1) 章节查找

单击【清单章节】标签进入清单章节查找窗口(图11.25)，在清单章节目录里可以快速查找到需要的清单项目。

2) 条件检索

单击【条件检索】标签进入清单项目条件检索窗口(图11.26)，在【条件】文本框内输入需要查找的清单项目中其中的某个字节后，系统即可将相应的项目查找并列出。

图11.25 清单章节查找

图11.26 【条件检索】界面

8. 定额导航

定额导航的使用方法和清单导航基本一致，也分为章节查找和条件检索两种。清单的章节查找所显示的是所有专业的清单项目，而定额章节查找只显示所选择专业的定额。如

图 11.27 所示只显示所选择的建筑专业的定额项目。选择其他的专业可以通过下拉框来选择。选择不同专业后系统自动将该专业的定额章节以树状显示在查找窗口内。

图 11.27 【定额导航】界面

9. 综合价组成

综合价组成体现的是该项目的综合价计费程序，在没有修改的前提下，该计算程序与取费设置内的通用取费是一致的。若在综合价组成内修改费用程序，系统将按照修改后的费用程序计算该子目的综合价，并在该子目的项目编码一栏中加上黄色的标记。其他未修改综合价的子目，仍然按照通用取费计取综合价。如图 11.28 所示在其中一个项目的综合单价计算程序中加入"优惠价"并设置好相应的费率和计算式，系统自动按所设置的计算程序重新计算该项目。

图 11.28 【综合价组成】界面

若需要该项目的独立设置的计算程序，让它按通用取费的计算程序来计算，只要单击【取消独立取费】按钮即可恢复。

11.2.4 措施项目费和其他项目费

1. 措施项目费

措施费中有一部分是由分部分项合计乘相应的费率计算的，这一部分由系统自动生成，如图 11.29 所示。

图 11.29 【措施费】界面

2. 其他项目费

工程中其他费包含招标人和投标人两部分，如图 11.30 所示。用户根据工程情况在相应的费用栏金额处，填入具体金额即可。

图 11.30 【其它费】界面

11.2.5 材料汇总和造价汇总

1. 材料汇总

系统具有实时计算功能，在设置完造价程序和输入完工程量后，系统会自动汇总当前分项工程的材料。选择材料汇总页面即可看到当前节点的工程所有的材料汇总表，如图 11.31 所示。

图 11.31 【材料汇总】界面

2. 造价汇总

将所输入的项目按工程所设置费率以及计算程序计算出当前节点的工程总造价。造价汇总可以通过增加项目，修改费率和计算式自行设置造价汇总计算程序。单击重置可以将造价汇总程序恢复至初始状态并清空所有的费率。

3. 打印

项目输入、费用设置及造价调整完成后，即可进行打印。切换至【打印】界面，选择需要的报表文件，单击【打印】按钮即可将报表输入，如图 11.32 所示。

图 11.32 【打印】界面

报表类别

软件将报表分为报价、审核、清单、加下标四个类别，根据工程编制类别不同选择相应的报表类别里的报表输入。

报表方案

软件按不同的标准、用途将报表分为以下几个方案。

(1) 常用报表：该方案的报表为编制一般报价、审核及清单工程所常用的报表。

(2) 省标：该方案的报表是按福建省标准格式编制的报表。

(3) 国标：该方案的报表是按国家的标准格式编制的报表。

(4) 业绩备案：该方案的报表为从业人员项目业绩备案所需要的报表。

1) 增加报表方案

单击【增加】按钮，输入报表方案名称即可增加一个报表方案，如图 11.33 所示。

2) 删除报表方案

选择需要删除的报表方案，单击【删除】按钮，即可删除该报表方案。

3) 报表设置

(1) 项目特征。设置是否显示项目特征。选择该选项后系统自动在项目计价、分析表中显示出项目对应的项目特征,否则为不显示。

(2) 特征序号。选择该选项后系统自动按顺序在特征项目前加入顺序码。

(3) 换算符号。设置含有换算的项目在报表输出时的换算标记。系统默认为"T"。

图 11.33 增加报表对话框

(4) 材料类别。选择需要打印的材料类别,系统默认为所有,也就是同在"材料汇总"中所选择的一致。

(5) 材料排序。设置材料的打印顺序。

(6) 连续页码设置。报表的连续页码和起始页码的设置。

(7) 双击设计。双击报表的时候打开报表设计器,如果没有双击则是预览该报表。

(8) 汇总含设备。如果需要在汇总表里体现出具体的设备的费用,只要将该选项打勾即可,如图 11.34 所示。

单位工程费汇总表
装饰工程

工程名称:×××大酒店　　　　　　　　　　　　　　第1页 共1页

序　号	项目名称	金额(元)
1	分部分项工程量清单合计	4 402 356
2	措施项目清单计价合计	40 946
3	其他项目清单计价合计	
4	规费	229 711
5	税金	160 984
	合　　计	4 833 997

图 11.34 单位工程费汇总

(9) 汇总含分项。在工程总价表及单项工程费汇总里详细列出各个分项的造价,如图 11.35 所示为单项工程费汇总表,如图 11.36 所示为分部分项工程量清单计价表。

单项工程费汇总表
装饰工程

工程名称:×××大酒店　　　　　　　　　　　　　　第1页 共1页

序　号	单位工程名称	金额(元)
1	一层	4 833 997
2	二层	1 207 095
3	三层	806 354
4	四层	790 874
5	五层	336 750
6	六层	324 812
7	七层	281 949
8	楼梯间	343 300
	合　　计	8 925 131

图 11.35 单项工程费汇总

分部分项工程量清单计价表
装饰工程

工程名称：×××大酒店　　　　　　　　　　　　　　　　　　　第1页 共37页

序号	项目编码	项目名称	计量单位	工程数量	金额(元) 综合单价	金额(元) 合价
		一层酒店大堂				
1		一层酒店大堂				
2	020102002001	块料楼地面(酒店大堂地面) (1) 客厅地面 (2) 水泥沙浆1∶3厚度20mm找平层 (3) JS 聚合物水泥基防水涂料厚度2.0mm (4) 水泥砂浆1∶2结合层 (5) 800*800微晶石面层，(浙江杭州诺贝尔R80220)	m^2	387.190	298.66	115638
3	020109001006	石材零星项目 (1) 门坎 (2) 水泥砂浆1∶2厚度20mm找平层 (3) 水泥砂浆1∶3结合层 (4) 面层材料品种、规格、品牌、颜色：黑金石花岗岩	m^2	6.200	321.04	1990
4	020302001021	天棚吊顶 (1) 装配式U形轻钢(不上人型)面层规格(600×600mm)平面 (2) 三明金宫6厚硅酸钙安在U形轻钢龙骨上	m^2	368.250	53.76	19797

图 11.36　分部分项工程量清单计价表

小　　结

　　工程造价管理软件是从事工程造价人员的工作手段之一，我们应当了解它的现状、类型、使用的基本要求、预计未来的发展趋势，这对今后的工作大有裨益。
　　本章主要介绍工程造价计价软件的使用、基本要求、方法和技巧，本书以福建晨曦2005工程量清单计价软件为例，进行了简单的介绍，关键还应掌握本地区的预算软件应用，多加练习，达到熟能生巧的目的。

思考与练习

1．试述工程造价软件的发展方向。
2．试述工程造价软件的分类。
3．试述工程造价软件的基本要求。
4．根据工程实例，利用算量软件和计价软件上机操作练习。

参 考 文 献

[1] 福建省建设工程造价总站. 福建省建筑装饰工程预算定额(2001)[M]. 北京：中国计划出版社，2001.
[2] 朱志杰. 建筑装饰工程参考定额与报价[M]. 北京：中国计划出版社，1997.
[3] 中华人民共和国建设部. 建设工程工程量清单计价规范(GB 50500—2003)[S]. 北京：中国计划出版社，2003.
[4] 陈建国. 工程计量与造价管理[M]. 上海：同济大学出版社，2001.
[5] 曹吉鸣，林知炎. 工程施工组织与管理[M]. 上海：同济大学出版社，2002.
[6] 武育秦，廖天平. 装饰工程预算与报价[M]. 重庆：重庆大学出版社，1997.
[7] 宋少沪，汪德江等. 装饰工程预算[M]. 北京：中国铁道出版社，2001.
[8] 李飞. 装饰工程预算速成手册[M]. 北京：中国水利水电出版社，2002.
[9] 陈玉雄，蒋孔昭译. 工程管理原理：计划、进度与控制[M]. 长沙：湖南科学技术出版社，1986.
[10] 王海平，董少峰. 室内装饰工程手册[M]. 北京：中国建筑工业出版社，1992.
[11] [美]阿诺德·M·拉斯金，W.尤金·埃斯特斯. 张鹏飞，周依龄译. 工程管理[M]. 北京：电子工业部第六研究所，1985.
[12] 吴锐. 建筑装饰工程预算[M]. 北京：人民交通出版社，2007.
[13] 薛淑萍. 建筑装饰工程计量与计价[M]. 北京：电子工业出版社，2006.
[14] 车春鹏，杜春艳. 工程造价管理[M]. 北京：北京大学出版社，2006.
[15] 刘钟莹，李蓉. 装饰工程造价与投标报价[M]. 南京：东南大学出版社，2004.
[16] 卜龙章. 装饰工程造价 [M]. 南京：东南大学出版社，2007.
[17] 吴现立，冯占红. 工程造价控制与管理[M]. 武汉：武汉理工大学出版社，2004.
[18] 中国建设工程造价管理协会. 全国造价工程师执业资格考试复习指南[M]. 北京：机械工业出版社，2006.
[19] 福建省建设工程造价总站. 福建省建筑装饰工程消耗量定额[M]. 北京：中国计划出版社，2005.